U0142454

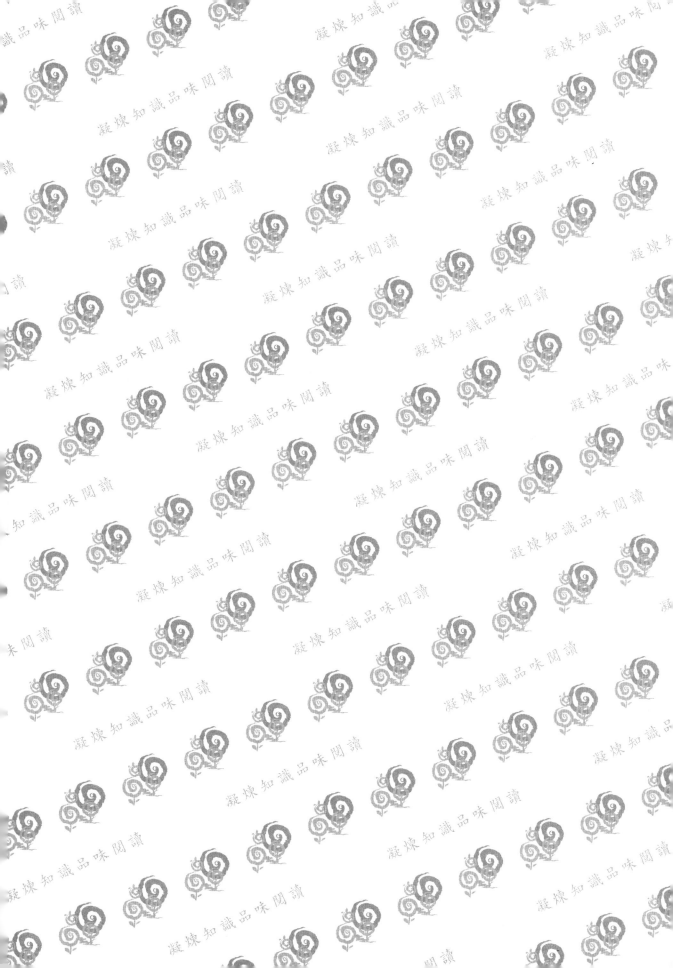

管路及進出口水力設計

◆ 許勝田 著

五南圖書出版公司 印行

推薦序

　　許勝田博士是本人在成功大學及美國愛荷華水力學院（Iowa Institute of Hydraulic Research）的學長，畢業於成大土木系之後，1964年得到當年全世界水力學泰斗Dr. Hunter Rouse的獎學金赴美深造。他的博士論文《Turbulent Flow in Wavy Pipes》於1971年發表於英國著名的流體力學刊物Journal of Fluid Mechanics。

　　雖然在流體力學研究上有不錯的成就，但許博士選擇走上工程實務的人生，1969年加入田納西流域管理局（Tennessee Valley Authority）參與大型抽蓄電廠的設計，爾後於1974年轉至貝泰公司（Bechtel, Inc.），並成為該公司的水力總工程師（Chief Hydraulic Engineer）。貝泰為舉世聞名胡佛壩（Hoover Dam）的主要建設公司，在1970～1990年代亦是全球最著名的工程公司，無論在水力發電、火力（包括核能）發電、石油化工或採礦等方面都有大量的業務，也因需建設不同功能的管路系統，使得許博士有機會在設計及現場問題處理方面都累積相當豐富的實務經驗。許博士於1989年返台，在顧問界參與台灣水利工程的規劃、設計與施工，主導設計的重大管路工程包括石門水庫增設取水工與電廠防淤改善設施、曾文/南化聯通管及板新二期供水管路等。

　　以50年的工程經驗加上理論的了解，許博士於本書介紹管流阻力的估算方法、管材及管路配件的特性、動力設備與管路的相互關係、進水口防止渦流的布置、管中及管末消能的方法及案例、穩定流與暫態流分析方法、水鎚控制的可能措施及水鎚防制的案例。另因管路亦常用於輸送泥砂，本書亦介紹管中泥砂運移的特性及輸泥管設計應考慮的因子。整體而言，本書內容充實完整，不但可用為管路水力設計的教材，亦是一本不可多得的參考文獻。本人鄭重推薦。

李鴻源

前內政部長及工程會主委

現任台大土木系教授

序 言

　　利用管路輸送流體是供水、水力發電、火力（含核能）發電、採礦及石油化工等工程的必要設施，借由管路能承受壓力變化的特性，管路系統可以克服地形起伏、依實際需求鋪設而達到輸送的目的，也因之壓力管路的興建相當廣泛。

　　筆者1968年由美國愛荷華大學水力學院（Iowa Institute of Hydraulic Research）畢業，1969年受聘於田納西流域管理局（Tennessee Valley Authority）參與Raccoon Mountain抽蓄電廠的設計，爾後於1974年加入貝泰公司（Bechtel）。貝泰的主要業務係以turn-key方式辦理工程規劃、設計與施工，業務屬性以電廠、採礦及石油化工廠居多，其中廠區所需的補充水、壓力鋼管、冷卻水或安全系統皆涉及管路，也因之參與數以百計管路系統的規劃、設計及運轉問題的處理。1989年返臺後亦執行多項大型輸水管路工程的設計，但至今臺灣缺乏管路水力設計的書籍，大學亦無相關課程，工程師大都以自行摸索的方式進行設計。

　　本書將筆者約50年在進出口水工結構及管路水力設計的經驗，有系統整理出對設計者實用的參考文件，期望有助於提升管路水力設計的技術水平。本書共分九章，第一章介紹壓力管流特性及流動阻力，提供估算管流摩擦阻力及局部損失的基本資料；第二章討論管材及相關配件的選擇及水力特性；第三章介紹水工機械的基本特性、相似律及動力設備與管路在水力上的結合。為避免管路的運轉受到進水口流態的影響，第四章綜合防止渦流形成的進水口布置。管路系統經常因上、下游水頭差遠大於摩擦及局部損失所消耗的能量而必須於管中或出水口消能，如何於管中消能不致於發生破壞性穴蝕或於管末消能不影響出水口地形地物的安全則於第五章述及；管路亦經常應用於輸送泥砂或尾礦（tailings），故於第六章討論輸泥管的泥砂分布特性，不淤流速及輸送渾水的管路損失。

　　管路設計需考慮穩定流狀況下是否滿足設計要求，另亦應檢核系統啟閉情況下可能產生的水鎚效應，為此，第七章介紹穩定流分析工具及暫態流分析原理、邊界條件的建置及現今常用的商用軟體；第八章則介紹可使用的水鎚控制手段及控制設備尺度的初步選擇；第九章綜合介紹筆者經歷的水鎚防制案例，也突顯水鎚問題在管路設計的重要性。

　　本書打字及圖的繪製分別由巨廷公司呂瑞華及張美菊小姐執行，在此感謝他們的耐心與投入。

許勝田

目　錄

第四章　進水口

第五章　管路消能

第六章　輸泥管

第七章　管流水力分析

第八章　水鎚控制

第九章　水鎚防制工程案例

符號定義

單位換算表

第 1 章

管流特性及流動阻力

　　水或液體在管路中的流動依其慣性與黏滯性的相互關係有層流與紊流之分，此流態直接影響直管中的水流流動阻力。此外，由於現實的需要，管路常有彎管、擴管、縮管、分歧管或閥門的布設，這些過渡段也形成額外的水流阻力。本章的目的在於建構水流阻力的基本資料，供估算管路系統穩定流的水流損失。

1.1 管流流態分類

　　十九世紀末期，英國科學家雷諾（Osborne Reynolds）建置一套實驗設備（圖1.1），該設備將一喇叭狀進口的水平玻璃管裝置於大桶內，管的末端位於桶外並裝有可調節流量的閥門，管的進口端可注入染料，供觀察染料注入後的水流流動行為。雷諾發現當流速小時，染料層的水流不與上、下層的水流混合，流態呈層流（laminar flow，圖1.2a），隨著流速增加，水流的紊動性增大（圖1.2b），直到某一流速以上時，注入染料的水流與上下層的水流開始混合，水的流動呈紊流（turbulent flow，圖1.2c）。雷諾定義雷諾數（Reynolds Number）R_e為水流慣性與黏滯力的比值，即

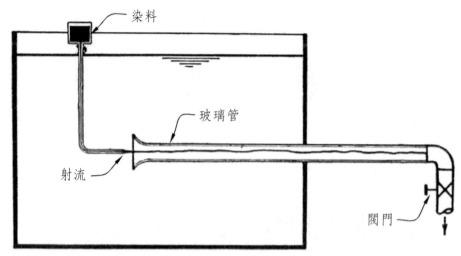

資料來源：Rouse(6)。

圖1.1　雷諾的實驗設備

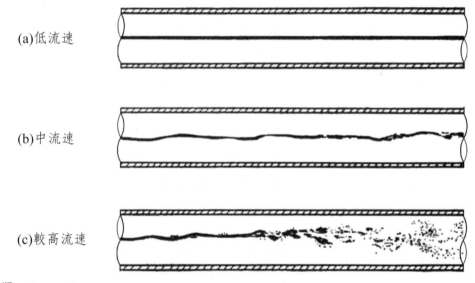

(a)低流速

(b)中流速

(c)較高流速

資料來源：Rouse(6)。

圖1.2　流速增加流體紊動性的變化

$$R_e = \frac{VD}{\mu/\rho} = \frac{VD}{\nu} \qquad (1.1)$$

式中V：平均流速；D：管內徑；μ：動力黏滯度（dynamic viscosity）；ρ：流體密度；ν：運動黏滯度（kinematic viscosity）。根據Rouse(6)，雷

諾本人實驗時維持層流的最小R_e值爲2,000，最大值12,000，但層流轉爲紊流的R_e值分界可因環境噪音與振動程度而異。現今在實際工程應用上，以R_e小於2,000爲層流，大於4,000爲紊流，二者之間爲過渡區。若流體爲20℃的水，$v = 1.006 \times 10^{-6} m^2/sec$，在$D = 0.5m$，$V = 0.5m/sec$的管中流動，$R_e = 2.5 \times 10^5$，此$R_e$值遠大於$R_e = 4,000$的層流上限。因之在實務的管路工程，除非所輸送的液體黏滯度相當高，否則大多數皆在紊流的環境下流動。

液體在管中流動亦可因管路幾何形狀而區分爲均勻流（uniform flow）與非均勻流（non-uniform flow）。均勻流在較長的直管中形成，彎管、漸變或突變都將形成非均勻流及附加的能量損失。在非均勻流的管段中裝置計量器，亦會導致計量偏差，也因之通常計量器有上游至少10倍及下游5倍直管管徑的要求。

流體運動亦可隨時間變化而區分爲穩定流（steady flow）及暫態流（unsteady flow）。暫態流是水流由一種穩定流轉變到另一穩定流的過渡。由於管路爲密閉空間，且水與管壁的可壓縮性有限，流量的急速變化可瞬間在管中產生強大內壓的改變，而管中不平衡內壓又可對管路形成不平衡作用力，此即俗稱的水鎚效應。國外，暫態流除用unsteady flow來表示外，亦常用hydraulic transient、water hammer或surge來描述，控制或降低暫態流所衍生的極端內壓或不平衡作用力亦是管路設計必須考慮的議題之一。

1.2 水體物理性質

與管路分析／設計相關的水體物理性質包括密度ρ（mass density）、單位重γ（specific weight）、動力黏滯度μ（dynamic viscosity）或運動黏滯度v（kinematic viscosity）、表面張力σ（surface tension）、彈性模數K（bulk elastic modulus）、蒸汽壓P_{va}（vapor pressure）及溶氣量S_a（dissolved gas）等。密度是指單位體積的質量，水的密度在水溫達4℃時最高，爲$1,000 kg/m^3$，高於4℃之後隨著水溫上升呈現非線性下降（圖1.3），水溫100℃時，水密度爲$958.4 kg/m^3$。水的單位重γ是單位體積質量受地心吸力的結果，因之$γ = ρg$（g爲重力加速度），在常溫水於地表的單位重約$9,800 N/m^3$。

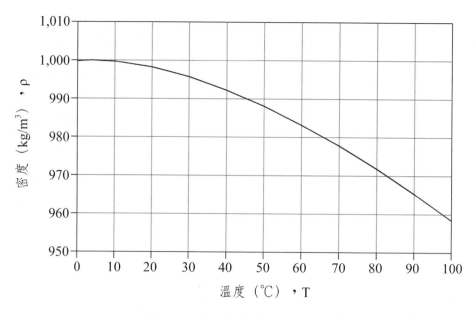

圖1.3　水密度與水溫之關係

　　黏滯性是影響水流運動的關鍵參數，水流因具有黏滯性而產生剪切力，水體黏滯性可用動力黏滯度μ以centipoise（kg/m·s），或運動黏滯度ν = μ/ρ以centistoke（m²/s）表示，二者都因溫度的上升而下降。

　　表面張力σ代表水分子間的凝聚力，表面張力亦因水溫之增加而略爲下降。

　　體積彈性模數K代表水的可壓縮性，定義爲

$$K = \frac{\Delta P}{\Delta \overline{V}/\overline{V}} = \frac{\Delta P}{\Delta \rho/\rho} \tag{1.2}$$

式中，ΔP：壓力變化量；

　　　$\overline{V}$：原始水體積；

　　　$\Delta \overline{V}$：水體積變化量；

　　　ρ：原始水密度；

　　　Δρ：水密度變化量。

　　在常溫下水的K值約爲$2.2 \times 10^9 P_a$（P_a爲pascal，$1P_a = 1N/m^2$）或$3.2 \times 10^5 psi$，故若水壓增加$100kgf/cm^2$（相當於1,000m水頭、9,784KP$_a$或1,420psi）則Δρ/ρ = 0.00443或0.44%，可見水的可壓縮性不大。K在溫度約

55℃時最高，但因溫度的變化有限。

上述物理參數ρ、γ、μ、ν、σ及K隨溫度的變化綜合如表1.1。

壓力尺度是水在管路系統流動的主要表徵，圖1.4顯示若以眞空爲基準則在其上有蒸汽壓（vapor pressure）P_{va}、大氣壓（barometric pressure）P_b及管中壓（pipe pressure）P_b+P，然而爲符合實際上的感受，亦常以大氣壓爲參考基準，如此則蒸汽壓爲$-P_{vg}$，管中壓爲P。

水可爲固態、液態或汽態，在一大氣壓的環境下，當水溫達100℃時汽化爲蒸汽。常溫的水若在一密閉空間設法降低其壓力，當壓力接近於眞空時，水汽化爲「冷蒸汽」。水的汽化對管路設計具有重要意義，液態的水汽化後管中的水流由一相流（single-phase flow）變爲二相流（two-phase flow）。若於穩定流（steady flow）中因消能作用發生汽化，則用於消能的閥體及管路極有可能產生破壞性的穴蝕（cavitation）。若汽化源自於壓力急速變化的暫態流則此時管流已發生水柱分離（column separation），後續急速的水柱復合（column rejoining）極有可能產生強大的水鎚壓力。以上二種現象分別於第5.2.1節及第7.2.5節討論。

表1.1　水體物理性質隨溫度的變化

水溫 （℃）	密度ρ （kg/m³）	單位重γ （N/m³）	動力黏滯度μ （kg/m·s） （centipoise）	運動黏滯度ν （m²/s） （centistoke）	表面張力σ （N/m）	彈性模數K （N/m²） （pascal）
0	999.9	9,806	$1.792 \cdot 10^{-3}$	$1.792 \cdot 10^{-6}$	$7.62 \cdot 10^{-2}$	$204 \cdot 10^7$
5	1,000.0	9,807	1.519	1.519	7.54	206
10	999.7	9,797	1.308	1.308	7.48	211
15	999.1	9,798	1.140	1.141	7.41	214
20	998.2	9,789	1.005	1.007	7.36	220
25	997.1	9,779	0.894	0.897	7.26	222
30	995.7	9,765	0.801	0.804	7.18	223
35	994.1	9,749	0.723	0.727	7.10	224
40	992.2	9,731	0.656	0.661	7.01	227
45	990.2	9,710	0.599	0.605	6.92	229

水溫 (℃)	密度ρ (kg/m³)	單位重γ (N/m³)	動力黏滯度μ (kg/m·s) (centipoise)	運動黏滯度ν (m²/s) (centistoke)	表面張力σ (N/m)	彈性模數K (N/m²) (pascal)
50	988.7	9,696	0.549	0.556	6.82	230
55	985.7	9,667	0.506	0.513	6.74	231
60	983.2	9,642	0.469	0.477	6.68	228
65	980.6	9,616	0.436	0.444	6.58	226
70	977.8	9,589	0.406	0.415	6.50	225
75	974.9	9,561	0.380	0.390	6.40	223
80	971.8	9,530	0.357	0.367	6.30	221
85	968.6	9,499	0.336	0.347	6.20	217
90	965.3	9,467	0.317	0.328	6.12	216
95	961.9	9,433	0.299	0.311	6.02	211
100	958.4	9,399	0.284	0.296	5.94	207

　　表1.2顯示在不同壓力下，水由液態變成汽態（或由汽態轉為液態）的臨界溫度，可見欲防止水由液態變為汽態可經由水溫的下降或水壓的上升達成。火力與核能發電廠有許多高壓／高溫的水系統，由於溫度高，蒸汽壓也相當高，在跳機情況下，液體容易汽化並衍生水鎚問題，這種現象發生與否是設計必須檢視的分析工作。

　　圖1.4中的大氣壓P_b是由地球上部大氣層重量形成的壓力，故在海拔較高地區P_b值將降低，根據Tullis(12)，P_b因高程的變化可以下式估算：

$$P_b = 101.3 - 0.012Z \qquad\qquad (1.3)$$

式中P_b以KP_a計，Z以m計，換言之，高程每上升100m，P_b降低約$1.2KP_a$（$1KP_a = 0.145psi = 0.102m$水柱高），故在海拔較高地區因大氣壓力較低，水較易沸騰。

表1.2　以絕對壓力計之水蒸汽壓

水溫°C	P_{va}	
	$N/m^2(P_a)$	psi
0	$0.61 \cdot 10^3$	0.089
5	0.87	0.127
10	1.22	0.178
20	2.34	0.339
30	4.24	0.616
40	7.38	1.071
50	12.33	1.790
60	19.92	2.891
70	31.16	4.522
80	47.34	6.871
90	70.10	10.17
100	101.3	14.70
120	200.87	29.15
150	480.30	69.71
200	1,579.39	229.23
300	8,712.08	1,264.45

　　水體亦含有溶解氣體，可溶解率S_a定義為

$$S_a = \frac{m_a}{m_w} \qquad (1.4)$$

式中m_a：空氣質量；

　　m_w：水體質量。

　　根據亨利定律（Henry's Law），水的溶氣能力與環境的絕對壓力成正比，但隨著溫度的上升而下降。圖1.5顯示在一大氣壓力環境下水溶解空氣能力與水溫的關係，可見，在25°C時可溶解率S_a約0.016，因在該壓力環境下，空氣質量約為水的1/800，故相應的空氣／水質量比約0.016/800 = 2×10^{-5}，亦即1公斤的水可約有0.02公克（gram）的溶解空氣。利用亨利定律，亦可估

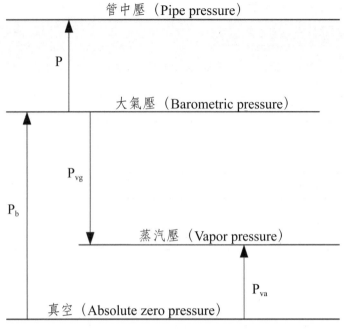

圖1.4　壓力定義

算其他壓力環境下水中之空氣溶解率S_{ap}，即：

$$S_{ap} = S_a(P + P_b)/P_b \qquad (1.5)$$

由以上特性得知升高水溫或降低水壓皆可作為降低水中溶氣量的手段。

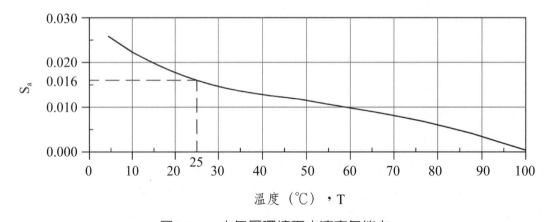

圖1.5　一大氣壓環境下水溶空氣能力

工業界很多管路系統輸送由外部環境引入之冷卻水，該冷卻水流經熱交換器（heat exchanger）帶走廠區的廢熱，維持廠區的正常運轉。熱交換器出口因水溫升高及壓力降低而釋放出部分溶解的氣體，若此氣體集結則將降低管路的虹吸能力，故此空氣應設法排出以免影響系統輸水效能。

1.3 管流基本方程式

管路為一密閉系統，流體在管中輸送必須依循質量守恆（mass conservation）及能量守恆（energy conservation）。質量守恆指在管路兩端流入與流出的質量等於兩端間的變化量，在一維（one dimensional）、穩定流（steady flow）情況兩端間質量沒有變化，故可以下列方程式表示：

$$\rho_1 A_1 V_1 = \rho_2 A_2 V_2 \qquad (1.6)$$

Eq.(1.6)中 ρ、A 及 V 分別代表密度、管路斷面積及平均流速，下標 1 及 2 則代表上、下游端。若流體為不可壓縮（incompressible），則 $\rho_1 = \rho_2 = \rho$ 且 Eq.(1.6) 可簡化成：

$$A_1 V_1 = A_2 V_2 = Q \qquad (1.7)$$

Eq.(1.7) 中 Q 為流量，通常以 m^3/s（cms）或 m^3/day（CMD）來表示。

在實務管路工程，一維的方程式足以代表流體的運動行為，故較為複雜的二維（two dimensional）或三維（three dimensional）方程式不列入討論。

一條管路可能有壓力、高程與流速的變化，輸送過程有能量的消耗，表達管路能量變化最簡潔的方式是能量水頭（energy head），一條管路任何二點之間存在下列關係：

$$\frac{P_1}{\gamma} + Z_1 + \frac{V_1^2}{2g} = \frac{P_2}{\gamma} + Z_2 + \frac{V_2^2}{2g} + \Delta H \qquad (1.8)$$

式中 P_1 及 P_2 分別為上、下游斷面的壓力，Z_1 及 Z_2 為相應的管路高程（通常採平均海平面，亦可採任一基準面），V_1 及 V_2 為斷面平均流速，ΔH 為二斷面的能量損失以水柱高計，γ 為流體單位重，g 為重力加速度。通常一個管路的流速水

頭 $\dfrac{V^2}{2g}$ 較壓力水頭 $\dfrac{P}{\gamma}$ 爲小，且 V_1 與 V_2 的變化有限，實用上常簡化以測壓管水頭（piezometric head）$\dfrac{P}{\gamma}+Z$ 來表示，即：

$$\frac{P_1}{\gamma}+Z_1=\frac{P_2}{\gamma}+Z_2+\Delta H \qquad (1.9)$$

運動中的流體亦必須依循牛頓第二運動定律，即：

$$\Sigma F_x=\frac{d}{dt}(m_w V) \qquad (1.10)$$

Eq.(1.10)中 ΣF_x 代表二斷面間x方向不平衡力之合，m_w 爲流體質量，t爲時間，若流體爲穩定流且可視爲不可壓縮，則Eq.(1.10)可改寫爲：

$$\Sigma F_x=\rho Q\,(V_{2x}-V_{1x}) \qquad (1.11)$$

即x方向的不平衡力爲二斷面間x方向的流速差與 ρQ 的乘積，此不平衡力一般是由墩座傳之於基礎，不由管材承受。

1.4 水流損失

若暫不考慮閥門所造成的影響則管路的水流損失可區分爲二大類，即管壁的摩擦損失（friction loss）及管路中因幾何形狀改變的局部損失（俗稱minor loss或local loss）。水流損失的估算若有明顯誤差會影響系統的通水能力、管線尺寸的選擇或動力需求，對長距離管線的衝擊尤大。估算所用的摩擦與局部二種損失的基本資料皆源自於實驗，設計人員對估算成果的不確定性及水質對管壁粗糙度可能產生的影響應有所了解，並儘可能列入設計考量。

1.4.1 管路摩擦損失

管路摩擦損失有好幾種計算方式，但以Darcy-Weisbach方程式較爲通用：

$$h_f = f\frac{L}{D}\frac{V^2}{2g} \tag{1.12}$$

式中h_f：摩擦損失以水柱高計；f：無維摩擦係數；L：管路長度；D：管路內徑；V：平均流速；g：重力加速度。影響f的因子，可以下列函數式表示：

$$f = \varphi(V,D,\rho,\mu,\varepsilon,\varepsilon',m') \tag{1.13}$$

Eq.(1.13)中ε、ε'及m'代表管壁材質特性，ε：粗糙物突出高度，ε'：粗糙物排列間距，m'：粗糙物幾何形狀。Eq.(1.13)中之七個參數經量網分析（dimensional analysis）可重組成下列無維參數：

$$f = \varphi\left(\frac{VD\rho}{\mu}, \frac{\varepsilon}{D}, \frac{\varepsilon'}{D}, m'\right) \tag{1.14}$$

如第1.1節所述，管內水流依雷諾數$R_e = \frac{VD\rho}{\mu}$的大小可區分為層流（$R_e <$ 2,000）、紊流（$R_e > 4,000$）及二者之間的過渡區。在層流範圍內，代表管壁粗糙度特性的參數$\frac{\varepsilon}{D}$、$\frac{\varepsilon'}{D}$及m'屬隱性，f值為：

$$f = 64/R_e \tag{1.15}$$

在紊流區內，$\frac{\varepsilon}{D}$、$\frac{\varepsilon'}{D}$及m'則為顯性，但f值的訂定僅能以實驗方式為之，1911年Blasius分析已存在的實驗資料，建議以下列方程式估算光滑管（$\varepsilon =$ 0）的摩擦係數：

$$f = \frac{0.316}{R_e^{0.25}} \tag{1.16}$$

經後人研究，一般認定Eq.(1.16)只適用於$R_e < 10^5$，若$R_e > 10^5$則Prandtl（Rouse(6)）建議下列關係式較符合實驗成果：

$$\frac{1}{\sqrt{f}} = 2.0\log(R_e\sqrt{f}) - 0.8 \tag{1.17}$$

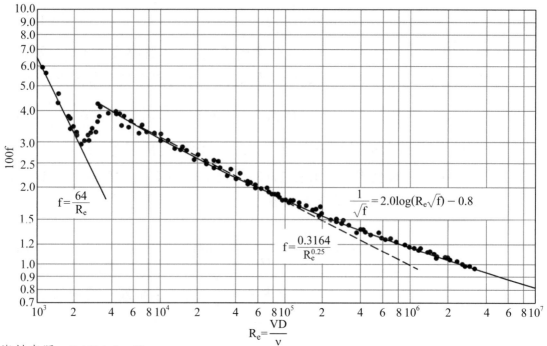

資料來源：Schlichting(9)。

圖1.6　光滑管f與R_e之關係

圖1.6取自Schlichting(9)，該圖顯示層流及光滑管紊流f與R_e之關係，可見光滑管當R_e達約3×10^6時f值略低於0.01。

　　大部分工程所採用的管材並非光滑管，故水流阻力將受到粗糙特性的影響。但Eq.(1.14)代表粗糙度特性的三個參數，$\dfrac{\varepsilon}{D}$、$\dfrac{\varepsilon'}{D}$ 及m′的可能組合眾多，難以用實驗方式來呈現各種情況。為簡化影響因子，於1933年發表的文獻中，Nikuradse(5)將緊密布滿均勻砂的粗糙面黏著於管的內壁而形成「均勻砂粒粗糙度（uniform sand-grain roughness）」，如此可排除 $\dfrac{\varepsilon'}{D}$ 及m′的影響而將Eq.(1.14)簡化為：

$$f = \varphi(R_e，\varepsilon/D) \tag{1.18}$$

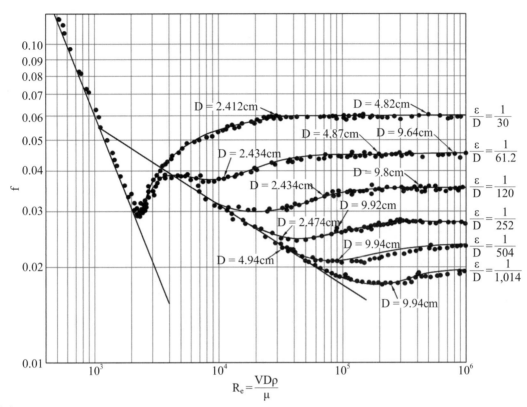

資料來源：Streeter(10)。

圖1.7　Nikuradse均勻砂管路實驗成果

Nikuradse的實驗範圍涵蓋 ε/D由1/30至1/1,000，成果如圖1.7。該成果（取自Streeter(10)）顯示當R_e大到一個程度時f值不受R_e的影響，此時Eq.(1.18)可進一步簡化成

$$f = \varphi(\varepsilon/D) \tag{1.19}$$

而得以下f與ε/D之關係式：

$$\frac{1}{\sqrt{f}} = 1.14 - 2.0\log\frac{\varepsilon}{D} \tag{1.20}$$

　　介於層流及紊流光滑管與紊流粗糙管之間為一過渡區，1939年Colebrook(1)建議以下列公式代表此過渡段：

$$\frac{1}{\sqrt{f}} = -2.0\log\left(\frac{\varepsilon/D}{3.7} + \frac{2.51}{R_e\sqrt{f}}\right) \tag{1.21}$$

可見當R_e很大時Eq.(1.21)變爲Eq.(1.20)，代表完全紊流的粗糙管，但當ε/D很小時又轉換爲Eq.(1.17)，代表完全紊流的光滑管。爲便於實質上的運用，Rouse(7)及Moody(4)分別將上述成果以圖1.8及圖1.9來表示，圖1.8的橫軸除R_e外亦標示$R_e\sqrt{f}$，縱軸除f外亦標示$\sqrt{f}$，二張圖中以圖1.9（俗稱Moody Diagram，取自USBR(11)）較爲通用。此外，圖1.8亦登載Rouse建議各種材質ε的範圍，如此，即可計算ε/D及估算相應的f值及管路損失。

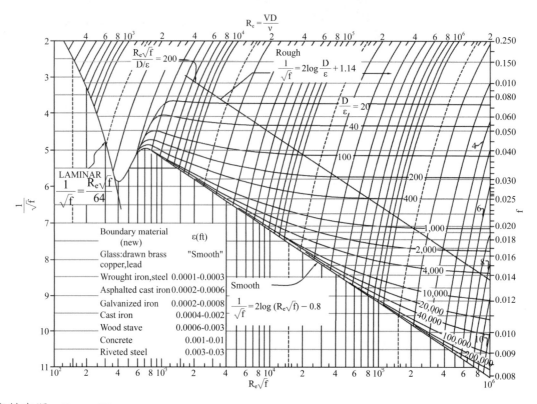

資料來源：Rouse(7)。

圖1.8　商用管路水流摩擦係數圖

Nikuradse所做的「均勻砂粒粗糙度（uniform sand-grain roughness）」實驗代表砂粒最大密度的情境，因之得以將Eq.(1.14)中ε'/D及m'二個參數的影響排除。但在現實環境中管內水流面的情況並非必然如此，爲了解ε'及m'對水流阻力的影響，Schlichting(9)執行如圖1.10所示粗糙物排列與形狀的實驗，發現二者對有效水流阻力有重大影響，舉例如下：

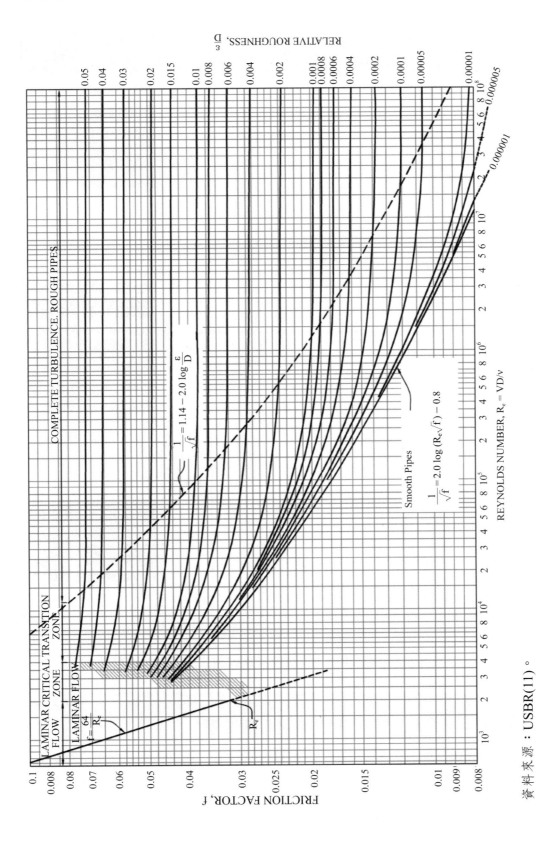

圖1.9　莫迪圖（The Moody Diagram）

資料來源：USBR(11)。

項次	粗糙物形狀	尺寸(Dimensions)	ε'(cm)	d(cm)	ε(cm)	ε_s(cm)	照片(Photographs)
1	圓球(Spheres)	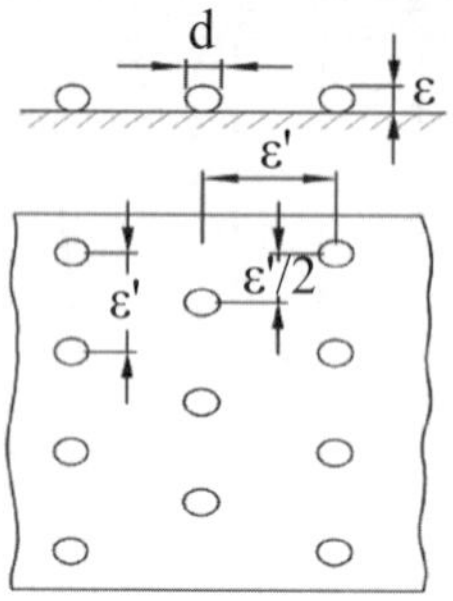	4	0.41	0.41	0.093	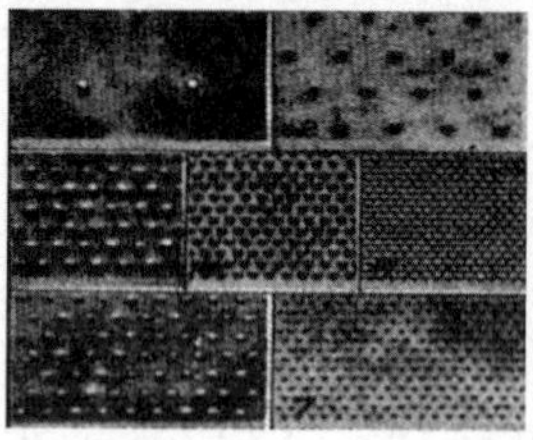
2			2	0.41	0.41	0.344	
3			1	0.41	0.41	1.26	
4			0.6	0.41	0.41	1.56	
5			Densest arrgt	0.41	0.41	0.257	
6			1	0.21	0.11	0.172	
7			0.5	0.21	0.21	0.759	
8	半圓球(Spherical segments)	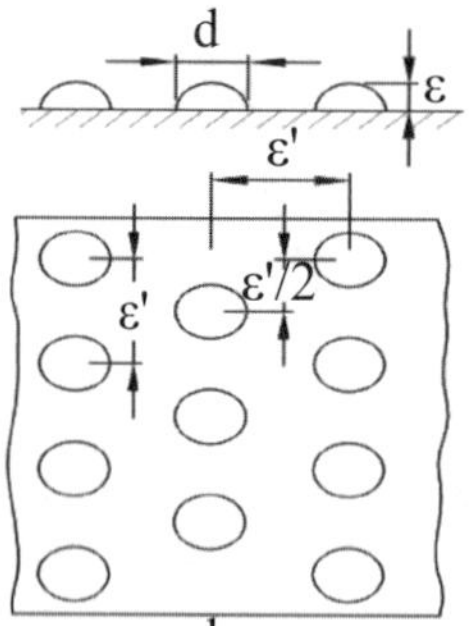	4	0.8	0.26	0.031	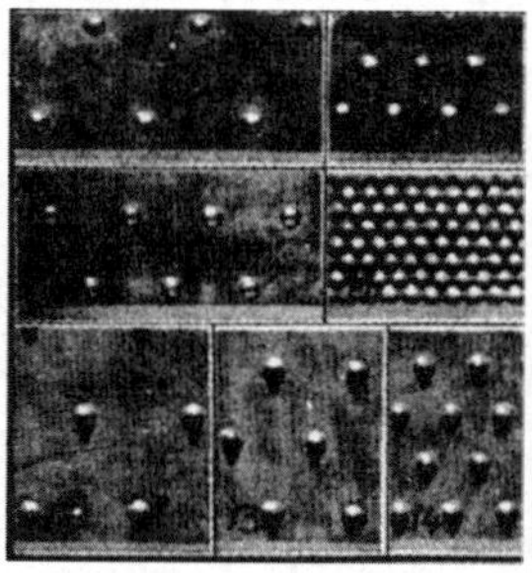
9			3	0.8	0.26	0.049	
10			2	0.8	0.26	0.149	
11			Densest arrgt	0.8	0.26	0.365	
12	圓錐(Cones)	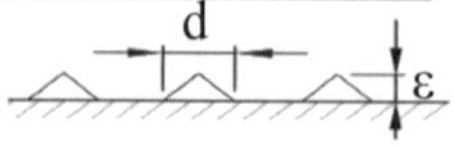	4	0.8	0.375	0.059	
13			3	0.8	0.375	0.164	
14			2	0.8	0.375	0.374	
15	短角狀物("Short" angles)	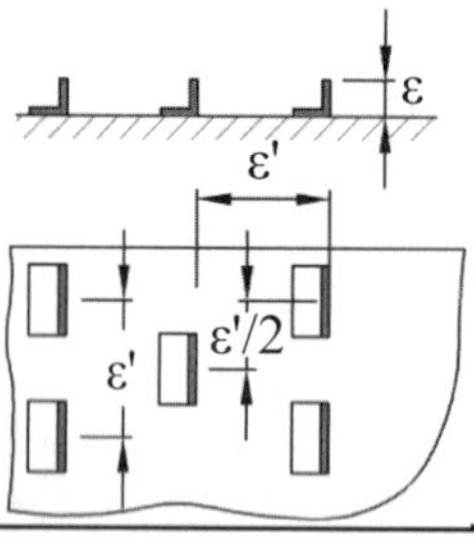	4	0.8	0.3	0.291	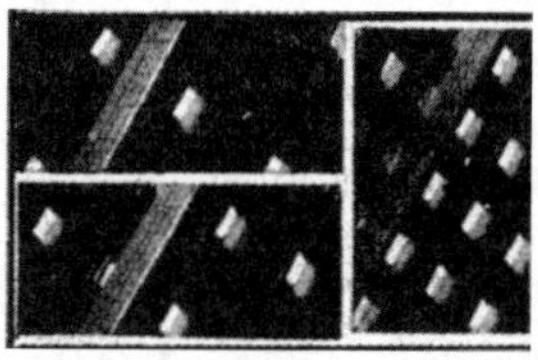
16			3	0.8	0.3	0.618	
17			2	0.8	0.3	1.47	

資料來源：Schlichting(9)。

圖1.10　Schlichting實驗粗糙物排列與形狀對有效水流阻力的影響

一、突出物排列間距ε'對有效粗糙度ε_s的影響

圓球（sphere） $d = 0.41cm$，$\varepsilon = 0.41cm$，$\varepsilon' = 4cm$時，$\varepsilon_s = 0.093cm$，但當$\varepsilon' = 0.6cm$時，$\varepsilon_s = 1.56cm$，即後者之有效粗糙度為前者之$1.56/0.093 =$

16.8倍。

二、突出物幾何形狀m'對有效粗糙度ϵ_s的影響

突出物寬度d = 0.8cm，排列間距同為2cm，半球狀$\epsilon_s/\epsilon = 0.374/0.375 = 1.0$，角鋼狀$\epsilon_s/\epsilon = 1.47/0.30 = 4.9$，顯示幾何形狀的影響頗大。

Rouse(8)描述美國愛荷華大學水力學院（Iowa Institute of Hydraulic Research）針對粗糙物密度、幾何形狀及排列的研究成果，圖1.11顯示有效粗糙高度與粗糙物突出高度之比值，ϵ_s/ϵ，因粗糙物的形狀、排列方式及排列密度λ而異，最大有效粗糙度發生在λ介於0.15至0.3之間。

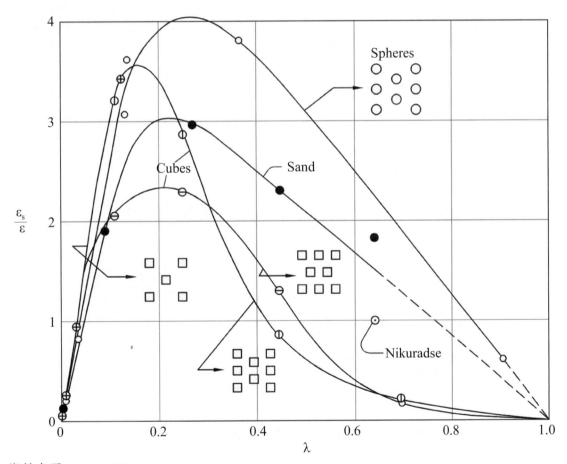

資料來源：Rouse(8)。

圖1.11　有效粗糙度受粗糙物幾何形狀排列及密度的影響

　　筆者於2016年辦理高雄中鋼基地TW（Treated Water）系統的管網水力分析，TW系統供應中鋼製程補充水，由於中鋼自來水水源來自高雄鳳山水庫，該水源水質硬度較高，必須加石灰予以軟化。自1978年開始營運以來歷次分析都發現管路系統的能量損失偏大，為掌握管路系統水流損失現況，利用數位壓力計量得壓降資料，發現部分管段的f值高達新管的10倍以上，即使採用Moody Diagram中最高f值約0.08亦無法反映現場情況。照片1.1顯示打開三管段後管內結垢的狀況，可見結垢大小、形狀及分布都隨機並無規律，經討論判斷結垢是鋼管鏽蝕後碳酸鈣附著所致(14)。

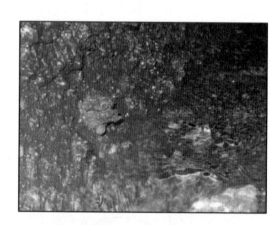

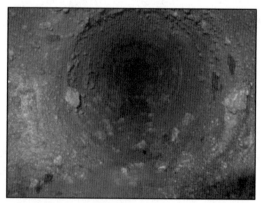

資料來源：(14)。

照片1.1　中國鋼鐵公司高雄廠TW系統管壁照片

　　Schlichting(9)亦描述1950年代德國一支500mm的供水管經常久運轉後輸水量低於原始流量50%的案例，經檢視後發現管中有0.5mm高、與水流垂

　　直的角狀式沉積物，雖然ε/D ＝ 1/1,000，但有效的水流阻力卻相當於ε_s/D ＝ 1/40～1/80。

　　以上經驗突顯老舊管路對水流阻力的可變異性。

　　除圖1.8所示的粗糙度資料外，水流阻力計算所需之管壁粗糙高度（rugosity）亦可參閱表1.3（King/Brater(2)）或圖1.12及圖1.13（USBR(11)）的建議。

　　以Darcy-Weisbach f值表示摩擦係數的優點在於它是無維係數，不但不受公制或英制單位的影響，且符合雷諾相似律的關係，又有相當完整的基礎研究。但在傳統自來水或其他領域上有其習慣性的用法，包括採Hazen-Williams C_h或Manning n來估算。

表1.3　大型管粗糙高度

材料	完工情況	尺寸(ε), ft
混凝土（Concrete）	相當粗糙（unusually rough）；接頭不成一直線（poor alignment at joints）	0.003-0.002
	粗糙（rough）；明顯模板脫落跡象（visible form marks spalling）	0.002-0.0012
	木浮或情況良好的粉刷表面（wood-floated or brushed surface in good condition）；接頭良好（good joints）	0.0012-0.0006
	離心方式澆注（centrifugally cast）；新品（new）；光滑（smooth）；鋼模（steel forms）	0.0005-0.0005
	一般工藝（average workmanship）；平整接頭（smooth joints）；新（new）；很光滑（very smooth）；鋼模（steel forms）	0.0006-0.0002
	一等工藝（first-class workmanship）；平整接頭（smooth joints）	0.0002-0.00005
對銲鋼（Butt-welded steel）	嚴重鏽蝕瘤積垢（severe tuberculation and incrustation）	0.02-0.008
	一般鏽瘤（general tuberculation）	0.008-0.0031
	重刷釉和焦油（瀝青）塗層（heavy brush-coated enamels and tars）	0.0031-0.0012
	輕度鏽斑（light rust）	0.0012-0.0005
	浸熱柏油（hot-asphalt-dipped）	0.0005-0.0002

材料	完工情況	尺寸(ε), ft
	新光滑管（new smooth pipe）：以離心方式塗釉（centrifugally applied enamels）	0.0002-0.00003
周圍鉚釘鋼（Girth-riveted steel）	嚴重鏽蝕瘤積垢（severe tuberculation and incrustation）	0.035-0.012
	一般鏽瘤（general tuberculation）	0.012-0.0044
	生鏽（rusted）	0.0044-0.0020
	新光滑管（new smooth pipe）：以離心方式塗釉（centrifugally applied enamels）	0.002-0.0005
	重刷柏油和焦油塗層（heavy brush-coated asphalts and tars）	0.006-0.003
	浸熱柏油（hot-asphalt-dipped）：刷石墨塗層（brush-coated graphite）	0.003-0.001
全鉚釘鋼（Fully riveted steel）	嚴重腐蝕瘤（severe tuberculation）	0.03-0.02
	一般腐蝕瘤（general tuberculation）	0.02-0.007
	相當平滑（fairly smooth）：三排縱向鉚釘（3 rows longitudinal rivets）	0.007-0.0034
	相當平滑（fairly smooth）：二排縱向鉚釘（2 rows longitudinal rivets）	0.005-0.002
	相當平滑（fairly smooth）：一排縱向鉚釘（1 rows longitudinal rivets）	0.0034-0.001
木槽（Wood stave）	板接頭突出（rough projecting staves at joints）	0.08-0.001
	已使用（used condition）	0.001-0.0009
	新的（new）：優質施工（first-class construction）	0.0004-0.0001
鋼（Steel）	塗釉鋼（enamel-coated steel）：直徑51英寸（51-in diameter）	0.000016
波型金屬（Corrugated metal）	波型深度0.5英寸（depth of corrugations 1/2 in）：波型間距2 2/3英寸（spacing of corrugations 2 2/3in）	0.15-0.18
岩石（Rock）	未襯砌（unlined）	2.0

資料來源：King/Brater(2)。

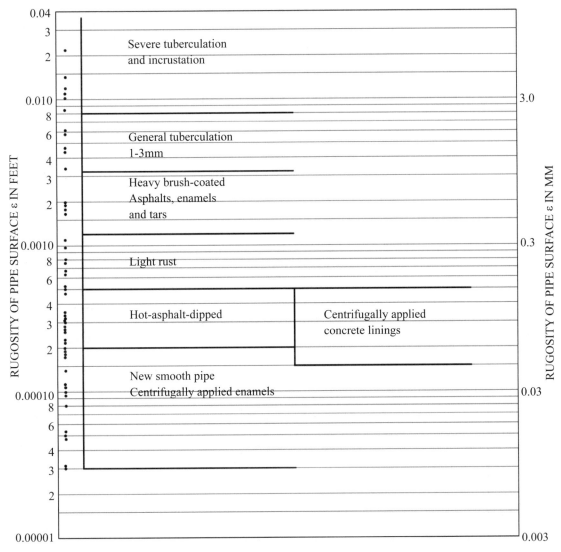

資料來源：USBR(11)。

圖1.12 銲接鋼管粗糙度

Hazen-Williams公式為早期Chezy公式（$V = C\sqrt{RS}$）的演化：

$$英制：V = 1.318 C_h R^{0.63} S^{0.54} \tag{1.22a}$$

$$公制：V = 0.85 C_h R^{0.63} S^{0.54} \tag{1.22b}$$

Manning公式則為：

$$英制：V=\frac{1.486}{n}R^{0.667}S^{0.5} \quad\quad\quad (1.23a)$$

$$公制：V=\frac{1}{n}R^{0.667}S^{0.5} \quad\quad\quad (1.23b)$$

上式中，S：水力坡降；R：水力半徑；C_h 與 n 值可由表1.4或表1.5（Tullis(12)）取得。

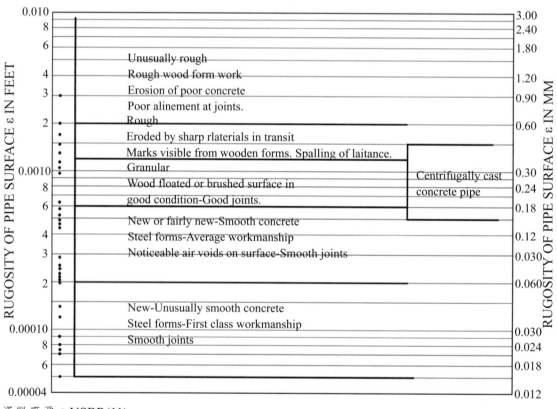

資料來源：USBR(11)。

圖1.13　混凝土內襯管粗糙度

表1.4　Hazen-Williams C_h值

管內情況（Character of pipe）	粗糙係數（Hazen-Williams coefficients of roughness） C_h
新或優異情況下的鑄鐵或鋼管，襯以用離心旋轉施工的水泥或瀝青、水泥—石棉管、銅管、黃銅管、塑膠管及玻璃管（New or in excellent condition cast-iron and steel pipe with cement, or bituminous linings centrifugally spun, cement-asbestos pipe, copper tubing, brass pipe, plastic pipe, and glass pipe）	140
以上所列已用過但狀況良好的管、以水泥砂漿砌有良好的施工工藝且管徑大於24英寸者（Older pipe listed above in good condition, and/or pipes, cement mortar lined in place with good workmanship, larger than 24 in diameter）	130
水泥砂漿襯砌小管工藝良好或大管工藝一般、木板管、焦油浸的新鑄鐵管及用於惰性水的舊管（Cement mortar lined pipe in place, small diameter with good workmanship or large diameter with ordinary workmsnship: wood stave; tar-dipped cast-iron pipe new and/or old in inactive water）	120
老舊無襯砌或焦油浸情況好的鑄鐵管（Old unlined or tar-dipped cast-iron pipe in good condition）*	100
嚴重鏽蝕的鑄鐵管或有重度沉積的管路（Old cast-iron pipe severely tuberculated or any pipe with heavy deposits）	40-80
聚乙烯管（Polyethylene）*	140
聚氯乙烯管（Polyvinyl chloride（PVC））*	150
纖維強化塑膠管（Fibre-reinforced plastic（FRP））*	150

資料來源：除「*」外，取自Tullis(12)。

表1.5　Manning n值

管的種類（Kind of pipe）	變化範圍		設計採用	
	低（From）	高（To）	低（From）	高（To）
乾淨無塗層鑄鐵管（Clean uncoated cast-iron pipe）	0.011	0.015	0.013	0.015
乾淨有塗層鑄鐵管（Clean coated cast-iron pipe）	0.010	0.014	0.012	0.014
髒或鏽蝕鑄鐵管（Dirty or tuberculated cast-iron pipe）	0.015	0.035	—	—

管的種類（Kind of pipe）	變化範圍		設計採用	
	低（From）	高（To）	低（From）	高（To）
鉚釘鋼管（Riveted steel pipe）	0.013	0.017	0.015	0.017
鎖條及銲接管（Lock-bar and welded pipe）	0.010	0.013	0.012	0.013
鍍鐵管（Galvanized-iron pipe）	0.012	0.017	0.015	0.017
黃銅及玻璃管（Brass and glass pipe ）	0.009	0.013	－	－
木板管（Wood-stave pipe）	0.010	0.014	－	－
木板管，小管徑（Wood-stave pipe, small diameter）	－	－	0.011	0.012
木板管，大管徑（Wood-stave pipe, large diameter）	－	－	0.012	0.013
混凝土（Concrete pipe）	0.010	0.017	－	－
粗糙接頭混凝土管（Concrete pipe with rough joints）	－	－	0.016	0.017
混凝土管，「乾拌」粗模（Concrete pipe, "dry mix," rough forms）	－	－	0.015	0.016
混凝土管，「溼拌」粗模（Concrete pipe, "wet mix," steel forms）	－	－	0.012	0.014
混凝土管，很光滑（Concrete pipe, very smooth）	－	－	0.011	0.012
陶製汙水管（Vitrified sewer pipe）	0.010	0.017	0.013	0.015
一般黏土排水瓦管（Common clay drainage tile）	0.011	0.017	0.012	0.014

資料來源：Tullis(12)。

1.4.2 摩擦係數對流速分布的影響

　　管路斷面的流速分布與流體對管壁產生的剪切力密不可分，在紊流的環境可由下式表示剪切力與流速梯度的關係

$$\tau = \eta \frac{dv}{dr} \tag{1.24}$$

式中 η 為渦流黏滯度（eddy viscosity），v 為任一點流速，$\frac{dv}{dr}$ 為 r 方向的流速梯度，根據Rouse(6)以下公式可用以表示管中的流速分布

$$\frac{v - V}{\sqrt{\tau_0/\rho}} = 5.75\log\frac{r}{r_0} + 3.75 \qquad (1.25)$$

τ_0為管壁剪切力，V為平均流速，因 $\sqrt{\dfrac{\tau_0}{\rho}} = V\sqrt{\dfrac{f}{8}}$，故Eq.(1.25)可改寫為

$$\frac{v - V}{V\sqrt{f}} = 2\log\frac{r}{r_0} + 1.32 \qquad (1.26)$$

今將Eq.(1.26)右方的係數依量測的成果做些微調整使2與1.32分別變為2.15及1.43，則Eq.(1.26)可改寫為

$$\frac{v}{V} = \sqrt{f}\left(2.15\log\frac{r}{r_0} + 1.43\right) + 1 \qquad (1.27)$$

Eq.(1.27)可用以代表光滑或粗糙管的流速分布，若取管中心線$r = r_0$則Eq.(1.27)簡化為

$$\frac{V_{max}}{V} = 1.43\sqrt{f} + 1 \qquad (1.28)$$

表1.6　不同f之V_{max}/V比值

f	0.01	0.015	0.02	0.025
$\sqrt{f}$	0.1	0.122	0.141	0.158
V_{max}/V	1.143	1.175	1.202	1.226

表1.6顯示V_{max}/V隨f值之增加而變大，若f = 0.02，則$V_{max}/V = 1.2$，即管中心的最大流速約為平均流速的1.2倍。

根據Schlichting(9)，管中流速分布亦可以下式表示，

$$\frac{V}{V_{max}} = \left(\frac{r}{r_0}\right)^{1/n_0} \qquad (1.29)$$

Nikuradse實驗成果（Schlichting(9)）顯示R_e與n_0之關係如表1.7，可見n_0隨R_e的增加而增大，在常用的工程中n_0約為7，這是俗稱的1/7次方的流速分布。

表1.7　Nikuradse試驗光滑管流速係數

R_e	4×10^3	2.3×10^4	1.1×10^5	1.1×10^6	2.0×10^6	3.2×10^6
n_0	6.0	6.6	7.0	8.8	10	10

資料來源：Schlichting(9)。

將Eq.(1.29)積分得

$$\frac{V}{V_{max}} = \frac{2n_0^2}{(n_0+1)(2n_0+1)} \qquad (1.30)$$

由Eq.(1.30)可得V_{max}/V隨n_0的變化，表1.8顯示管中心最大流速與平均流速之比值因n_0之增加而降低，但最大流速約為平均流速的1.2倍，此成果與Eq.(1.28)所得的成果相同。

表1.8　不同流速分布之V_{max}/V值

n_0	6	7	8	9	10
V_{max}/V	1.264	1.223	1.195	1.173	1.156

1.4.3 局部損失

　　管路系統中因幾何形狀變化所造成的損失統稱為局部損失，故局部損失的形式繁多，但可概分為單管與岔管二類型，如下：

一、單管損失

　　單管損失可能涵蓋的項目包括進口、出口、彎管、突擴、漸擴、突縮、漸縮、閥體、侵入式流量計等等，通常損失量h_ℓ以流速水頭計，可以下式表示

$$h_\ell = K_\ell \frac{V^2}{2g} \qquad (1.31)$$

式中V：上游或下游管之平均流速，K_ℓ：局部損失係數，由於局部損失源自於幾何形狀造成水流分離（flow separation），一般認為紊流的局部損失係數K_ℓ不受雷諾數的影響。

　　表1.9呈現李煒[13]綜整之各種形狀產生的單管損失係數。

表1.9 單管局部水頭損失係數K_ℓ(1/2)

結構物	簡圖	局部水頭損失係數K_ℓ
斷面突然擴大		$K_\ell = \left(1 - \dfrac{A_1}{A_2}\right)$
斷面突然縮小		$K_\ell = 0.5\left(1 - \dfrac{A_1}{A_2}\right)$
進口		直角 $K_\ell = 0.50$
		角稍加修圓　　　　　　　$K_\ell = 0.20 - 0.25$ 完全修圓（$r/D \geqq 0.15$）$K_\ell = 0.10$ 流線型（無分離線流）$K_\ell = 0.05 - 0.06$
		切角 $K_\ell = 0.25$
出口		流入水庫 $K_\ell = 1.0$
		流入明渠 $K_\ell = \left(1 - \dfrac{A_1}{A_2}\right)^2$

圓形漸擴管

$$K_\ell = k\left(\frac{A_2}{A_1} - 1\right)^2$$

α	8°	10°	12°	15°	20°	25°
k	0.14	0.16	0.22	0.30	0.42	0.62

圓形漸縮管

$$K_\ell = k_1 k_2$$

α	10°	20°	40°	60°	80°	100°	140°
k_1	0.40	0.25	0.20	0.20	0.30	0.40	0.60

A_2/A_1	0.1		0.20		0.30		0.40		0.50
k_2	0.40		0.38		0.36		0.34		0.30

A_2/A_1	0.60		0.70		0.80		0.90		1.00
k_2	0.27		0.20		0.16		0.10		0

表1.9　單管局部水頭損失係數K_ℓ(2/2)

結構物	簡圖	局部水頭損失係數K_ℓ
矩形變圓形漸縮管		$K_\ell = 0.05$（採中間斷面的流速水頭）
圓形變矩形漸縮管		$K_\ell = 0.1$（採中間斷面的流速水頭）
彎管		$K_\ell = \left[0.131 + 0.1632 \left(\dfrac{D}{R} \right)^{7/2} \right] \left(\dfrac{\theta}{90°} \right)^{1/2}$

斜角管（蝦管）

θ		15°	30°	45°	60°	90°	120°
K_ℓ	(1)	0.022	0.073	0.183	0.365	0.99	1.86
	(2)	0.04	0.12	0.25	0.50	1.15	1.50

弧型門

（K_ℓ 值對於收縮斷面流速水頭）

直立門

e/a	0.1～0.7	0.8	0.9	説明
K_ℓ	0.05	0.04	0.02	K_ℓ值相應於收縮斷面流速水頭，不包括門槽損失

門槽

$K_\ell = 0.05 - 0.20$（一般用0.1）

攔汙柵

$$K_\ell = \beta \left(\dfrac{s}{b} \right)^{4/3} \sin\alpha$$

式中，s：柵條寬度；b：柵條間距；α：傾角；β：柵條形狀係數

柵條形狀	1	2	3	4	5	6	7
β	2.42	1.83	1.67	1.035	0.92	0.76	1.79

資料來源：(1)本項及本表其他數據取自李煒(13)。
　　　　　(2)取自Miller(3)。

大型彎管必須以蝦管爲之，圖1.14所呈現2節、3節及4節90°圓型蝦管的損失係數與R/D（曲率半徑管徑比）的相關性（Miller(3)），可見多節蝦管的損失較低。

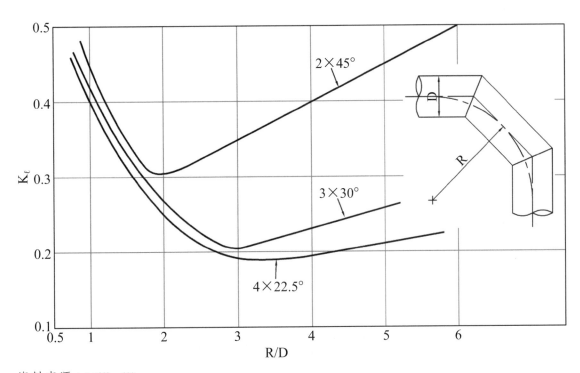

資料來源：Miller(3)。

圖1.14　多節圓型蝦管損失係數

二、岔管損失

　　管路常有「T」或「Y」接的布置以達到匯流或分流的需求，在此情況下水流損失變得相對複雜，且將因雷諾數大小、管的尺寸比例、相接角度、流量比例與水流方向等因素而異，Miller(3)曾針對此議題整理相當完整的資料，並區分流態爲合流（combining flow）及分流（dividing flow）二大類別，如圖1.15接管形式分爲下列二種：

　　(一)「T」接管：支管以不同角度與母管「T」接。

　　(二)「Y」接管：二支支管以對稱角度「Y」接母管。

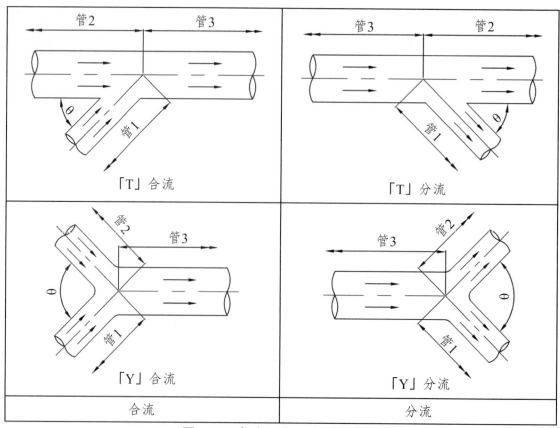

圖1.15　合流及分流接管示意圖

　　圖1.16至圖1.21分別顯示合流時支管與母管交角θ = 15°、30°、45°、60°、90°及120°支流方向損失係數K_{13}及主流方向損失係數K_{23}，二者分別定義為：

$$K_{13} = ((V_1^2/2g + H_1) - (V_3^2/2g + H_3))/V_3^2/2g$$

$$K_{23} = ((V_2^2/2g + H_2) - (V_3^2/2g + H_3))/V_3^2/2g$$

式中，H_1、H_2、H_3分別爲管1、管2或管3的測壓計水頭（piezometric head）。

　　圖1.22展示「Y」接管，$A_1 + A_2 = A_3$（A_1及A_2爲上游管斷面，A_3爲下游管）及$A_1 = A_3 = A_3$的損失係數K_{13}。圖1.23、1.24、1.25及1.26，則分別顯示「T」接分流管θ = 45°、60°、90°及120°之損失係數K_{31}，圖1.27則顯示「T」接分流沿母管之損失係數K_{32}。

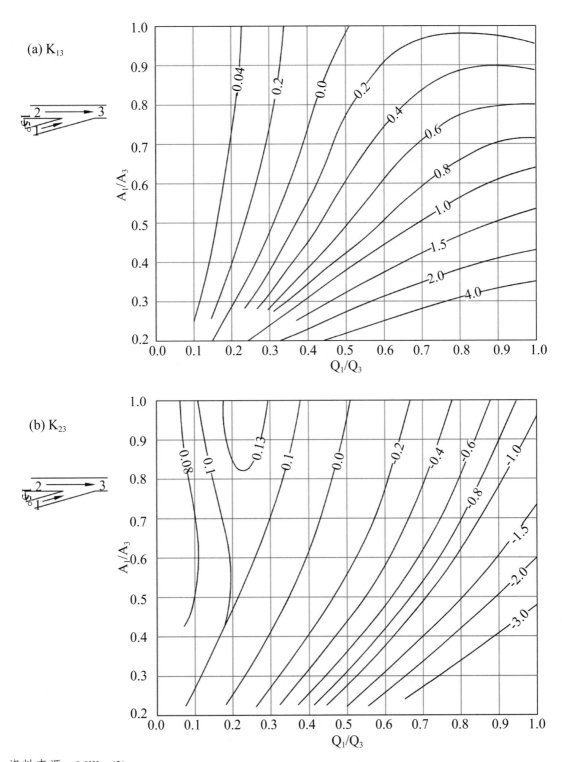

資料來源：Miller(3)。

圖1.16 「T」接合流管損失係數，θ = 15°

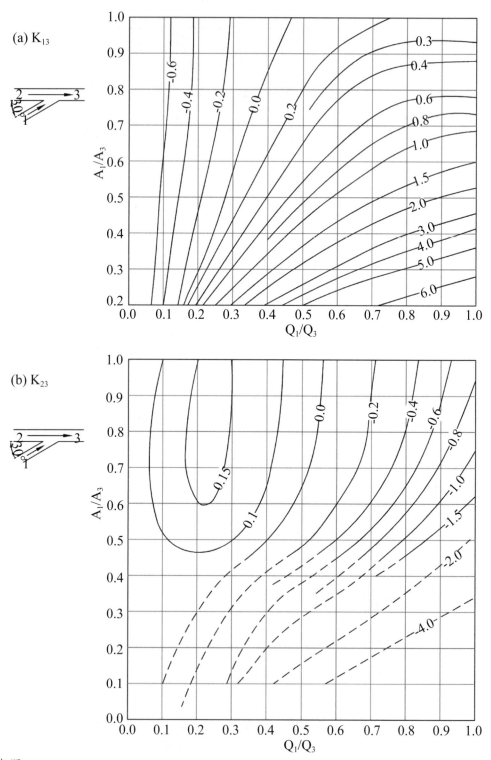

圖1.17 「T」接合流管損失係數，θ = 30°

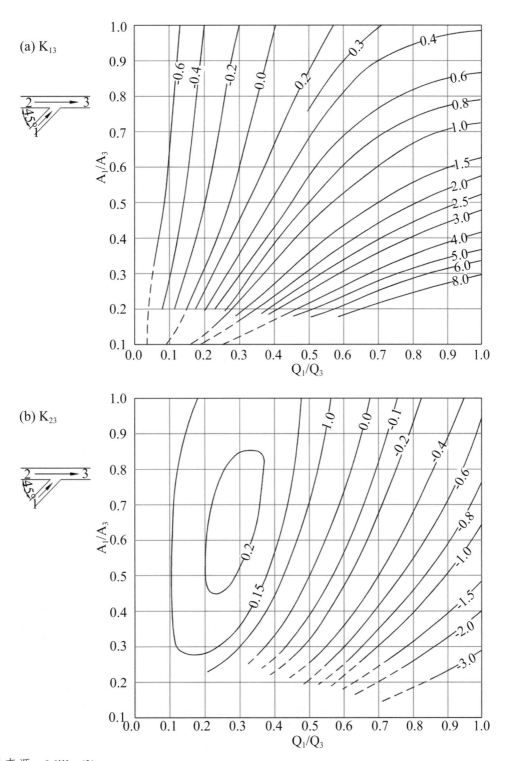

資料來源：Miller(3)。

圖1.18　「T」接合流管損失係數，$\theta = 45°$

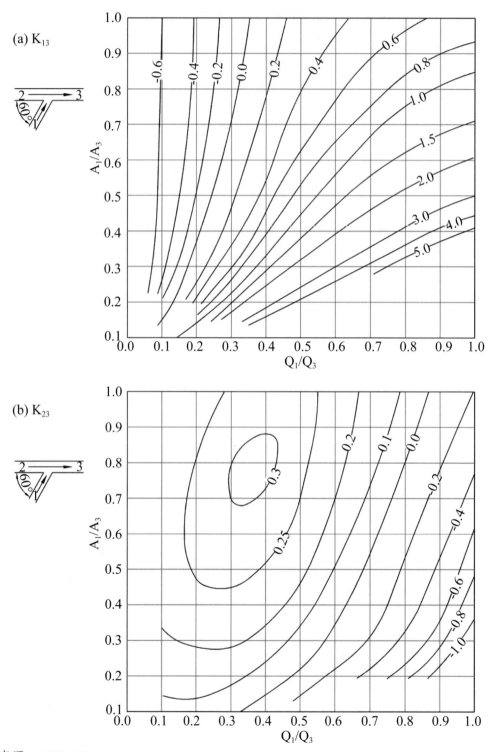

資料來源：Miller(3)。

圖1.19　「T」接合流管損失係數，θ = 60°

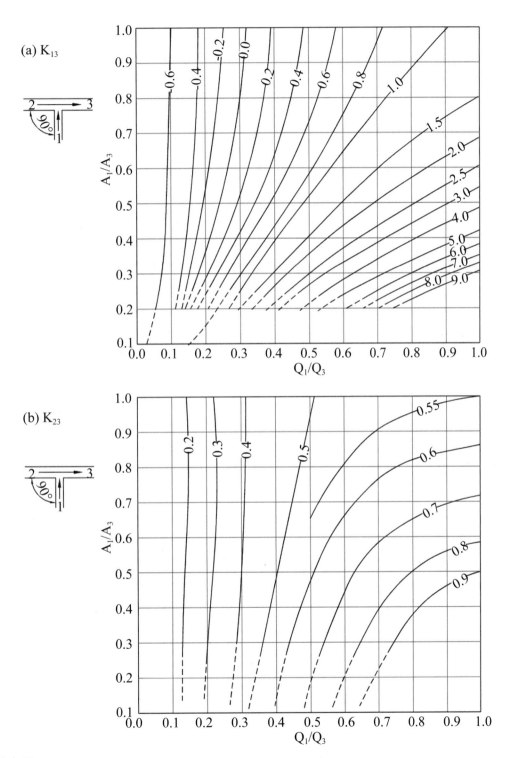

資料來源：Miller(3)。

圖1.20 「T」接合流管損失係數，θ = 90°

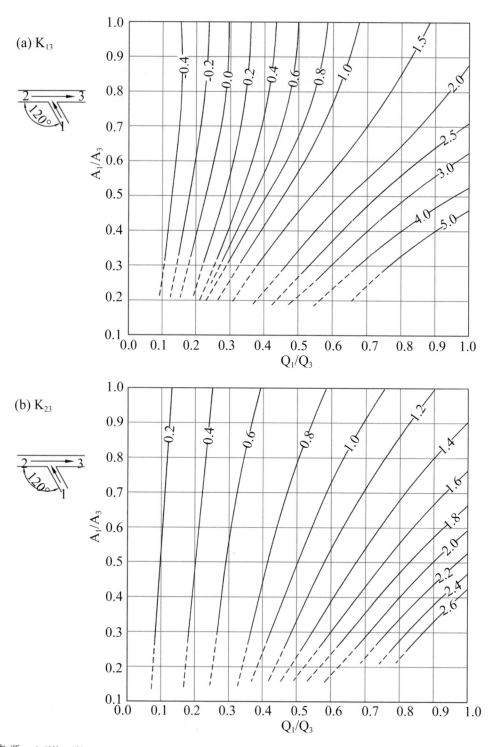

資料來源：Miller(3)。

圖1.21　「T」接合流管損失係數，$\theta = 120°$

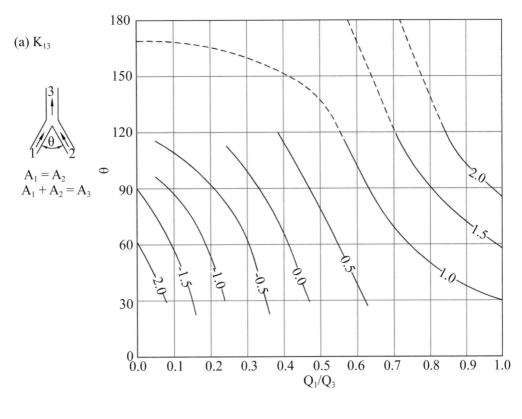

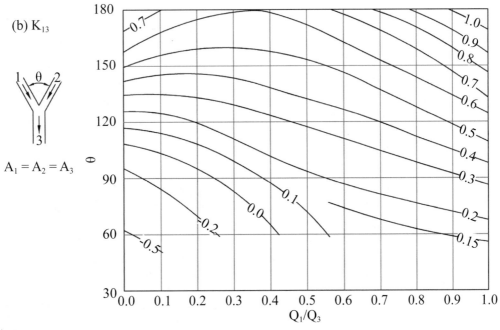

資料來源：Miller(3)。

圖1.22 「Y」合流管損失係數

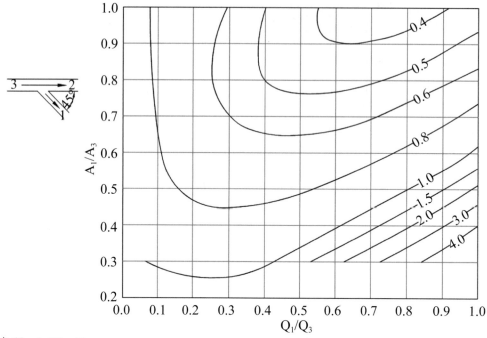

資料來源：Miller(3)。

圖1.23　「T」接分流管損失係數，K_{31} $\theta = 45°$

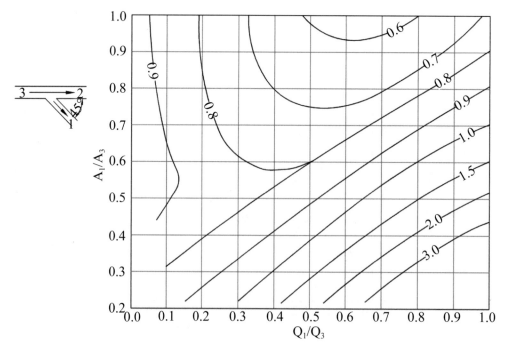

資料來源：Miller(3)。

圖1.24　「T」接分流管損失係數，K_{31} $\theta = 60°$

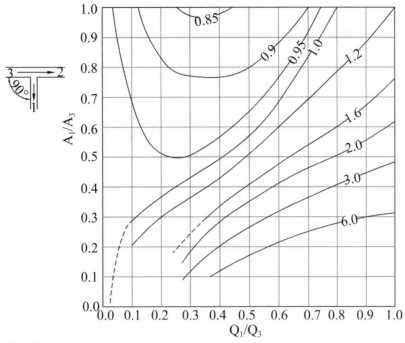

資料來源：Miller(3)。

圖1.25　「T」接分流管損失係數，K_{31}　$\theta = 90°$

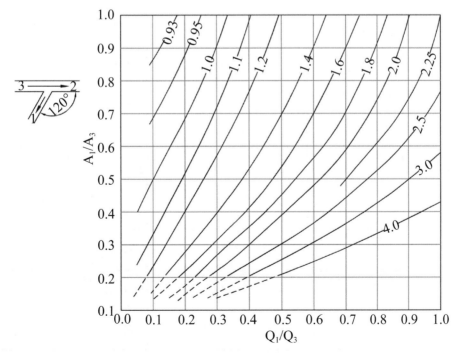

資料來源：Miller(3)。

圖1.26　「T」接分流管損失係數，K_{31}　$\theta = 120°$

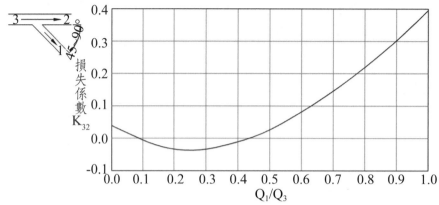

資料來源：Miller(3)。

圖1.27　「T」接分流母管損失係數，K_{32} θ = 45°～90°

1.4.4 系統曲線

表1.10　管路各類損失之表達方式

類別				損失量（水柱高）
1.摩擦損失				$h_f = f\dfrac{L}{D}\dfrac{V^2}{2g}$
2.局部損失	單管漸變			$h_\ell = K_\ell\dfrac{V^2}{2g}$
	岔管漸變	合流	母管	$h_\ell = K_{23}\dfrac{V^2}{2g}$
			支管	$h_\ell = K_{13}\dfrac{V^2}{2g}$
		分流	母管	$h_\ell = K_{32}\dfrac{V^2}{2g}$
			支管	$h_\ell = K_{31}\dfrac{V^2}{2g}$
	噴嘴			$\Delta H = K_n\dfrac{V^2}{2g}$
	孔板			$\Delta H = K_o\dfrac{V^2}{2g}$
3.閥門損失				$\Delta H = K_v\dfrac{V^2}{2g}$

類別	損失量（水柱高）
4.出口損失	$h_0 = \dfrac{V^2}{2g}$
總損失（1+2+3+4）	$\Delta H_0 = CQ^2$

系統曲線（system curve）是指管路總損失ΔH_0與輸水量Q的關係，可以下式表示：

$$\Delta H_0 = \left(\Sigma \frac{fL}{2gDA^2} + \Sigma \frac{K_\ell}{2gA^2} + \frac{K_V}{2gA^2} + \frac{1}{2gA^2} \right) Q^2 = CQ^2 \qquad (1.33)$$

式中第一項為摩擦損失，第二項為局部損失，第三項為流量控制閥的損失，第四項為出口損失，故總損失係數C因閥門的開啟度而異，也由此調整輸水量Q，使系統損失與能量達到平衡。表1.10綜合本書對管路各類損失的表達方式，其中閥門損失詳述於第2.4節，噴嘴與孔板的損失則分別說明於第5.1.1及5.1.2節。

1.5 管路摩擦係數之測定

掌握既有管路摩係數最直接有效的方法是進行現場量測。圖1.28顯示一重力系統，水流由上池輸送至下池，而二池間水面高程之落差為（$Z_1 - Z_8$）。圖中亦顯示以能量水頭（energy head，$V^2/2g + Z + P/\gamma$）繪製的能量坡降線（energy grade line, EGL），及以測壓管水頭（piezometric head, $P/\gamma + Z$）連結的水力坡降線（hydraulic grade line, HGL）。若沿管線能量得三點以上的測壓管水頭則可得HGL的坡度，h_f/L，並由Eq.(1.12)求解f值。

上述HGL之量測應避免有局部損失的管段而扭曲實際發生的摩擦損失。

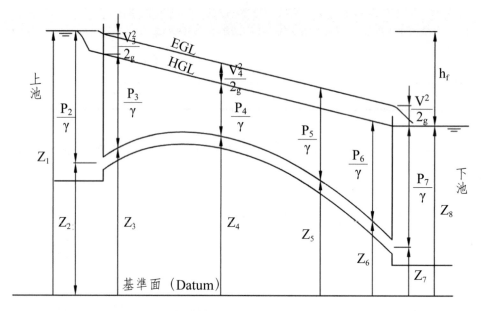

圖1.28 管路水力及能量坡降線示意圖

參考文獻

1. Colebrook, C. F., "Turbulent Flow in Pipes, with Particular Reference to the Transition Region between Smooth and Rough Pipe Laws," J. Institution Civil Engrs, (London), February, 1939, pp. 133-156.

2. King, H. W., and Barter, E. F., *Handbook of Hydraulics*, 5th Edition, 1963.

3. Miller, D. S., *Internal Flow Systems*, BHRA Fluid Engineering, 1978.

4. Moody, L. F., "Friction Factors for Pipe Flow," Transactions of ASME, November 1944, pp. 671-681.

5. Nikuradse, J. "Strömungsgesetze in rouhen Rohren," *VDI-Forschungsh*, Vol.361, 1933.

6. Rouse, H., *Elementary Mechanics of Fluids*, John Wiley & Sons, 1946.

7. Rouse, H. (editor), *Engineering Hydraulics*, 4th printing, John Wiley & Sons, 1964.

8. Rouse H., "Critical Analysis of Open-Channel Resistance," J. of the Hydraulics Division, ASCE, Vol.91, No.HY4, July, 1965, pp. 1-25.

9. Schlichting, H., *Boundary-Layer Theory*, Translated by J. Kestin, 7th Edition, McGraw-Hill, 1979.

10. Streeter, V. L., *Fluid Mechanics*, 5th Edition, McGraw-Hill, 1971.

11. USBR, *Friction Factors for Large Conduits Flowing Full*, Engineering Monographs No.7, 1965.

12. Tullis, J. P., *Hydraulics of Pipelines*, John Wiley & Sons, 1989.

13. 李煒（主編），水力計算手冊，武漢大學水利水電學院水力學流體力學教研室，中國水利水電出版社，2002年。

14. 中國鋼鐵股份有限公司，「既有TW管網及新建獨立生活用水系統水力分析成果報告」，巨廷工程顧問股份有限公司，2016年。

第 2 章

管材及配件

與明渠相較，管路最大的優點在於它可以隨地形高低起伏輸送流量，且可以明挖或推進方式興建於既有道路下方，不另占用水平空間。本章介紹現今較為常用的管種及管路系統因施工及營運需求常用的配件。

2.1 主要管種

管材的選擇是設計管路系統最重要的決策之一，因它對工程費及營運成本都有重大的影響。一般而言，選擇管材需考慮下列因素：

一、承受內壓及外部荷重的能力。

二、抵抗內部流體及外部環境的能力。

三、水流阻力。

四、施工方便性。

五、運轉維護費用。

六、使用年限。

當今使用的輸水管材質可分金屬、水泥與化學製品等三大類別，表2.1綜合各類別常用管種之適用條件與規範，可作為選用管材的初步參考。

表2.1　常用管材適用條件及規範

材料類別	管種	規劃使用年限	接頭	適用條件					規範
				容許內壓	容許外部荷重	水力損失	防蝕需求	單位重量	
金屬製品	鋼管 Steel pipe (SP)	較低	銲接	高	中	中	有	中	CNS16568
	延性鑄鐵管 Ductile iron pipe (DIP)	高	穿插	高	高	中高	有	中高	CNS10808
	雙層鋼管 (WSP)	中	穿插	高	高	中	是	中高	日本水道鋼管協會 Japan Water Steel Pipe Association
水泥製品	加勁混凝土管 Reinforced concrete non-cylinder pipe (RCNP)	高	穿插	中	高	中	無	高	CNS 483 A1001 AWWA C302
	鋼襯混凝土管 Reinforced concrete cylinder pipe (RCCP)	高	穿插	中高	高	中高	無	高	CNS 14565 A2278 AWWA C300
	鋼襯預力混凝土管 Prestressed concrete cylinder pipe (PCCP)	高	穿插	高	高	中高	無	高	CNS12285 AWWA C-301
化學製品	聚氯乙烯管 Polyvinyle chloride pipe (PVCP)	低	銲接	低	低	低	無	低	CNS4053
	高密度聚乙烯管 High density polyethylene pipe (HDPEP)	高	銲接	高	中	低	無	低	CNS2456 K3012
	纖維強化塑膠管 Glass-fiber reinforced plastic pipe (GFRPP)	高	穿插	高	低	低	無	低	CNS11648（非壓力衛生下水道） CNS14494（輸水壓力系統）

2.1.1 金屬製品管種

常用的金屬製品管種包括鋼管、延性鑄鐵管及雙層鋼管三種,其中鋼管用於明挖,雙層鋼管用於推進,延性鑄鐵管則可用於明挖或推進工法。

一、鋼管（steel pipe, SP）

鋼料是最常用的管材之一,大型管尤然,此管材的優點是品質穩定,製造相對容易,且抗內壓能力高。鋼材最基本的元素是鐵（Fe）,但少量元素如碳（C）、錳（Mn）、矽（Si）、磷（P）及硫（S）等對其機械特性的影響甚鉅。由表2.2可見鋼材極限強度隨碳含量的增加而提升,但延展性則隨之降低。

二、延性鑄鐵管（ductile iron pipe, DIP）

延性鑄鐵管中球狀體石墨（graphite）的存在使其具有與鑄鐵（cast iron）相當的抗腐蝕能力,但強度高出甚多。表2.2顯示延性鑄鐵的含碳量介於3.2～3.6%之間,大於鋼（約0.2%）,含矽量介於2.2～2.8%,亦大於鋼（約0.4%）,但含錳及硫則較低。此材料於1950年後期開始商業化,是當今輸水系統廣為採用的管材。美國自來水協會（American Water Work Association, AWWA）曾於2012年評估其使用年限,根據已有資料,AWWA認為DIP應可使用50年,但若能防止外部腐蝕,則此管材的生命期應可高達110年。

表2.2　鋼及延性鑄鐵之少量元素及機械特性

材料	少量元素含量，% max					機械特性		
	C	Mn	Si	P	S	極限強度 N/mm^2	降伏強度 N/mm^2	延伸率 %
鋼	0.17	1.20	0.35	0.04	0.04	360	235	2.5
	0.21	1.20	0.35	0.04	0.04	410	255	2.2
	0.26	1.30	0.50	0.04	0.04	510	355	2.0
延性鑄鐵	3.2～3.6	0.1～0.2	2.2～2.8	0.005 ～0.04	0.005 ～0.02	420	300	0.5～1.0

註：$1 N/mm^2 = 1MPa = 145.13Psi$。

DIP可用明挖或推進工法施工，但二種施工方法所採用的管子接頭不同，明挖工法採用「K」型接頭，推進工法則採用「U」型接頭，二者接頭都採穿插式（bell and spigot），但若欲與閥門相接，「K」型接頭則配有法蘭。

DIP大多採用廢鋼或回收的鐵件製造，因之被認爲對環境較爲友善。

三、雙層鋼管（WSP）

如圖2.1，WSP有內外二層鋼管，中間填以水泥。本管種由日本引進，爲推進工法常用的管種之一，接頭爲穿插式，但目前CNS並無相關製造規範。本管材應用於內壓較大的環境，一般管徑大於1,000mm，圖2.1亦顯示日本採用的WSP尺寸。

金屬管材，尤其是鋼管，最大的缺點是較易腐蝕而可能縮短其使用年限，腐蝕可源自於管內水質或管外土壤、地下水及迷失（雜散）電流（stray current）等，使管材產生電化學效應。爲延長使用年限，可採用陰極保護（cathodic protection）。不同金屬有高低電位的差異，高電位者如金、銀還原能力較強，不易腐蝕，反之，低電位金屬如鎂與鋅還原能力較差，較易腐蝕。一個有效保護金屬管的方法是將電位較鋼料低的金屬（如鎂）與管子串在一起，以電化學方式讓鎂成爲氧化的陽極而被保護的管或構件成爲還原的陰極，此即所謂犧牲陽極（sacrificial anode），如圖2.2a。另一種陰極防蝕方式是外加電流（impressed current）法，此法需加裝直流電源器提供輔助陽極足夠電壓，而輔助陽極通常使用廢鐵，其布置如圖2.2b。

有關腐蝕及其防制可參閱柯賢文／王朝正(12)。

防腐蝕的另一種方法是水流面塗層（internal coating）及外部塗層（external coating）。水流面保護材料包括煤焦（coal tar）、聚氨酯（polyurethane）、聚乙烯（polyethylene）、水泥砂漿（cement mortar）等。若爲鋼管常用煤焦，若爲鑄鐵管則常用水泥砂漿（在工廠中完成），聚氨酯及聚乙烯則在必須特殊保護時（如防磨耗）使用。不同材料的選擇會影響水流阻力，應列入設計考量。

外部保護材料則包括鋅（zinc）、瀝青（asphalt）、水性漆（water-based paint），聚乙烯套（loose polyethylene sleeving, LPS）等，其中聚乙烯套於1979年以後開始使用，有優異的防蝕效果。有些工程亦採用CLSM

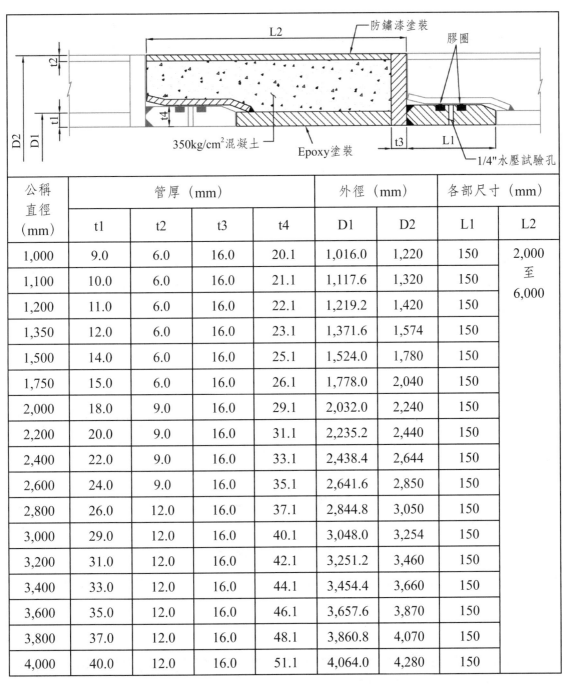

公稱直徑 (mm)	管厚 (mm)				外徑 (mm)		各部尺寸 (mm)	
	t1	t2	t3	t4	D1	D2	L1	L2
1,000	9.0	6.0	16.0	20.1	1,016.0	1,220	150	2,000 至 6,000
1,100	10.0	6.0	16.0	21.1	1,117.6	1,320	150	
1,200	11.0	6.0	16.0	22.1	1,219.2	1,420	150	
1,350	12.0	6.0	16.0	23.1	1,371.6	1,574	150	
1,500	14.0	6.0	16.0	25.1	1,524.0	1,780	150	
1,750	15.0	6.0	16.0	26.1	1,778.0	2,040	150	
2,000	18.0	9.0	16.0	29.1	2,032.0	2,240	150	
2,200	20.0	9.0	16.0	31.1	2,235.2	2,440	150	
2,400	22.0	9.0	16.0	33.1	2,438.4	2,644	150	
2,600	24.0	9.0	16.0	35.1	2,641.6	2,850	150	
2,800	26.0	12.0	16.0	37.1	2,844.8	3,050	150	
3,000	29.0	12.0	16.0	40.1	3,048.0	3,254	150	
3,200	31.0	12.0	16.0	42.1	3,251.2	3,460	150	
3,400	33.0	12.0	16.0	44.1	3,454.4	3,660	150	
3,600	35.0	12.0	16.0	46.1	3,657.6	3,870	150	
3,800	37.0	12.0	16.0	48.1	3,860.8	4,070	150	
4,000	40.0	12.0	16.0	51.1	4,064.0	4,280	150	

圖2.1　WSP剖面及日本採用之尺寸標準

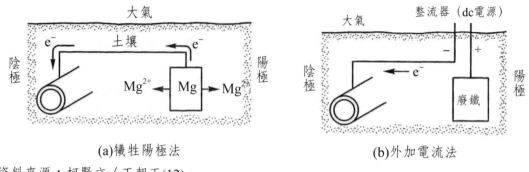

(a)犧牲陽極法　　　　　　　　　　(b)外加電流法

資料來源：柯賢文／王朝正(12)。

圖2.2　陰極防蝕工法

（controlled low strength material，即水、水泥、骨料和飛灰的混合物）為開挖管路施工時的回填料，此回填料因屬鹼性，對金屬管亦達到相當程度的防蝕保護效果。

2.1.2 水泥製品管種

結合混凝土抗壓及鋼材抗拉的特性，業界開發出多種複合材料的管材，包括加勁混凝土、鋼襯混凝土及鋼襯預力混凝土管等：

一、加勁混凝土管（reinforced concrete non-cylinder pipe, RCNP）

本管種在形成圓形混凝土管過程繞有鋼線，用以承受內部壓力，依據AWWA（American Water Work Association），此種管材可設計到55psi（約相當於$4kgf/cm^2$）。

二、鋼襯混凝土管（reinforced concrete cylinder pipe, RCCP）

本管種與RCNP的差異在於混凝土管中除鋼線外亦安裝有一鋼筒，確保止水效果。1940年以前在美國RCCP是一種通用的管材。

三、鋼襯預力混凝土管（prestressed concrete cylinder pipe, PCCP）

本管種與RCCP的差異在於採用預應力鋼線使混凝土管在使用前處於預壓狀態，充分發揮混凝土結構物預應力的效應。此製管工藝自1942問世之後，已取代大部分的RCCP。

PCCP在中大口徑的管材中有相當高的經濟競爭力，1995～1997年在集集共同引水計畫中興建供應六輕用水的二條管路（長42km，管徑2.0m及1.75m）即採用PCCP。2003年由南化水庫至高屏溪攔河堰長達58km的2.6m南化／高屏聯通管管路亦採用PCCP，然該管路的部分管段曾於2004年5月及2005年7月二度發生爆管。事後臺灣省水利技師公會受委託辦理成因鑑定，技師公會認為爆管成因在於應用之預力鋼線材質不當，因氫脆化而突然斷裂。經檢討，CNS規範已修改並重新要求預力鋼線執行扭轉試驗，但爆管已使使用者產生不可磨滅的印象，以致於近年來在臺灣PCCP較少使用。

2.1.3 化學製品管種

一、聚氯乙烯管（polyvinyle chloride pipe, PVCP）

PVC材質的比重約1.3～1.45g/cm^3，彈性模數約3.38×10^9N/m^2（4.9×10^5psi），抗壓強度6.65×10^6N/m^2（9,500psi），膨脹係數5×10^{-5}/℃。由於價格低、質量輕及維護費用低，此材質廣泛的應用於汙水下水道系統，但它的缺點是若安裝不當容易龜裂。此外，在熱、光作用下材質會發生變化，需加入安定劑及可塑劑，此等添加物引起對環境影響的關注，且若燃燒會產生大量氯氣與有毒物質戴奧辛（dioxin），因之在某些歐美國家已被列為限制使用管材。

二、高密度聚乙烯管（high density polyethylene pipe, HDPEP）

HDPE為近年來普遍推廣的塑膠管材，其比重僅約0.95g/cm^3，彈性模數約0.4×10^9N/m^2（0.58×10^5psi），膨脹係數12.6×10^{-5}/℃，具有材質輕、管內部光滑、材質穩定、耐衝擊、韌性好、耐震、耐腐蝕、易於加工、使用年限高（可高達50年）等優點，此管材在腐蝕環境中具高度競爭性。

三、纖維強化塑膠管（glass-fiber reinforced plastic pipe, GFRPP）

本管材是由多道纖維材料以離心的方式製造而成，每層厚度至少1mm，由於管壁材料有選擇的空間，故可達防止酸性或鹽性土壤的腐蝕與必要的結構強度及其他功能需求，此管材大部分用於汙水系統。

2.2 經濟管徑

一條管路系統的費用包括建造與營運二項，建造費涵蓋用地及管材與閥門等附屬設施的採購與施工費用，營運費則包括動力、人事及維護費用，在經濟分析層面二種都可以年計費用估算。

年計建造費用隨管徑的增大而上升，相反的年營運費用則因管徑的增大使動力需求減少而下降。二種費用因管徑的變化都可依實際資料分析並建立如圖2.3的曲線，而二者之合即為總費用隨管徑的變化。一般而言，總費用與管徑關係有一個最低值，此最低值所屬的管徑即所謂經濟管徑。

若所設計的管路為一將水源送至儲槽的輸水系統，則上述決定經濟管徑的方法在應用上相對單純，但若該管路系統兼俱配水，則因輸水管必須維持某一配水壓力且管徑隨沿程流量的遞減而可縮小，此時在管徑的訂定上將相對複雜。在工程實務上亦有採「設計流速」的規範替代經濟管徑的分析，此設計流速通常介於1.5至2.5m/s之間。

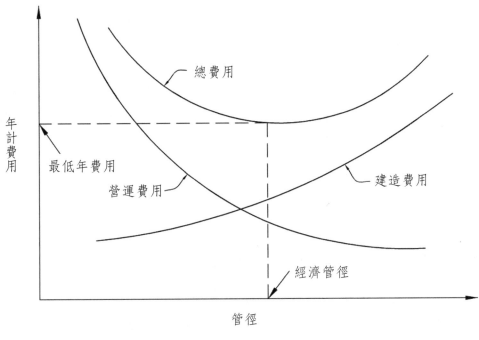

圖2.3　管徑之訂定

2.3 閥門及其應用

　　管路系統流量的啓動、調整或關閉有賴閥門的操作。依功能，閥門可分爲三大類，即逆止閥、隔離閥（制水閥）與控制閥。

2.3.1 逆止閥（check valve）

　　逆止閥的功能在確保水流的單向流動，通常抽水機的出口設有逆止閥，以維持管路系統在抽水泵停機後處於飽水狀態，亦可避免反向水流影響機組的安全。以下介紹較爲通用的逆止閥型式及選型與安裝宜考慮的因子。

一、閥型

(一) 擺動式逆止閥 (swing check valve)

擺動式逆止閥是常用的閥型，水流作用於閥瓣的力量帶動轉動軸及閥體啓閉，轉動軸可位於閥體頂部（圖2.4或2.5）或中上部（圖2.6），除轉動軸位置外，圖2.7顯示有三個幾何參數可影響此型逆止閥的構造，即：

1. 關閉位置與垂直面形成的角度α。
2. 全開位置與水平的夾角β。
3. 閥體全開與全關間的夾角φ。

(二) 彈簧助關式軸向逆止閥 (spring loaded axial check valve)

本閥型的閥瓣可能是一圓盤或一流線型錐體，該閥瓣沿水流方向的中心軸平移而啓閉，閥體的下游端裝有彈簧以促使閥瓣在流速趨近於零時關閉，如圖2.8。

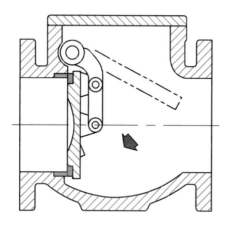

圖2.4　頂軸垂直擺動式逆止閥

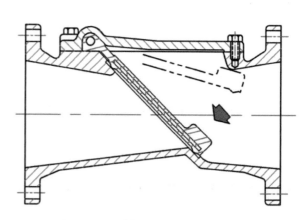

圖2.5　頂軸斜依擺動式逆止閥

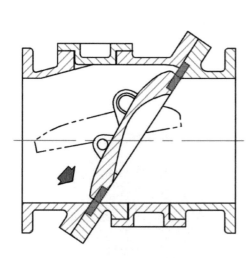

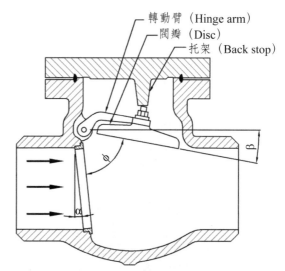

α：閥門關閉時與垂直面交角（Seat plane tilt with respect to vertical）

β：閥門全開時與水平交角（Disc angle with respect to horizontal）

ϕ：閥門全開角度（Disc opening angle）

圖2.6　中上軸斜依擺動式逆止閥　　　圖2.7　擺動式逆止閥幾何參數

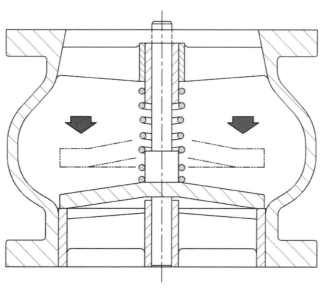

圖2.8　彈簧助關式軸向逆止閥

(三) 雙瓣逆止閥（double door check valve）

本逆止閥是由二片半圓形閥瓣及裝有彈簧的中軸組成，圖2.9a及圖2.9b分別顯示其全開及全關狀態，此閥體因材料較省，廣爲採用。

圖2.9a　雙瓣逆止閥（全開）　　　　圖2.9b　雙瓣逆止閥（全關）

二、選型考慮因子

逆止閥選型宜考慮以下因子：

(一) 水密性

防止反向水流是逆止閥的基本要求，一般商用逆止閥的水密性需小於10 cc/hr/inch，即每一英寸直徑每小時$1cm^3$。

(二) 壓降

水流經逆止閥會產生壓降，而壓降的大小與閥型及製造細節都有關係，一般以擺動式較低，彈簧助關式較高。

(三) 關閉行為

在跳機的過程中，逆止閥常因閥瓣自身的慣性而使其瞬間的開度無法與管中水流同步，圖2.10顯示一抽水機斷電後管中流速V隨時間降低的示意圖，若閥瓣在V = 0時乃處於半開狀態，而於回流流速V_{Rmax}時急速關閉，如圖

2.10a，則將產生俗稱「逆止閥猛烈關閉（check valve slam closure）」的水鎚效應，此水鎚效應通常以擺動式逆止閥較為嚴重。為防止此現象，通常採外加荷重如圖2.11或加裝緩衝器如圖2.12以降低閥瓣關閉速率，如圖2.10b。彈簧助關式逆止閥因有彈簧的作用力，在管中流速降低過程即逐步縮小開度，故亦可防制上述不良的水鎚效應。

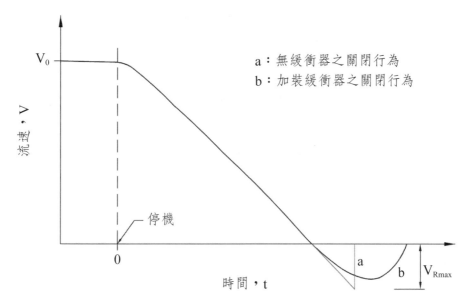

a：無緩衝器之關閉行為
b：加裝緩衝器之關閉行為

圖2.10　抽水泵停機後管中流速隨時間變化示意圖

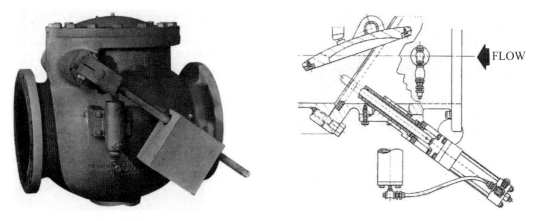

圖2.11　外加荷重加速逆止閥關閉的設備　　圖2.12　控制擺動式逆止閥關閉速度的設備

(四) 最低流速

　　1980年代美國加州San Onofre核能電廠之安全相關系統（safety related system）曾因擺動式逆止閥閥瓣脫落而促使美國電力研究協會（Electric Power Research Institute, EPRI）針對逆止閥啓動一系列的研究，並訂出應用準則（EPRI(5)）。該研究結果顯示，當水流流速過低時，擺動式逆止閥之閥瓣無法安穩的被水流頂住閥體托架（back stop）而產生經常性的敲擊，時間一久連結擺動臂與閥瓣的螺帽鬆動，導致閥瓣脫落於管底，而完全失去閥門的功能。爲此該準則建議由供應商提出最低流速V_{min}以避免閥瓣與托架有經常敲擊的現象，若供應商無法提供V_{min}，則建議以下式估算：

$$V_{min}=45.68\left(\frac{W_v\cos\theta}{\gamma A\sin^2\theta}\right)^{1/2}$$

式中，V_{min} = 最低流速，ft/sec；

　　　W_v = 閥瓣（含螺栓及螺帽）及擺動臂一半的重量，$1b/ft^3$；

　　　γ = 水單位重，$1b/ft^3$；

　　　A = 閥瓣面積，平方英寸；

　　　θ = 沖擊角或（$\alpha + \beta$）（詳圖2.7）。

三、安裝位置

　　管路中的水流分布亦影響水流施予擺動式逆止閥閥瓣之作用力，圖2.13顯示閥門上游爲直管，向上彎管或向下彎管定性上流速分布的差異，經實驗成果，美國EPRI(5)亦建議以下轉動式逆止閥的安裝準則：

　　(一) 逆止閥上游若有彎管，應至少有5倍管徑的直線段。

　　(二) 逆止閥上游若有控制閥，應至少有10倍管徑的直線段。

　　(三) 逆止閥上游若有縮管（reducer），應至少有1倍管徑的直線段。

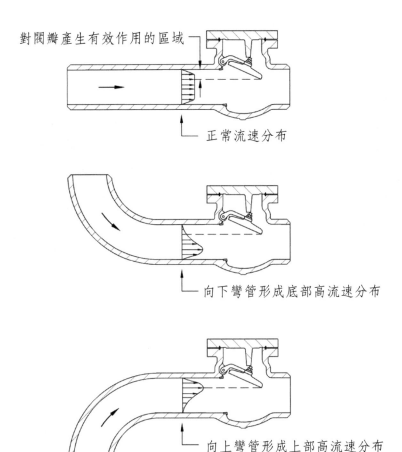

對閥瓣產生有效作用的區域

正常流速分布

向下彎管形成底部高流速分布

向上彎管形成上部高流速分布

圖2.13　上游管路對擺動式逆止閥閥瓣作用力的影響

2.3.2 隔離閥（isolation valve）

　　隔離閥一般在上、下游壓力平衡的情況下啓閉，有時亦用於做短期間的流量調節，但不適用於長期控制流量，以避免局部高流速對管路或閥體造成負面影響。在某些情況下，隔離閥亦配有小型旁通閥（bypass valve），供控制注水至下游管路，達到上、下游二端水壓平衡後方開啓。

一、蝶閥（butterfly valve）

　　最常用的隔離閥爲橡膠封蝶閥（butterfly valve，圖2.14a），尺寸較大或流速大於約5m/s時則採複葉閥（biplane butterfly valve，圖2.14b），複葉閥的另一優點是阻力係數較低，但一般採液壓驅動而非電動。

圖2.14(a)　蝶閥　　　　　　　　　圖2.14(b)　複葉閥

二、閘閥（gate valve）

　　另一種常用的隔離閥是閘閥（gate valve，圖2.15），此閥門全開時對水流幾無遮蔽效應，水流損失微小，但所需外部空間較大。若體型大、壓力高的則採用高壓滑動閘門（high pressure slide gate，圖2.16）或環滑閘門（ring follower gate，圖2.17），後者因結構複雜、造價高，現已很少採用。

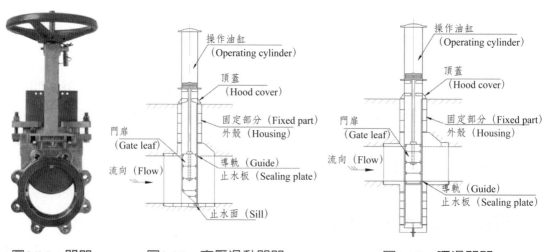

圖2.15　閘閥　　　　　圖2.16　高壓滑動閘門　　　　　圖2.17　環滑閘門

2.3.3 控制閥

　　控制閥用以改變系統曲線，調整系統流量，可區分為管中型及管末型二類，前者之消能行為發生於管內密閉空間，較易產生穴蝕及相應的負面效應（有關於穴蝕詳見第5.2節）。管末型出水水流與大氣相接觸，較易避免穴蝕，但所產生的高速水流則必須由終端結構做適當消能，以防止對下游設施或河道造成不良效應，以下為常用的流量控制閥。

一、管中控制閥

(一) 蝶閥（butterfly valve）

　　除用以隔離外，蝶閥亦用於流量控制，但此時閥體的橡膠封則改為金屬。

(二) 多噴孔套筒閥（polyjet valve）

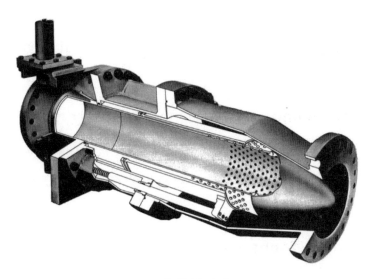

(a)結構剖面圖

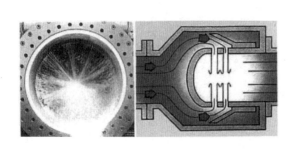

(b)消能機制示意圖

圖2.18　多噴孔套筒閥結構及消能機制示意圖

　　本閥型係1960年代美國為因應由北加州沙加緬都（Sacramento）河系水源南送至洛杉機（Los Angeles）盆地時因消能的需求而研發，如圖2.18a閥體含有內、外二圓筒，其中內筒含多數小孔（孔徑約0.65cm），水流由二圓筒間經上述小孔流入內筒。圖2.18b則顯示進入內筒的射流在內筒中心相互撞擊達到消能的效果。閥門的流量係由內筒外部可伸縮的套管調整內筒的通水面積予以控制。

　　本閥門不適用於含有飄浮物的原水，以避免內筒水孔被堵塞而影響通水面積。

(三) 單噴孔套筒閥（monojet valve）

　　本閥體形同固定錐形閥（fixed cone valve），但閥體內可另裝設有流速擴散器（velocity diffuser）以降低穴蝕發生的程度，提高消能效果，圖2.19顯示本款閥門的內部結構。

(四) 球閥（ball valve或spherical valve）

　　本閥體的剖面如圖2.20，經由空心球狀體的轉動可達通水與止水的功能，此閥型適合於高壓操作。

(五) 球體閥（globe valve）

圖2.21呈現本閥體的切面，流量調整由改變栓塞（plug）與環狀座（ring seat）的間隙達成，通常此閥門的閥體為球狀，因而得名。

(六) 栓塞閥（plug valve）

如圖2.22，本閥門利用一個可旋轉的中空圓筒或圓錐，予以調整水流經閥體的通水面積而達到流量控制的功能。

圖2.19 單噴孔套筒閥內部結構

圖2.20 球閥（ball valve）立面圖

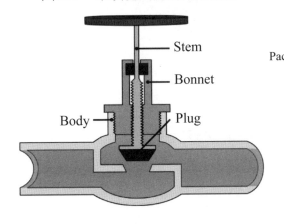

圖2.21 球體閥（globe valve）斷面圖

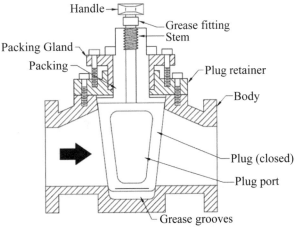

圖2.22 栓塞閥（plug valve）剖面圖

二、管末控制閥

　　管末控制閥一般用於水庫放流口，當水庫能量遠超出管路阻力時調節流量，以下為現今較為常用的閥型。

(一) 多噴孔套筒閥（polyjet valve）

　　圖2.18a所示之多噴孔套筒閥亦可用為管末消能及流量控制設施，如圖2.23所示水流由上游管路流入豎井後經由放流管的小孔射入RC井內消能，消能後之水流溢流至下游，水流量則由位於放流管的內套筒或外套筒控制流水面積予以調節。

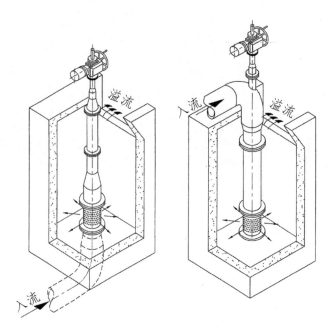

圖2.23　管末多噴孔套筒閥消能設施示意圖

(二) 固定錐型閥（fixed-cone valve）

　　本閥型俗稱何本閥（Howell-Bunger Valve，由二位自美國人C.H. Howell及H.P. Bunger研發），閥體如圖2.24，其終端為一45°擴散角的錐體，將水流以該角度往外擴散，形成高速、含氣量很高的水流。由於結構簡單，水由終端噴至大氣後又可增加溶氧（dissolved oxygen），改善水質，為一廣為應用的閥型。

　　何本閥終端的固定錐是由四片、五片或六片肋板（vane）在管中與母管以銲道連結，因之肋板上游面會形成十字或多角形的阻礙，故何本閥較不適合於水中含有飄浮物或有高濃度泥砂的環境。

　　何本閥應用的主要問題在於肋板的龜裂及錐體受水流沖刷的磨耗，就肋板龜裂一事，Mercer[7]曾研究何本閥肋板遭破壞及經修復後安全操作的案例，Mercer發現絕大部分破壞源自於流體作用產生肋板共振而導致肋板與內管或肋板與中心軸（hub）銲道形成疲勞破裂所致。

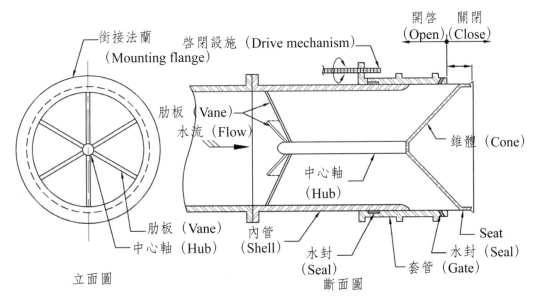

圖2.24　何本閥結構圖

　　Mercer建議一M值為肋板之設計準則，即：

$$M=\frac{Q}{CT_v\sqrt{E_s/\rho_s}}$$

式中，Q：流量；

　　　D：閥直徑；

　　　E_s：鋼彈性模數；

　　　ρ_s：鋼單位質量；

T_v：vane厚度；

T_s：內管壁厚；

C：vane數目N及T_s/T_v之函數，如表2.3：

表2.3　C值與N及T_s/T_v之關係

N	4	5	6	6	6	6	6
T_s/T_v	1.00	1.00	0.50	0.90	1.00	1.20	2.00
C	2.22	2.35	1.98	2.40	2.48	2.53	2.75

註：N值為vane數目，T_s及T_v分別為內管與肋板之厚度。

　　Mercer統計何本閥肋板遭破壞及經修復後安全操作的案例，M = 0.115可視為何本閥安全／危險區的分界，在設計或操作時M宜小於0.115，以避免肋板遭振動破壞。

(三) 高壓滑動閘門（high pressure slide gate）

　　第2.3.2節所述之高壓滑動閘門（圖2.16）亦可用於流量控制，本閥門之斷面為長方形，二側閘槽在高流速情況下有可能發生穴蝕，宜列入設計考量。

(四) 射流閘門（jet flow gate）

　　本閘門的水流斷面為圓形，但閘門為方形，如圖2.25本閘門結構上的特點在於出水口的斷面呈束縮狀態且止水面緊貼於束縮段下游端，位於非水流面，也因束縮段的存在可以維持其上游段於正壓狀態，免於產生穴蝕的風險，本閘門適合於水流調節操作。

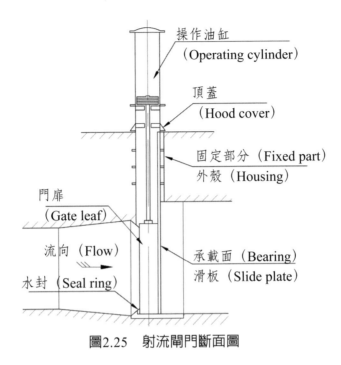

操作油缸
（Operating cylinder）

頂蓋
（Hood cover）

固定部分（Fixed part）
外殼（Housing）

門扉
（Gate leaf）

流向（Flow）

水封（Seal ring）

承載面（Bearing）
滑板（Slide plate）

圖2.25　射流閘門斷面圖

2.4 閥門流量及損失係數

管路中閥門的設置及操作將影響系統流量，而其影響程度可由閥門的流量係數或產生的水頭損失予以估算。

2.4.1 流量係數

一、流量係數C_d

通過閥門流量Q可以下式表示：

$$Q=C_dA\sqrt{2g\Delta H+V^2} \qquad （2.1）$$

式中，A：閥門斷面積；V：閥門平均流速；ΔH：閥門所造成的水頭損失（通常量測位於閥門上游0.5至1.0D及下游約5D間的壓力高程差）；g：重力加速度。Eq.(2.1)之C_d值介於0至1.0之間。

二、流量係數C_0

$$Q = C_0 A \sqrt{2g\Delta H}$$（2.2）

本式A、ΔH與g的定義同上，C_0值可大於1.0。

三、流量係數C_v

$$C_v = \frac{Q}{\sqrt{\dfrac{\Delta P}{S_g}}}$$（2.3）

式中，Q通常以gpm計（gallon per minute），ΔP為閥門產生的壓損psi（pound per square inch）；S_g為液體比重。Eq.(2.3)是美國工業界常用以表示一座閥門的通水能力的方式。若流體為水，則S_g = 1.0，因之C_v實為壓損ΔP = 1psi時通過的gpm流量。

圖2.26至圖2.32分別顯示管中型蝶閥、球體閥、球閥、閘閥、多噴孔套筒閥、單噴孔套筒閥及何本閥各開啟度的流量係數C_d，圖2.33比較各管中型閥門的流量係數，各種閥門中全開時以球閥及閘閥之流量係數最高，球體閥最低。此外，如圖2.26，即便同為蝶閥，由於閥體結構的差異，流量係數亦可能有相當變化。圖2.34比較蝶閥裝置於管中及管末的流量係數，可見管中的係數略大於管末，但差異有限。

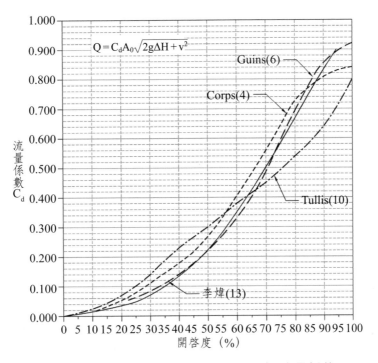

圖2.26 管中型蝶閥（butterfly valve）流量係數

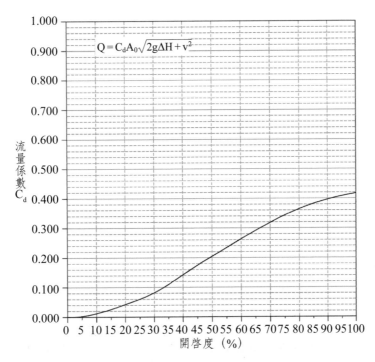

資料來源：Tullis(10)。

圖2.27 管中型球體閥（globe valve）流量係數

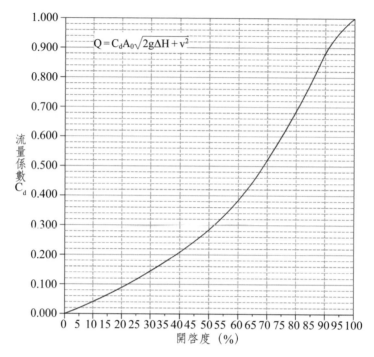

資料來源：Tullis(10)。

圖2.28　管中型球閥（ball valve or spherical valve）流量係數

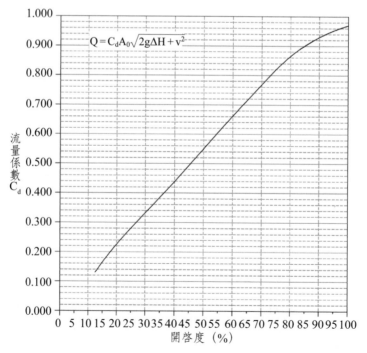

資料來源：李煒(13)。

圖2.29　管中型閘閥（gate valve）流量係數

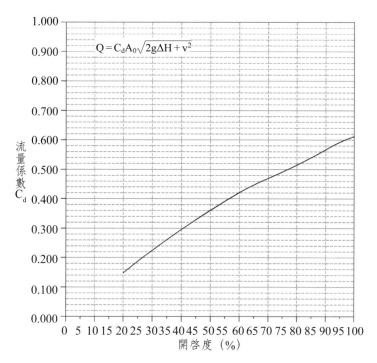

資料來源：Baily Polyjet(1)。

圖2.30 管中型多噴孔閥（polyjet valve）流量係數

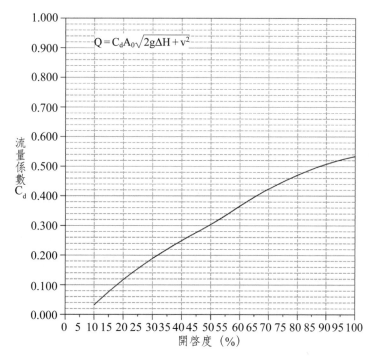

資料來源：Utah Water Research Laboratory(11)。

圖2.31 管中型單噴孔套筒閥（monojet valve）流量係數

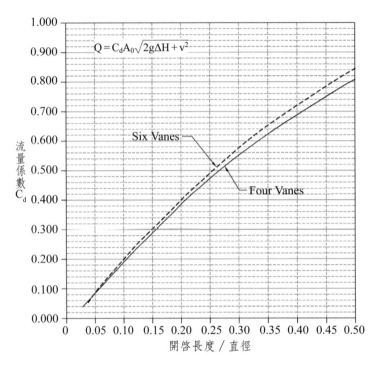

資料來源：Corps of Engineers(4)。

圖2.32　何本閥（Howell-Bunger valve）流量係數

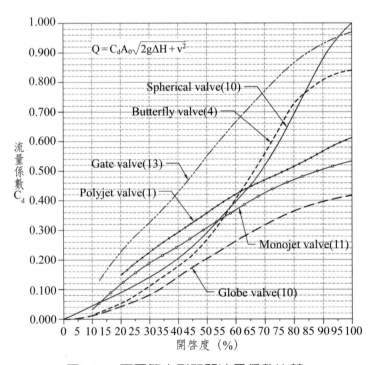

圖2.33　不同管中型閥門流量係數比較

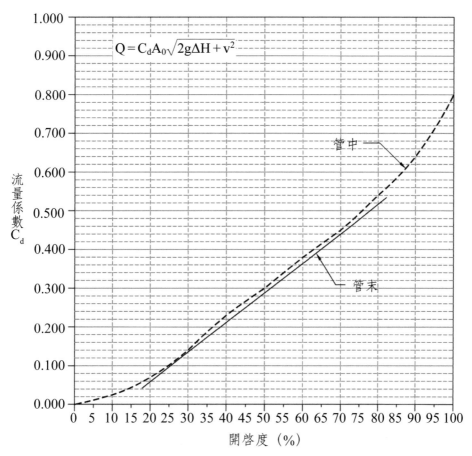

資料來源：Tullis(10)。

圖2.34　管中與管末型蝶閥流量係數比較

2.4.2 損失係數

在計算系統輸水能力時，需將閥門視爲系統的一部分，因之通常以損失係數K_v來表達較爲方便，Eq.(2.2)可改寫爲：

$$\Delta H = \frac{1}{C_0}\frac{V^2}{2g} = K_v\frac{V^2}{2g} \qquad （2.4）$$

因之，可得

$$K_v = \frac{1}{C_0^2} \qquad （2.5）$$

或由Eq.(2.2)

$$K_v = \frac{1}{C_d^2} - 1 \tag{2.6}$$

2.5 管路其他配件

2.5.1 通氣閥

　　管路系統在使用前必須充水，營運過程若要檢視或維護則需放空，因之需有通氣閥的裝置以達到排出／注入空氣的機制，以下說明通氣閥的型式及功能。

一、排吸氣閥（air-and-vacuum valve）

　　本閥門的閥體內裝有一浮球（圖2.35a）。管中開始充水時，浮球位於底部，管中的氣體可經由閥體上部的孔口排出，當位於通氣閥的管路即將滿管時，水的浮力將迫使浮球上升並堵住孔口。反之，管路在放空過程中，若管路形成負壓或管中水位下降則浮球亦往下沉，使外界氣體經由孔口注入管內。

　　本型閥門裝置的位置宜以管路的縱坡為考慮依據，並設置於相對高點，以利氣體的及時排出或注入。此外，閥體大小可依廠商提供的排氣量與閥體尺寸的相關曲線訂之，通過的氣體量以孔口流速達音速為上限。

　　有時排吸氣閥的下方亦裝設有緩衝閥及隔離閥，緩衝閥的功能在於避免管路接近滿管時水流上衝排吸氣閥的速度過高，造成浮球關閉的速度過快產生水鎚效應或浮球對閥體產生過大的衝擊力而致損傷。排吸氣閥另一個問題是閥體裝置久了之後因水質或止水材料老化而產生漏水，因之需有隔離閥以利上部閥體在不影響管路運轉的情況下進行維修。

二、排氣閥（air-release valve）

　　管路充水時有可能無法百分百將管路充滿或運轉時由於進水口水流挾帶空

氣而集存氣體，運轉中的管路若有氣體集結將增加水流損失，因之亦有必要考慮安裝排氣閥，使管路在受壓環境下亦可排除水中游離的氣體。排氣閥的內部結構如圖2.35b，利用連桿及浮球的設計，氣體可經由外部連通的孔口排出。

三、複合式排氣閥（combination air-release valve）

　　如圖2.35，此閥門為排吸氣閥與排氣閥的聯合體。

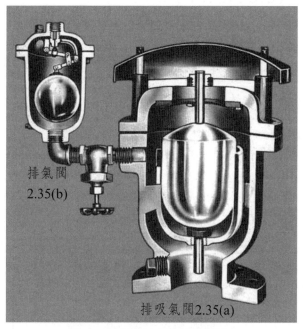

排氣閥
2.35(b)

排吸氣閥2.35(a)

圖2.35　複合式排氣閥裝置

四、吸氣閥（air-inlet valve）

　　基於水鎚控制需求，若在管內形成負壓或真空的情況下注入空氣，可成為最經濟可行的水鎚控制手段。由於設計目的是要利用空氣做緩衝（cushion），故該吸入的氣體在壓力循環過程應保留於管內，此時所需裝的閥體應是單向吸氣閥（air-inlet valve），此閥體結構同圖2.8。

2.5.2 量水設施

　　計量是絕大多數輸水管路必要的工作，流量可經由流速的實際量測，由每個量測點所代表的面積權重積分得之，但此程序相對繁瑣，且無法反映即時情況。一般皆以線上安裝之流量計爲之，以下介紹較爲常用的計量設施。

一、彎管流量計（elbow flow meter）

　　如圖2.36，流量流經90°彎管時因離心力的作用會產生外管壁壓力大於內管壁的現象，根據Rouse(8)，流量可以下式估算：

$$Q = \sqrt{\frac{R}{2D}} A \sqrt{2g\Delta h} \tag{2.7}$$

式中，R：彎管曲率半徑；A：彎管斷面積；D：管徑；Δh：彎管中心點內外

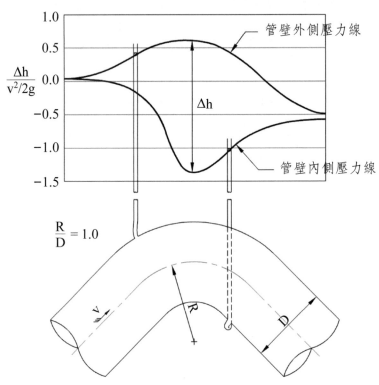

資料來源：Rouse(8)。

圖2.36　水流經90°短彎管

水壓差；g：重力加速度。工業上標準的90°彎管有二種，若為短彎管（short radius elbow）R = D，故Eq(2.7)可簡化為

$$Q=0.707A\sqrt{2g\Delta h} \tag{2.8}$$

若為長彎管R = 1.5D，則Eq.(2.7)可改寫為

$$Q=0.866A\sqrt{2g\Delta h} \tag{2.9}$$

研究顯示，彎管作為流量計時其上下游各應有25D及10D的直管。

二、孔板流量計（orifice flow meter）

若在管路中安裝一同心圓的孔板則水流流經孔板先束縮、後擴張的流態使孔板的上、下游形成如圖2.37的管壁壓力變化。為使孔板能標準化的應用於水量量測，美國機械工程學會（ASME）發表的手冊 *Flow Meters*(3)中對孔板製造量測細節及流量計算方法有明確的建議。以下簡略說明量測原理：

今將水流經孔板的束縮係數設定為C_c，則流量

$$Q=V\frac{\pi D^2}{4}=V_0 C_c \frac{\pi d_0^2}{4} \tag{2.10}$$

式中，V與V_0分別為管中與孔口的平均流速，D與d_0則為管與孔口的直徑。過去的研究顯示，C_c因d_0/D的增加而增加，根據Rouse(8)及Streeter(9)，水流經由孔板束縮過程之能量損失相當輕微，因之可導出：

$$Q=\frac{C_c}{\sqrt{1-C_c^2(d_0/D)^4}}\frac{\pi d_0^2}{4}\sqrt{2g\Delta h} \tag{2.11}$$

式中Δh為孔板上游端與束縮口以水柱計之壓差，Eq.(2.11)可改寫為

$$Q=C_0\frac{\pi d_0^2}{4}\sqrt{2g\Delta h} \tag{2.12}$$

Eq.(2.12)中之C_0為

$$C_0=\frac{C_c}{\sqrt{1-C_c^2(d_0/D)^4}} \tag{2.13}$$

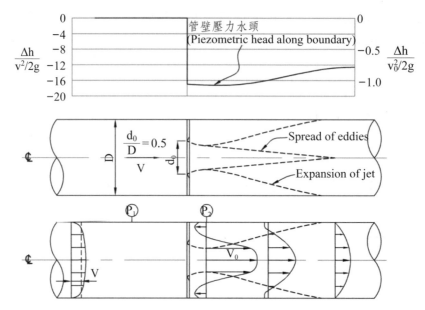

資料來源：Rouse(8)。

圖2.37　水流經孔板管壁壓力變化示意圖

　　表2.4亦顯示，C_0隨d_0/D的變化，上述ASME文獻以孔板上游1D（P_1）及下游0.5D（P_2）的水力壓差（piezometric head difference）Δh為準，經由量得的Δh可相當準確地計算流量Q。

表2.4　孔板束縮係數C_c及流量係數C_0隨孔徑之變化

A_0/A	0.001	0.1	0.2	0.3	0.4	0.5	0.6	0.7	0.8	0.9	1.0
C_c	0.611	0.624	0.632	0.643	0.659	0.681	0.712	0.755	0.813	0.892	1.0
d_0/D	0	0.316	0.447	0.547	0.632	0.707	0.775	0.837	0.894	0.944	1.0
$\sqrt{1-C_c^2(d_0/D)^4}$	1.0	0.998	0.992	0.981	0.965	0.940	0.904	0.849	0.760	0.596	0
C_0	0.611	0.625	0.637	0.655	0.683	0.724	0.787	0.889	1.070	1.496	∞

三、文士管流量計（Venturi flow meter）

　　Venturi meter是依義大利物理學家G.B. Venturi命名的流量計，圖2.38顯示典型文士管的結構，包括上游管段進口、束縮段、喉部段及出口擴張段，文士管流量計的喉部段上游的束縮角約20°，下游的擴張角約7～8°，以降低水流經文士管沿程的水力坡降的變化。上述 *Flow Meters*(3)文獻亦對本流量計有明確的規範與建議。

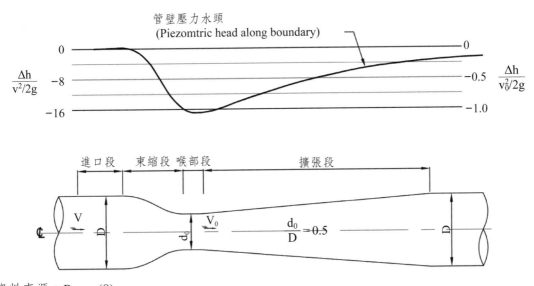

資料來源：Rouse(8)。

圖2.38 文士管（Venturi meter）之組成及管壁壓力變化示意圖

四、多孔管流量計（annubar flow meter）

本流量計的感應器為設有多孔的皮托管（Pitot tube），該多孔皮托管可將管直徑測得的多點的流速水頭予以平均以取得斷面上的平均流速。

五、超音波流量計（acoustic/ultrasonic flow meter）

本流量計是利用都卜勒效應（Doppler effect），經由量測管中超音波發射端與射流間的時間差得以計算流體流速。本流量計精度高又不產生管路損失，為當今商業計量較常用的設施。

六、電磁式流量計（magnetic flow meter）

本流量計是根據法拉第定律（Faraday's Law）的電磁感應原理（即在一磁性線圈環境，流體流經的速度與感應的電壓成正比）用以量測平均流速。此方法最大的優點是計量與流體溫度、密度及黏滯度無關，因之適用於量測含有泥砂或雜質的流體，且流體分布的均勻度對量測精度的影響不大，唯流體不能帶有磁性。

2.5.3 拉桿伸縮接頭（expansion joint）

　　為利於安裝／拆卸，管路系統在適當位置需設置伸縮接頭。圖2.39顯示一拉桿伸縮接頭型式。此接頭包括外套管、止水帶及固定上、下游管的拉桿。該拉桿經定位後，此接頭將無法調適管中溫度變化所可能產生的軸向位移。

　　圖2.40及圖2.41分別顯示另外二種拉桿伸縮接頭，此二種接頭可容許因應溫度變化產生的管路伸縮。

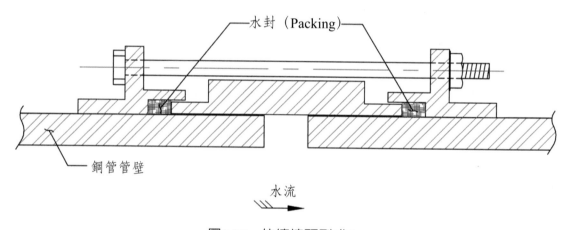

圖2.39　伸縮接頭型式A

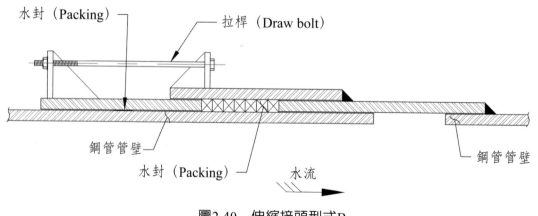

圖2.40　伸縮接頭型式B

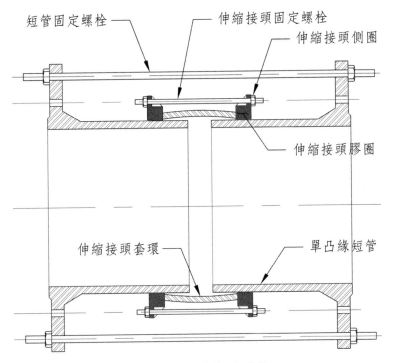

短管固定螺栓

伸縮接頭固定螺栓

伸縮接頭側圈

伸縮接頭膠圈

伸縮接頭套環

單凸緣短管

圖2.41 伸縮接頭型式C

2.5.4 可撓管（flexible connection）

　　當管路沿線因基礎不同而可能發生差異沉陷時或因溫度差大而產生明顯軸向變位時，在其交界面應裝置可撓管以調適不均勻沉陷或軸向伸縮。依設計或材質，可撓管有多種型式，宜依需求向供應商取得必要的設備資訊。

參考文獻

1. Bailey Polyjet, Charles, M. Bailey Co., Emeryville, CA. USA.

2. Ball, J. W. and Tullis, J. P., "Cavitation in Butterfly Valves," J. of Hydraulics Division, ASCE, No.HY9, September, 1973, pp. 1303-1318.

3. Bean, H. S. (editor), *Flow Meters, Their Theory and Application*, Report of ASME Research Committee on Flow Meters, 6th Edition, 1971.

4. Corps of Engineers, *Hydraulic Design Criteria*, Hydraulic Design Chart 331 & 332.

5. EPRI, *Application Guideline for Check Valves in Nuclear Power Plant*, NP 4575, January, 1988.

6. Guins, V. G., "Flow Characteristics of Butterfly and Spherical Valves," Journal of Hydraulics Division, ASCE, No.HY3, May, 1968, pp. 675-690.

7. Mercer, A. G., "Vane Failure of Hollow Cone Valves," IAHR symposium 1970, Stockholm.

8. Rouse, H. (editor), *Engineering Hydraulics*, 4th printing, John Wiley & Sons, 1964.

9. Streeter, V. L., *Fluid Mechanics*, 5th Edition, McGraw-Hill, 1971.

10. Tullis, J. P., *Hydraulics of Pipelines*, John Wiley & Sons, 1989.

11. Utah Water Research Laboratory, *Performance Test of A 6-inch Fixed Cone Valve with A Velocity Diffuser and Energy Diffuser*, Report No.517, July, 2000 (prepared for Hartman Valve Corporation).

12. 柯文賢、王朝正編著，腐蝕及其防制，全華圖書股份有限公司，2014年元月3版。

13. 李煒（主編），水力計算手冊，武漢大學水力水電學院水力學流體力學研究室，中國水利水電出版社，2002年。

第 3 章

動力設備

　　管路系統有二類動力設備，其一是提升管路壓力的泵浦／馬達，其二是用以水力發電的水輪機／發電機。雖然動力設備屬於機械／電機的專業範疇，但土木／水利背景的系統工程師亦必須對這些設備的特性有一定的了解，方能做出適合的選型及應用，使設計的系統達到預期的功能。

3.1 泵浦

3.1.1 泵浦概述

　　泵浦（pump）是一種將外部能量轉移給水流的機械設備，外部能源可經由泵浦提升水流位能，使管中水流有足夠的壓力，達到輸水的目的。

　　就壓力傳遞的方式而言，泵浦可分為二大類型，其一是強制排液泵（positive-displacement pump），流體經由活塞（piston）強制性的輸入管路，其出水流量隨單位時間活塞系統交換流量的能力而定，一般不受下游管路阻力的影響。此類型泵浦較常用於高壓系統或管流阻力可能會變化但需維持固定流量的系統。

第二類型為較常見的渦輪泵（turbo pump），外部能量經由轉動機械的轉子（runner或impeller）做功給運動中的流體，使其增壓，增壓的尺度與轉子半徑r_0及轉速N之乘積成正比。在穩定流的情況下，若馬達轉軸（shaft）的力矩為T_m，角速度為ω，則以水柱高計的壓升量H可以下式表示：

$$T_m \omega \eta_p = Q\gamma H \qquad\qquad （3.1）$$

式中，$\omega = 2\pi N/60$，弧度／秒（rad/s）；N：轉速，rpm；Q：流量；γ：流體單位重；η_p：泵浦效率。

泵浦的轉子包括轉動軸及與轉動軸鑄成一體的一組葉片（blade），為使泵浦達到最高效率，葉片的設計是使水流在葉片入口處不與葉片產生分離（separation）且出口處之相對速度接近於0。就一組葉片在一特定轉速下，理論上僅有一個流量符合此條件，此情況為俗稱的額定情況（rated condition），其效率最高，相應的流量及壓增量分別稱為額定流量（rated discharge）與額定水頭（rated head），其他運轉流量的泵浦效率都低於此額定情況。

除上述水流與葉片在運動上的相互關係外，影響泵浦的效率還包括葉片與外殼（shroud）間的漏水率（leakage rate）及循環流（circulating flow）以及水流磨擦（friction）、紊流（turbulence）等的能量消耗，通常上述影響因子在大型泵浦所占的比例較小，故其效率較小型泵浦高。

3.1.2 渦輪泵浦相似律

無論是從事渦輪泵的研發或應用，都有必要對泵浦的相似律（similarity law）有所了解。在流體力學領域中，模型必須達動力相似（dynamic similarity）方能代表原型的受力條件與流體行為，而達到動力相似的基本要件為幾何形狀相似（geometric similarity）及運動相似（kinematic similarity）。對渦輪泵而言，前者指葉片的形狀相似，後者則指水流流速V與葉片切線速度u的三角關係相似，即，

$$\frac{V}{u} = C_1 \qquad\qquad （3.2）$$

由於V與Q/D^2及u與ND成正比故得

$$\frac{Q}{ND^3}=C_2 \tag{3.3}$$

今亦採N及D來表示二者與H、T（力矩）及P（功率）之相似關係，可得下列：

$$\frac{H}{N^2D^2}=C_3 \tag{3.4}$$

$$\frac{T}{N^2D^5}=C_4 \tag{3.5}$$

$$\frac{P}{N^3D^5}=C_5 \tag{3.6}$$

可見符合相似律的泵浦Eq.(3.3)至Eq.(3.6)中的C_2至C_5皆不受機組尺度的影響，即Q與N、H與N^2、T與N^2及P與N^3皆成正比。換言之，若同一部渦輪泵的轉速有了改變，其他運轉參數亦需隨著Eq.(3.3)至Eq.(3.6)之關係調整。

3.1.3 渦輪泵浦類型

管路系統的加壓需求包羅萬象，輸送的流量亦因個別情況而異，為求利用單一參數以界定泵浦的特徵，今將Eq.(3.3)及Eq.(3.4)結合並消除D，可得

$$N_s=\frac{N\sqrt{Q}}{H^{3/4}} \tag{3.7}$$

N_s通稱為比速（specific speed），計算N_s所採用的Q與H應採最佳效率點（best efficiency point, BEP）的數據，N_s具有以下重要意義：

一、N_s源自於渦輪泵相似律的關係，因之它代表一種渦輪泵的型號。

二、N_s與N成正比，而Q與H亦因N之增加而增加，故採用較高N或N_s的泵浦有助於降低泵浦的尺寸D，在商業上較具競爭力。

三、在N與H維持不變之情境下較高N_s的泵浦可輸送較高的Q。

唯N_s並非無維（dimensionless）參數，其數值因使用的單位而異。工業上，依N_s的大小將泵浦分成三大類型，即：

一、軸流式（axial flow type）

根據Stepanoff(6)，N_s通常大於9,000，代表流量大、水頭低的機組（此N_s值採英制單位：N：rpm；Q：gallon/minute, gpm.；H：ft）。

二、離心式（centrifugal或radial flow type）

N_s通常小於4,200，代表流量小、水頭高的機組。

三、混流式（mixed flow type）

N_s介於上述二者之間，代表中等流量與中等水頭的機組，在許多情況下，混流式可取代軸流式或離心式機組。

3.1.4 渦輪泵浦水力特性

泵浦水力特性（pump hydraulic characteristics）是指轉速N、流量Q、水頭H（total dynamic head或TDH）、效率η_p、制動馬力BHP（brake horse-power）與淨正吸水頭NPSH（net positive suction head）等參數間的關係，如圖3.1。以下說明泵浦的水力特性：

一、水頭－流量曲線

泵浦在一特定轉速下的H-Q關係可結合系統曲線定出系統的輸水能力。在應用上，一部泵浦有三個較為關鍵的操作情況，其一是$Q = Q_R$的額定情況（rated condition），其二是Q = 0的關閉情況（shutoff condition），其三是流量過大的流出情況（runout condition），此情況一般發生在Q>1.2～1.3 Q_R。實務上，一部泵浦只有在Q_R左右的一段區間是屬可長期操作區段（allowable operating range, AOR），因泵浦在非Q_R情境中運轉時，振動與穴蝕現象相伴而生，不利於效率及設備之長久性，因之，在必要情況下可規範AOR以確保泵浦符合設計的操作區間。

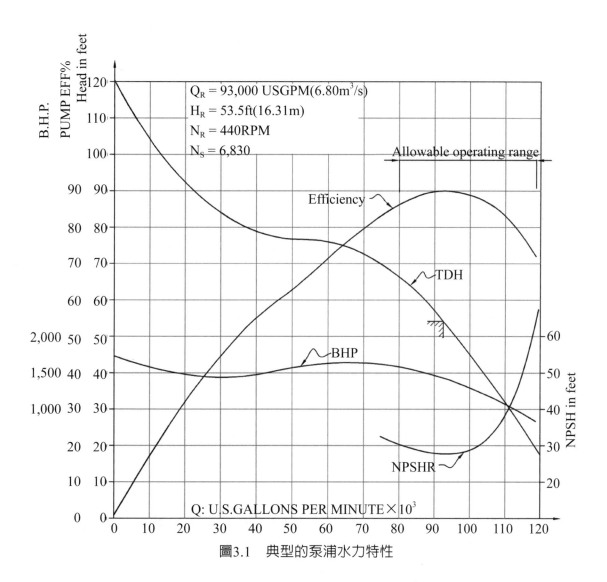

圖3.1　典型的泵浦水力特性

　　若以 Q_R 及 H_R 為參考點，則由圖3.2的資料可見H-Q曲線的斜率因 N_s 的差異而有相當變化，N_s 較小者H隨Q的變化較為平緩，但 N_s 大的軸流式泵其關閉水頭 H_m 可能是額定水頭 H_R 的好幾倍。這種泵浦的特性很值得注意，曾有核電廠直通冷卻水系統（once-through cooling water system）因冷凝器（main condenser）出口隔離閥關閉時啟動泵浦而導致冷凝器熱交換管面板（heat exchanger tube sheet）遭破壞的案例，該系統的泵浦屬軸流式，所產生的關閉壓力遠大於正常操作及設備的設計壓力。

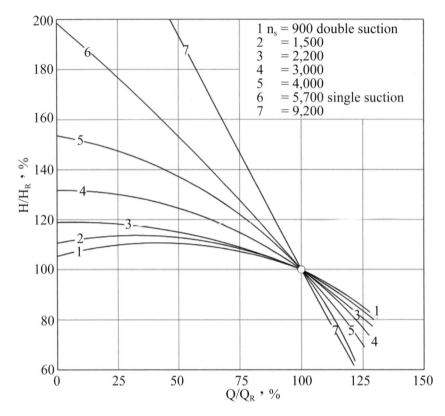

資料來源：Stepanoff(6)。

圖3.2　不同比速之水頭／流量曲線

二、制動馬力與效率（brake horsepower and efficiency）

Eq.(3.1)所示之$T_m\omega$為轉動軸傳遞的制動馬力（brake horsepower, BHP），而泵浦的效率η_p為出力 $Q\gamma H$ 與BHP的比值，即：

$$\eta_p = \frac{Q\gamma H}{BHP} = \frac{Q\gamma H}{T_m\omega} \qquad (3.8)$$

圖3.3顯示泵浦效率η_p與比速及尺寸的相關性，可見同一流量的泵浦其效率因比速而異，且如第3.1.1節所述，流量大的泵浦效率較高。圖3.4則顯示BHP隨流量的變化性大，軸流式泵浦在低流量時BHP遠大於額定情況，因之此種泵浦不宜在小流量環境下運轉，以免馬達超載。

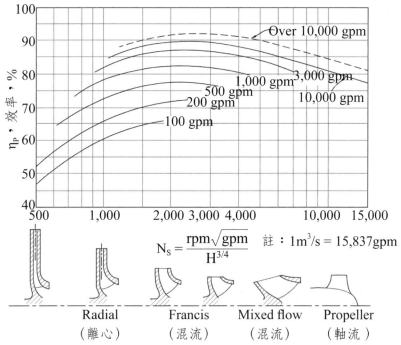

資料來源：Stepanoff(6)。

圖3.3　泵浦效率因比速及流量的變化

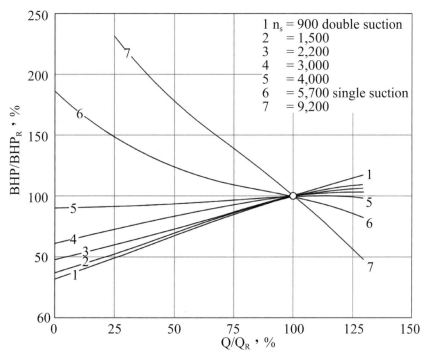

資料來源：Stepanoff(6)。

圖3.4　不同比速之制動馬力（brake horsepower）

三、淨正吸水頭（net positive suction head, NPSH）

　　穴蝕（cavitation）的發生很可能導致泵浦葉片金屬材料的脫落甚至穿孔，並加劇振動、降低效率等，故避免泵浦產生穴蝕是系統設計及設備選擇的重點項目，而NPSH正是檢視泵浦入口端有否穴蝕潛勢的指標。NPSH定義為高於泵浦中心以蒸汽壓為基準的水柱高度。設計者可由泵浦廠家取得該泵浦NPSHR（net positive suction head required）並將之與系統所能提供的NPSHA（net positive suction head available）作比較。若NPSHA ＞ NPSHR則該泵浦應處於合理環境，否則應做布置上的修改或另選泵浦以滿足上述條件。圖3.5顯示NPSHA的估算方法：

$$NPSHA = H_o + Z_o - h_f - H_{va} \qquad (3.9)$$

式中，H_o：泵浦操作水頭；Z_o：泵浦中心高程之真空水柱高；h_f：水源至泵浦之水頭損失；H_{va}：由真空起算之水之蒸汽壓。

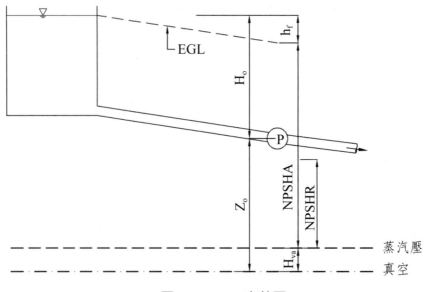

圖3.5　NPSH定義圖

3.1.5 渦輪泵浦與管路系統之結合

有了系統曲線（system curve）及廠商提供的泵浦H-Q曲線，便可結合二者訂定系統輸水能力，一般而言以圖解方式最爲簡便。以下分別說明系統裝置一台泵浦、二台並聯泵浦或串聯泵浦時，系統的流量特性及應注意事項。

一、單台泵浦系統

如圖3.6所示，若以水頭H爲縱軸，流量Q爲橫軸，則可將系統曲線$H = H_0 + CQ^2$及泵浦$H-Q$特性曲線繪製於同一圖上，二曲線之交會點即表示該管路系統在穩定性情況下所能供應的流量Q_0。但由於系統需水量通常不是定值，故Q_0應屬設計需水量，若需水量低於Q_0而爲Q_1，則必須經由閥門的調整增加系統阻力將系統曲線變更爲$H = H_0 + C_1Q^2$，或利用變頻器降低泵浦的轉速至N_1以求得供應端與需求端的能量平衡。由節能減碳的角度而言，以裝置變頻器較佳，但由於變頻器的費用相對高，其決策有待經濟評估。

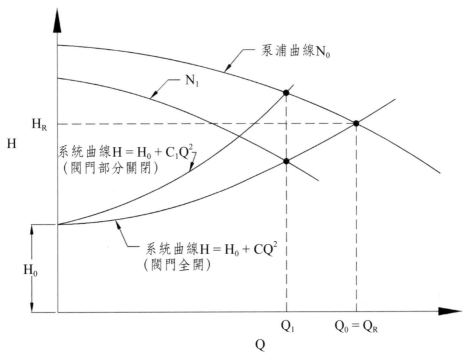

圖3.6　單台泵浦系統

　　一般情況下，設計所犯的錯誤常是擔心所選用的泵浦無法供應所需水量而過度保守地增加泵浦的出力，如此一來供應的壓力遠大於系統阻力的需求，使泵浦經常處於流出（runout）狀態，而導致NPSHA不足或馬達馬力不足等問題。

二、並聯泵浦系統

　　一座抽水／加壓站通常有二部以上並聯的抽水泵供調節送水量或因應泵浦維修之需，圖3.7顯示二台同型H-Q泵浦並聯運轉的情況，若忽略局部管路損失的影響，則該抽水站的有效加壓量為曲線H-2Q。套繪上系統曲線$H = H_0 + CQ^2$之後將發現，若二台泵浦並聯的操作點為$2Q_R$與H_R，則一台泵浦之運轉流量將大於Q_R，且相應的出水水頭H_1小於H_R。因之若抽水泵有多台泵浦並聯則除非有控制閥或變頻器的調節，否則不同泵浦組合的泵浦操作點將隨操作的台數而異。若欲避免此現象，抽水站出水管可裝設迴流的旁通閥（bypass valve），該閥門可設定一洩水壓，當母管的壓力超出設定值時閥門即打開洩

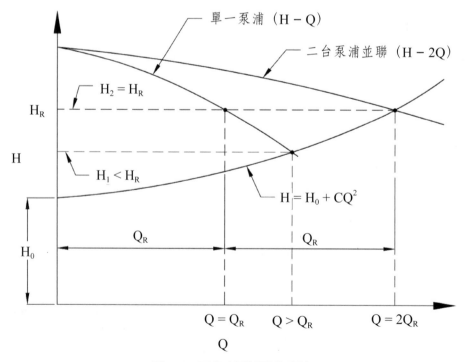

圖3.7　二台並聯泵浦系統

壓，以維持母管於一固定水壓，此種設計可控制泵浦的操作點，但會造成相當的能量損失。

　　另一解決的方案為於數台並聯泵浦中設置一至二台變頻器，或利用閥門調節泵浦的出力以平衡在設定流量下的抽水站出力與系統阻力。

三、串聯泵浦系統

　　若抽水系統為一長距離輸送管路，則可能需有中繼加壓站。中繼加壓可有二種方式，其一為管中加壓，其二為將上游管段的水流放入一前池再由該前池加壓。管中加壓方式可省掉前池的建造及相關配合設施，但水力條件變化較多，操作上亦較為複雜。若採前池加壓方式則二站間的水力條件已被前池隔離，除必須考慮前池尺度及溢流設施之外，加壓站的設計與上游抽水站之設計並無二樣。

　　若串聯的管中加壓設施採用相同的泵浦，則等同的額定總出水壓力為 nH_R，式中 n 為抽水站與加壓站數目之和，H_R 為單一泵浦的水頭，管路系統曲線亦以全系統之長度及高程差計算。

3.1.6 泵浦規範

　　以上各節說明泵浦的特性及其與管路系統的相關性，有利於提出與設計目的相吻合的採購規範。但設計者亦必須了解泵浦是一種以經驗為主的產品，在 H－Q 的關係曲線上，合理的誤差是可被接受的。為建立適合的工業標準，美國泵浦的製造廠家於1922年起編撰現行通用的 *Hydraulic Institute Standards*，並做與時俱進的修正。為確保泵浦 H－Q 之關係符合設計需求，規範中通常要求廠家做實際測試，HI(4)容許的誤差要求如下：

　　一、在額定情況，額定水頭、流量或效率不得低於規範值。

　　二、在額定水頭情況，流量不得高於額定值的10%。

　　三、在額定流量情況，若水頭低於152m(500ft)，則水頭不得超出額定值5%，若高於152m(500ft)，則不得高於額定值3%。

3.2 電動馬達

泵浦需由動力設備來帶動，而動力設備以電動馬達（electric motor）最為常用，以下簡要說明其種類、結構與運轉特性。

3.2.1 種類與結構

電動馬達可依磁性（magnetic）、靜電（electrostatic）或壓電（piezoelectric）等三種原理運轉，其中最通用的是採磁性原理。在磁性馬達，磁場於轉子（rotor）與定子（stator）中形成，而也因之帶動與馬達轉子結合成一體的泵浦轉子，將泵浦轉子的轉動力矩及機械能傳輸給水流。

依電流供應方式馬達亦可分為直流（DC）馬達與交流（AC）馬達二種，但以交流為主，而交流馬達又可區分為非同步（asynchronous）與同步（synchronous）二類，同步馬達轉子的旋轉速度與所提供的交流電頻率相同，其原理是由交流電的定子產生旋轉磁場使轉子旋轉，但磁場必須由外加的勵磁設施或永久磁場提供。非同步或感應式馬達（induction motor）則在轉子轉速與磁場間存有一轉速差，此轉速差可感應出一轉動力矩以平衡帶動水流所產生的阻力。現今市場上採用的以感應式馬達居多。

如照片3.1，一部感應式馬達可區分為轉子（rotor）、軸承（bearings）、定子（stator）與線圈（windings）等幾部分，轉子裝有導電的導體

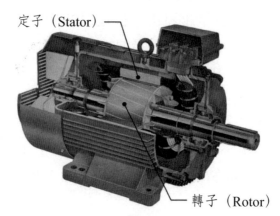

定子（Stator）

轉子（Rotor）

照片3.1　感應式馬達剖面

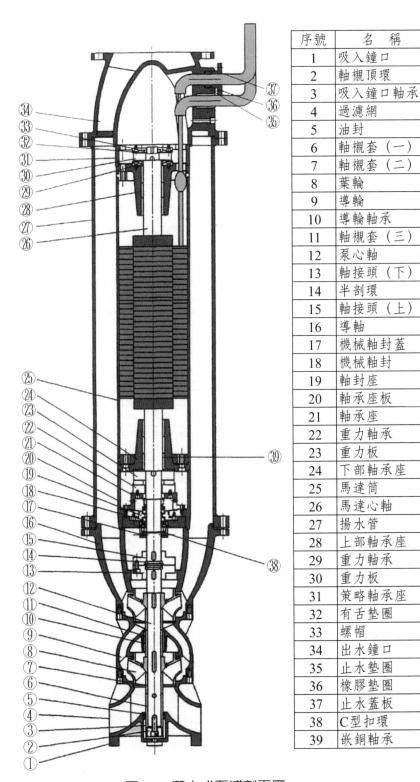

序號	名　稱
1	吸入鐘口
2	軸襯頂環
3	吸入鐘口軸承
4	過濾網
5	油封
6	軸襯套（一）
7	軸襯套（二）
8	葉輪
9	導輪
10	導輪軸承
11	軸襯套（三）
12	泵心軸
13	軸接頭（下）
14	半剖環
15	軸接頭（上）
16	導軸
17	機械軸封蓋
18	機械軸封
19	軸封座
20	軸承座板
21	軸承座
22	重力軸承
23	重力板
24	下部軸承座
25	馬達筒
26	馬達心軸
27	揚水管
28	上部軸承座
29	重力軸承
30	重力板
31	策略軸承座
32	有舌墊圈
33	螺帽
34	出水鐘口
35	止水墊圈
36	橡膠墊圈
37	止水蓋板
38	C型扣環
39	嵌銅軸承

圖3.8　潛水式泵浦剖面圖

或永久磁鐵，由軸承支撐於定子，定子則由多層薄片金屬（laminations）組成以降低能量損失，轉子與定子間設計有微小的間隙（air gap），此間隙對馬達的表現有重大影響，間隙過大或過小都有不良效應，線圈則環繞於磁鐵上使供電後形成磁性。

感應式馬達又可分為陸上型與潛水式（submersible）二種，前者是由空氣中散熱，後者（如圖3.8）則與泵浦共裝置一外殼（casing）浸沒於水中，潛水式馬達最大的優點在於降低對環境產生的噪音，同時亦可採戶外型，減少土木結構費用。

3.2.2 變頻設備

電動馬達的運轉，轉速N(rpm)與極數P及交流電頻率f(Hz)之間存在下列關係：

$$N = \frac{120f}{P} \tag{3.10}$$

由Eq.(3.10)可見馬達的轉速N與電源的頻率f成正比，而因$H \propto N^2$，故當管路系統欲降低流量時，可降低N以減少H，使泵浦提供的揚程符合系統阻力的需求，此時若在電源與馬達之間裝有變頻器（variable-frequency drive, VFD）調節f即可調節N，達到節能的效果。一般變頻器可將原有馬達轉速降至$2/3N_R$，如此可將揚程降至額定值的4/9。

3.2.3 感應式馬達啟動特性

抽水站泵浦的啟動是管路系統運轉的必經歷程，而啟動過程感應式馬達所需電流是一個必須關注的現象。圖3.9為一典型感應式馬達啟動時電流及馬達力矩與轉速的關係，可見低轉速時所需之啟動電流i（starting current）約為額定電流i_R的525%。在轉速大於$0.5N_R$後，所需電流開始下降，此時其產生的力矩T亦開始急速上升，且在轉速達約96%N_R時T達到最大值，爾後急速下降。在泵浦方面，泵浦水流的阻力隨著轉速增加，泵浦所需的力矩與馬達傳遞的力矩約在$N = 0.97N_R$左右達到平衡，因之與Eq.(3.10)相較，感應式馬達的實際轉速一般低於額定轉速約3%左右，即有3%的轉率差（slippage）。有些抽水機爲降低啓動電流採用降低電壓啓動（reduced voltage start），所需電流約與電壓的平方成正比。

　　如圖3.9，一部泵浦在啓動過程中，馬達所產生的轉動軸力矩T_m遠大於泵浦驅動水流所需的力矩T_w，此力矩差使得泵浦可以加速。泵浦啓動時速度之變化可由下式表示

$$T_m - T_w = I \frac{d\omega}{dt} \tag{3.11}$$

式中，I：馬達與泵浦轉動慣性（rotating moment of inertia）之合；ω：轉動角速度，令$T_m - T_w = \beta T_R$，而T_R爲額定力矩（rated torque），則Eq.(3.11)可改寫爲：

$$\Delta\alpha = \beta \frac{30 T_R \Delta t}{I N_R \pi} \tag{3.12}$$

以$\Delta\alpha$代表Δt時間內轉速的變化量，因$I = WR^2/g$；W：轉動設備之重量；R：旋轉半徑（radius of gyration）及$\alpha = N/N_R$，故Eq.(3.12)可重寫爲

$$\Delta t = \frac{\alpha_2 - \alpha_1}{\beta_1 + \beta_2} \times \left[\frac{2WR^2 N_R \pi}{30 T_R g} \right] \tag{3.13}$$

此時，可利用如圖3.9的資料估算啓動時由α_1增至α_2所需的時間Δt，若將轉速由0至N_R分10段區間計算，即$\alpha_2 - \alpha_1$採10%的轉速增率，則由Eq.(3.13)可算出每10%增率所需的時間Δt_i，其總合即爲啓動泵浦所需總時間。一般而言，泵浦啓動所需時間很短，小型的抽水機由零至全速經常小於1秒。

　　由圖3.9亦可看出泵浦所需力矩與出口閥門閉關與否有關，閥門關閉時出流量爲零，所需力矩較低。但閥門關閉時間應盡可能縮短，以避免水溫過高，傷及水封。

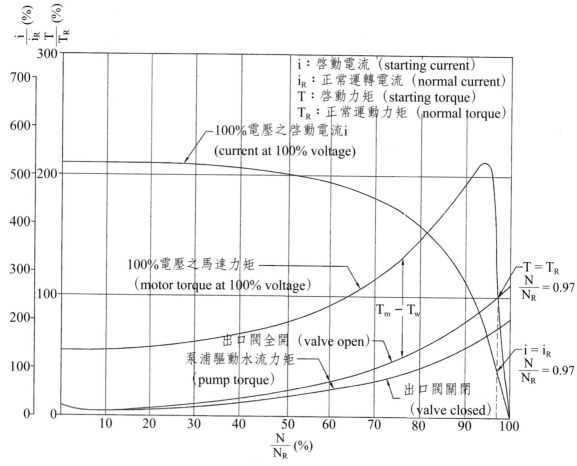

圖3.9　感應式馬達啓動電流／力矩與轉速之典型關係

　　Eq.(3.13)所需之泵浦與馬達WR^2在未採購設備之前恐不易取得，圖3.10顯示筆者在美國服務期間綜合不同計畫導出的經驗成果。依此在初步階段可以下列關係式估算：

$$WR^2（泵浦）= 500(HP/N_R)^{1.5} \qquad （3.14a）$$

$$WR^2（馬達）= 2,200(HP/N_R)^{1.5} \qquad （3.14b）$$

式中，HP爲該泵浦的額定馬力，WR^2之單位爲lb-ft^2。

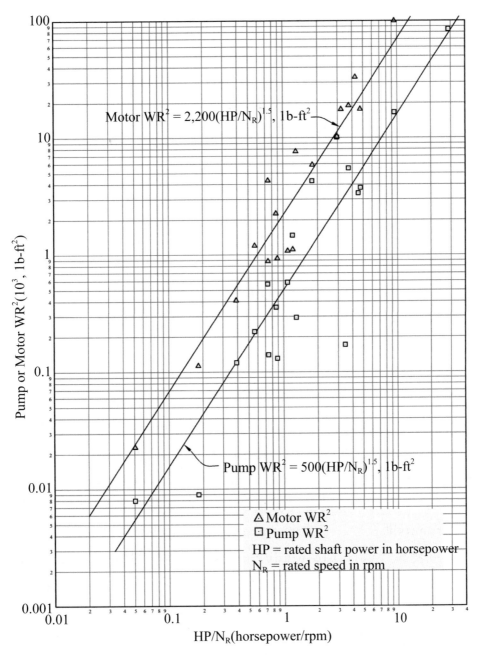

圖3.10 泵浦／馬達WR^{2}與HP/N$_R$之經驗關係

3.3 水輪發電機組

　　水輪發電機組（turbine-generator unit）亦是與水路結合為一體的機電設備，二者之間有相當強烈的交互作用。本節介紹水力設計者對水輪發電設備應有的認識及設計上應有的考量。

3.3.1 水輪機機型

　　水輪機亦依循第3.1.2節所述之相似律，由於

$$\frac{P}{QH}=C_6 \qquad (3.15)$$

今將Eq.(3.3)、Eq.(3.4)及Eq.(3.15)結合在一起，並消除三式中的Q與D，則得下列公式代表水輪機比速N_s，即

$$N_s=\frac{N\sqrt{P}}{H^{5/4}} \qquad (3.16)$$

　　依N_s大小，水輪機有不同機型，若轉速N以rpm、出力P以KW、有效水頭H以m計，表3.1顯示各類型水輪機之比速範圍，其中Pelton水輪機為衝擊式（impulse type），Francis及propeller為反力式（reaction type）。Pelton水輪機應用於高水頭、低流量，propeller（螺旋槳）水輪機應用於低水頭、高流量，Francis則介於二者之間。propeller水輪機尚可區分為固定翼（fixed blade）及可變翼（variable blade）二種，可變翼的俗稱Kaplan turbine，另低水頭的則稱之為bulb turbine（燈泡式）。圖3.11顯示各水輪機型式剖面圖，可見反力式水輪機在進入機組的上游端有渦殼（spiral case），且在入口處有固定翼（guide vane）及導翼（wicket gate）的裝置，除提供葉片合適的入流條件，導翼的開度亦用以調整入流量。圖3.12則展示在不同額定流量及水頭情況下合適的水輪機機型，規劃時可利用此資料作為選型的初步參考。

表3.1　各種水輪機之比速範圍（公制）

水輪機機型	比速範圍（N_s）
Pelton turbine	10～40
Francis turbine	40～380
Propeller turbine（包括Kaplan及bulb turbine）	340～1,000

資料來源：廖東林(9)。

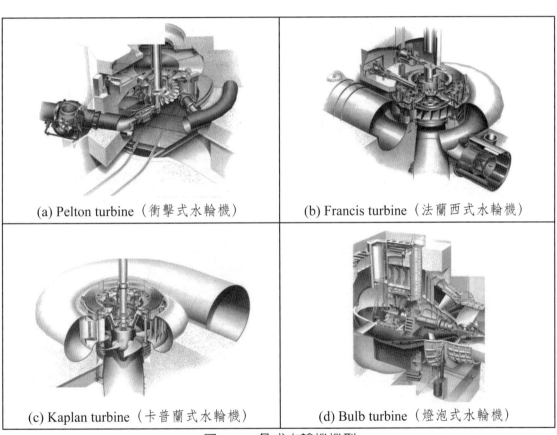

(a) Pelton turbine（衝擊式水輪機）　　(b) Francis turbine（法蘭西式水輪機）

(c) Kaplan turbine（卡普蘭式水輪機）　　(d) Bulb turbine（燈泡式水輪機）

圖3.11　各式水輪機機型

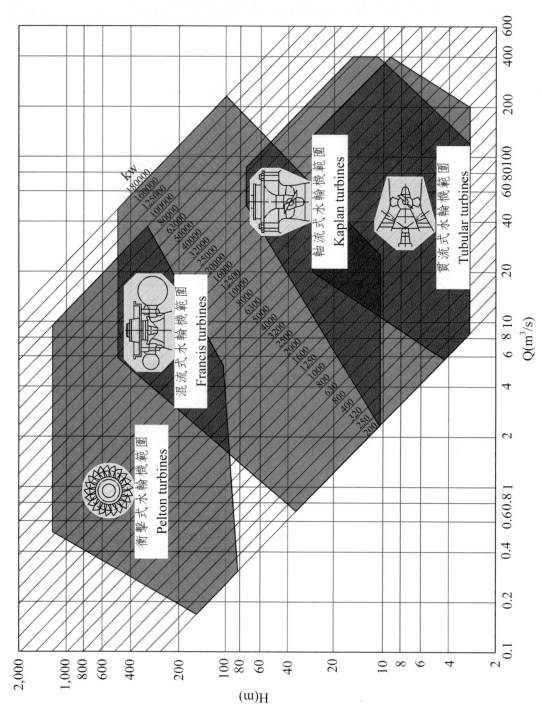

圖3.12 水輪機選型參考圖

3.3.2 水輪機運轉範圍

　　水輪機在設計水頭下運轉效率最高，但反力式水輪機為確保不發生穴蝕或震動，其操作的水頭範圍有適當的限制，表3.2示Krueger(7)建議的允許水頭變動範圍，可見無論是Francis或Kaplan turbine都以125% H_R為上限，65% H_R為下限，定翼的propeller turbine的允許水頭則介於90%～110%之間。Pelton turbine應用於高水頭，水頭變化百分率較低，通常不成問題。

　　同樣的，水輪機的運轉流量亦有其限制，一般而言，反力式水輪的最低運轉流量約0.4Q_R，衝擊式水輪機的操作範圍較寬，最低流量可降至約0.2Q_R。

表3.2　反力式水輪機合宜的運轉水頭

水輪機型	以設計水頭為準之百分率	
	最大	最小
Francis	125%	65%
Kaplan（變翼式）	125%	65%
Propeller（定翼式）	110%	90%

資料來源：Krueger(7)。

3.3.3 水輪機效率

　　圖3.13為Krueger(7)展示某一Francis機組不同導翼（wicket gate）開度與水頭的效率曲線，最高效率發生於80%而非最大開度。以現今的技術，Francis機組的效率最高可達94～95%，但在低導翼開度時其效率快速降低，Pelton機組的最高效率約91%，此效率較不受開度的影響。

3.3.4 水輪機吸出高度（turbine draft head）

　　水輪機中心線高程與停機時出水口尾水位標高的差距稱之為水輪機吸出高度，反力式水輪機均有吸出管（draft tube），其形狀適當與否對水輪機效率有重要影響，吸出高度之選定要在水輪機轉輪的穴蝕及機組基礎開挖的深度

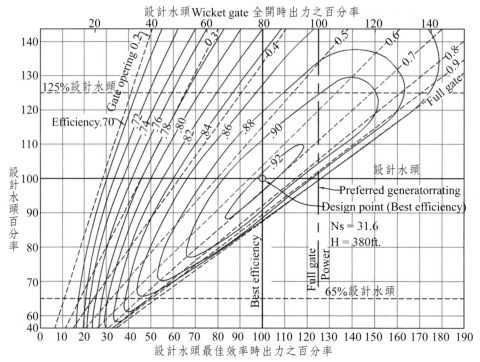

資料來源：Krueger(7)。

圖3.13　Francis水輪機效率曲線

取得一合理的平衡。根據廖東林(9)，水輪機最大允許吸出高H_s，可以下式估算：

$$H_s = H_b - H_{va} - \sigma H_e \qquad (3.17)$$

式中，H_b及H_{va}分別為以水柱高計的大氣壓及蒸汽壓；H_e：機組有效水頭；σ：Thomas穴蝕指數，圖3.14顯示σ值隨N_s增加而加大。

　　由Eq.(3.17)計算所得之值，當H_s為正值表示水輪機中心線可高於尾水位，若負值則需低於尾水位，根據Krueger(7)，設計時吸出水頭宜小於上述理論值1英尺（0.33m）以策安全。

　　以上H_s之估算應僅供規劃時初估，正確需求應由廠商提供。

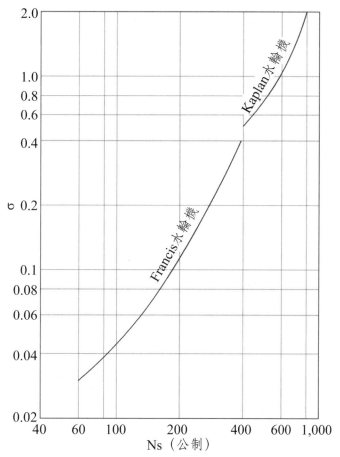

資料來源：廖東林(9)。

圖3.14 比速Ns與穴蝕係數σ之關係

3.3.5 水輪機組之調控

水輪機的轉速直接影響發電頻率，若頻率超出容許範圍則衝擊發電品質，故負載發生變化時如何控制轉速至為關鍵，以下為一般控制轉速的做法：

一、增加機組及降低水流慣性

機組的慣性包括水輪機與發電機組二部分，Krueger(7)建議以下列公式做初估：

$$水輪機：(WR^2)_t = 23,800\left(\frac{HP}{N_R^{3/2}}\right)^{5/4} \qquad （3.18a）$$

$$發電機：(WR^2)_g = 379,000\left(\frac{KVA}{N_R^{3/2}}\right)^{5/4} \qquad （3.18b）$$

式中，W為重量，以磅計；R：轉動半徑，以呎計；HP：水輪機馬力；KVA：發電機千伏特－安培；N_R：同步轉速，rpm。欲取得較好的轉速調控條件，機組的慣性與水路水體的慣性宜達某一比例，而代表機組慣性的參數為機組啟動時間（machine starting time）t_m，即機組由靜止加速至同步轉速所需時間，以秒計：

$$t_m = \frac{WR^2 N_R^2}{1.6 \times 10^6 HP} \qquad （3.19）$$

水路水流的啟動時間（water starting time）t_w為在額定水頭下水流由靜止加速至設計流度所需時間，亦以秒計，如下：

$$t_w = \frac{\Sigma LV}{gH_R} \qquad （3.20）$$

式中，L：水路由前庭或平壓塔至機組的長度；V：相應的設計流速；H_R：額定水頭。若該段間的管路直徑有變化則LV改為$\Sigma L_i V_i$，即為各分段LV乘積之和。

　　Krueger(7)建議t_m/t_w應大於8，以取得較好的調控條件，但至少亦不宜小於5，為達此一目的WR^2應增加且L與V應降低。

二、設定合適的調速器參數

　　反力式水輪機都配備有導翼（wicket gate）用以調節水輪機的流量及出力，並控制水輪機轉速；若T_w及T_m分別代表水流對轉動軸及發電機對轉動軸產生的力矩，則下式可代表力矩間不平衡時轉速的變化量：

$$T_m - T_w = \frac{WR^2}{g}\frac{d\omega}{dt} \qquad （3.21）$$

　　因之，若水力力矩T_w大於發電機力矩T_m，則$d\omega$將為負值，轉速N將增加（水輪機轉向N為負值），發電頻率亦隨之增加，為控制轉速水輪機配有調速器（governor），用以感應轉速的變化，並在此情境下要求導翼減少開度，

以降低流量及相應T_m。爲避免導翼過度反應，一般設定一約±0.01%的靜止區
（dead band），在此靜止區內導翼開度不做任何調整。故靜止區愈寬，轉速
或發電頻率可能變化的幅度愈大，導翼開度被調整的機率降低。但靜止區亦不
宜過小，以免調速器產生追逐現象（hunting），甚至影響系統的穩定性。

　　此外調速器也定有轉速之下垂度（droop），其定義爲：

$$droop = (N_{R1} - N_R)/N_R$$

式中，N_{R1}：無承載之額定轉速，N_R：承載後之額定轉速，一般N_{R1} =
$1.04N_R$，即無承載時之額定轉速約4%大於承載後之額定轉速，droop設定之
目的在於使承載後之發電頻率與電網之頻率相同，以保護發電機定子。

　　現今採用的調速器有二種，一爲傳統的機械式調速器（mechanical gov-
ernor），另一爲新型的電子式調速器（electric governor），前者有比例
（proportional）及積分（integral）二個放大係數（gain），用以調整導翼的
開度，使轉速趨於正常區間。電子式調速器則增加微分放大係數（derivative
gain）。三個放大係數分別以K_p、K_i及K_d來表示，而形成俗稱的PID控制器
（proportional, integral and derivative controller）。

　　有關調速器的模擬可參閱Chaudhry(1)、Hovey(2, 3)、Ramey/Skoo-
glund(5)及Woodward Governor Company(8)，系統控制爲另一專業領域，其
參數的設定宜由供應商的技術人員爲之。

三、設置同步旁通管（synchronous bypass line）

　　水力發電系統在因地形關係無法設置平壓塔的環境下，設置同步旁通管是
協助機組調控的另一個選項。調整導翼開度時會於管路中產生水鎚效應，而使
作用於機組的流量及壓力同時發生變化，增加調控的困難度。本方法是在壓力
鋼管進入機組的上游端設置一分支管，管的末端設有控制閥，該閥門的開啓可
釋放並降低壓力鋼管中因導翼調整引發的水鎚壓力進而降低調控的複雜度。

　　一般來說衝擊式水輪機在調控上較爲單純，因Pelton機組調控時轉速的變
化不會對壓力鋼管產生水鎚壓力，且由於機組水頭高，管中壓力的變化量與機
組水頭相較所占的百分率較低。

3.3.6 跳機後水鎚壓力與機組轉速的控制

　　當反力式水力發電系統跳機時，Eq.(3.21)所示之水輪／發電機轉軸力矩 T_m 瞬間變為零，但水流對水輪機作用的力矩 T_w 依然存在，此不平衡力矩將迫使轉速增加，增加的速率也將因機組之 WR^2/g 而異，此時調節水輪機流量的導翼會依設計速度開始關閉，目的在控制機組轉速及壓力鋼管水鎚壓力的上升值皆處於一可接受的範圍。

　　跳機後水輪機轉速的上升會降低水輪機的通水量，也連帶著增加壓力鋼管的壓力，若導翼關閉的時間過長，水輪／發電機轉速很有可能會增加至飛逸度（run-away speed，相應之 $T_w = 0$）。由於飛逸速度的轉速高，離心力大，可能傷及發電機的線圈，亦會造成很嚴重的振動而不利於土木結構及相關設備的安全，因之在設計上應儘量避免發生此種現象。相反的若導翼關閉的速度過快，雖有利於控制機組的轉速，但有可能產生不可容許的水鎚壓力，而不利於機組及壓力鋼管的安全。

　　因之，在某一機組的 WR^2 環境下，通常需分析不同導翼關閉時間所得轉速及水鎚壓力的成果，由此決定合適的導翼關閉方式及速率。

參考文獻

1. Chaudhry, M. H., *Applied Hydraulic Transients*, Van Nostrand Co., New York, 1979.

2. Hovey, L. M., "Optimum Adjustment of Governors in Hydro Generating Stations," The Engineering Journal, Engineering Institute of Canada, Montreal, V. 43, No.11, Nov. 1960, pp. 64-71.

3. Hovey, L. M., and Bateman, L. A., "Speed-Regulation Tests on a Hydro Station Supplying an Isolated Load," Trans. IEEE, Oct. 1962, pp. 364-371.

4. Hydraulic Institute, *Hydraulic Institute Standards for Centrifugal, Rotary & Reciprocating pumps*, 13th Edition, 1975.

5. Ramey, D. G., and Skooglund, J. W., "Detailed Hydrogovernor Representation for System Stability Studies," Trans. IEEE, Power App. System, Jan. 1970, pp. 106-112.

6. Stepanoff, A. J., *Centrifugal and Axial Flow Pumps*, 2nd Edition, John Wiley & Sons, 1957.

7. Krueger, R. E., *Selecting Hydraulic Reaction Turbines*, USBR Engineering Monographs, No.20, 1954.

8. Woodward Governor Company, "Electric Governor for Hydraulic Turbines," Bulletin 07074A, Rockford, Illinois, pp. 1-13.

9. 廖東林編著，水力發電工程，中國土木水利學會，1991年7月。

第 **4** 章

進水口

　　進水口是將明渠流引入管路的必要結構，設計進水口最大的挑戰之一是如何防止渦流（vortex）發生，確保管路系統順利運轉。但由於明渠水流的變異性大，渦流發生的機率甚高，也因此對於渦流水理的了解及防渦的布置長久以來是水利界研究的重要課題，包括：渦流機理的探討，如Amphlett(1)、Anwar(2, 3)、Denny/Young(6)、Young(15)、Daggett/Keulegan(5)及Jain等(9)；防渦設計方法，如Chang(4)、Hecker(7)、Knauss(10)、Rindels/Gulliver(13)、USBR(14)、Nystrom等(11)及HI(8)。本章綜合說明渦流可能產生的問題，其水力特性並提出不同型式進水口可採用的防渦設計。

4.1 進水口渦流衍生的問題及水力特性

4.1.1 進水口型式

　　進水口通常涵蓋前庭（forebay）及附屬設施如攔汙柵（trashrack）等，依功能，可分為抽水系統的「泵浦進水口（pump intake）」及水力發電或重力輸水管路的「水工進水口（hydraulic intake）」二類別。通常泵浦進水口是抽水站的一部分，進水口與泵浦結合為一體，結構較為單薄，泵浦的性能較易受取水流態的影響。水工進水口雖可能裝有水輪機設備，但其位置離進水口較遠，除了引入的空氣外，入進水口的流態可不必列入設計上的考慮。然依地形地物的差異，進水管與前庭的相關位置可能有相當大的變化，在平面上，前庭可能是廣大的水庫、依自然地形開挖的深槽或人為結構，在斷面上，如圖4.1（Knauss (10a)）可能是垂直向下、傾斜向下、水平或垂直向上，且進水

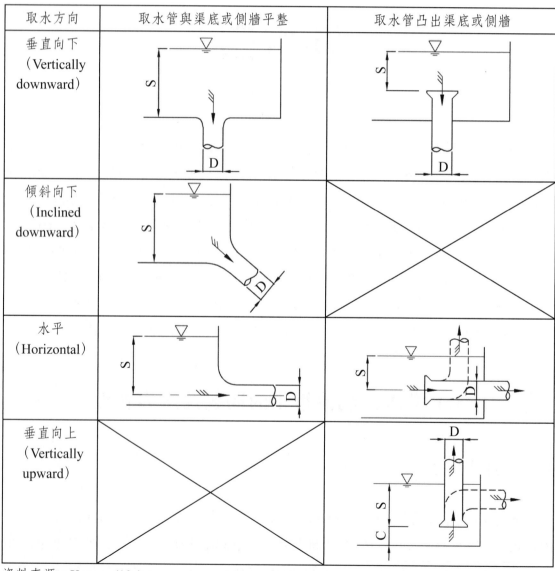

取水方向	取水管與渠底或側牆平整	取水管凸出渠底或側牆
垂直向下 （Vertically downward）		
傾斜向下 （Inclined downward）		
水平 （Horizontal）		
垂直向上 （Vertically upward）		

資料來源：Knauss (10a)。

圖4.1　進水口型式

管的上游端可以與前庭底板或側牆平整，亦可突出地板或側牆，故可預期即便在相同取水流量及浸沒水深情況下，進水是否形成渦流及形成的強度亦可能有差異。

4.1.2 渦流等級

　　一水系統運轉時其進水口上方經常觀察到不同強度的渦流，照片4.1 Rahm(12)顯示瑞典Horspranget水力電廠運轉時進水口產生巨大渦流的現象。在日常生活中打開貯水浴缸的排水塞後雖然無外力介入，環流（circulation）亦會逐漸形成，由小型的水面凹陷，隨著水位下降、環流強度增加，最後演變成挾帶空氣的水流進入排水管。HI(8)採用Hecker(10b)的分類將水面渦流（surface vortex）強度分為六個等級，如圖4.2，即：

　　一、第一級：表面水流漩轉，但無凹陷（dimple）。

　　二、第二級：表面現呈凹陷。

資料來源：Rahm(12)。

照片4.1　瑞典Horspranget水力電廠1949年8月進水口形成渦流的情境

三、第三級：表面凹陷增大，渦流將著色染液吸入進水口。

四、第四級：渦流足以將飄浮物吸入進水口。

五、第五級：渦流間歇性地將空氣捲入進水口。

六、第六級：渦流連續性地將空氣捲入進水口。

值得注意的是渦流強度可能隨時間變化，即便是以第六級為主的渦流，在一時間序列中第一至第六等級都可能發生。

此外，圖4.2亦顯示因應泵浦進水口問題而區分的三種水下渦流（sub-merged vortex），即第一級漩流、第二級染液核及第三級空氣核，此等水下渦流終止於底板或側牆。

(a) 水面渦流

第一級（Type 1）：
表面流漩轉
（Surface swirl）

第二級（Type 2）：
表面凹陷
（Surface dimple, coherent swirl）

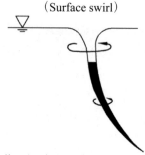

第三級（Type 3）：
著色染液被吸入口
（Dye core to intake:coherent swirl throughout water column）

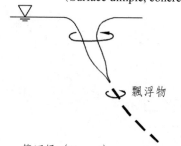

第四級（Type 4）：
飄浮物被吸入口
（Vortex pulling floating trash but no air）

飄浮物

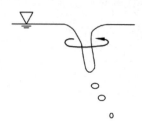

第五級（Type 5）：
間歇性空氣被捲入口
（Vortex pulling air bubbles to intake）

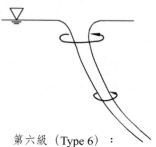

第六級（Type 6）：
連續性空氣被捲入口
（Full air core to intake）

(b) 水下渦流

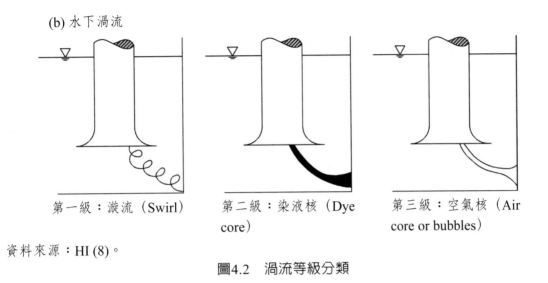

第一級：漩流（Swirl）　　第二級：染液核（Dye core）　　第三級：空氣核（Air core or bubbles）

資料來源：HI (8)。

圖4.2　渦流等級分類

4.1.3 渦流形成的負面效應

進水口渦流所衍生的問題有很多報導，由Rahm(12)、Denny/Young(6)、Young(15)、Amphlett(1)、Chang(4)、Rindels/Gulliver(13)及Knauss(10a)等文獻可見渦流的形成有可能對管路系統產生以下負面效應：

一、降低進水口效率

圖4.3取自Amphlett(1)，該圖顯示流量係數 $C = \dfrac{Q}{A\sqrt{2gs}}$ 隨環流指數$N_\Gamma = \dfrac{\Gamma D}{Q}$ 增加而降低，其中參數Q：流量；A：進水口斷面積；s：至進水管中心之浸沒水深；g：重力加速度；$\Gamma = V_\theta r$：環流強度；V_θ：環流切線流速；r：切線流速量測點與環流中心距離；D：進水管管徑。

其他如Daggett/Keulegan(5)的研究亦同樣顯示渦流對進水口效率有重大的負面影響。

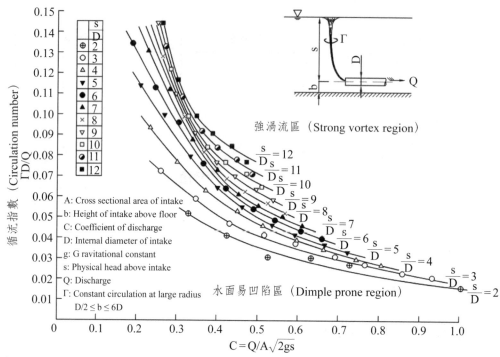

資料來源：Amphlett(1)。

圖4.3　開始發生吸氣渦流時環流對流量係數的影響

二、增加進水口被堵塞的機率

　　為避免輸水系統設備，如泵浦、水輪機或熱交換器受到水中漂流物的影響，進水口大都裝設有攔汙柵，渦流會加速帶引水面或水中漂流物貼附於攔汙柵，增加堵塞攔汙柵的機率，更進一步降低取水功能。

三、影響水工機械運轉

　　如第3.1.1節所述，一部水工機械葉片的設計皆以進流不具漩流（pre-rotation）為基本假設，若入流流態與此假設有相當偏差則有可能影響該設備的性能，包括降低效率、產生振動或穴蝕等，影響程度以高比速混流或軸流泵浦為高（Young(15)）。

四、影響輸水路水流的穩定性

進水口因渦流吸入空氣後使管路形成水與空氣合成的二相流，然而因空氣輕，易往局部高處集結，大量集結後部分方被水流帶走，空氣因有壓縮性會產生體積變化，整個運移過程會影響管中水流及壓力的穩定性。

五、影響作業人員的安全

根據Rindels/Gulliver(13)，美國明尼蘇達州下聖安東尼瀑布船閘（Lower St. Anthony Falls Lock）曾於1974年充水時發生一位員工坐的小船被渦流捲入而喪命的事件，此船閘係由知名的美國工兵團（Corps of Engineers）設計。

由以上負面效應可見，控制渦流的形成是管路進水口設計必須注意的事項。

4.1.4 影響渦流的參數

免除進水口形成強烈渦流之浸沒水深S_c稱之為臨界水深，Rindels/Gulliver(13)綜合影響S_c的函數如下：

$$S_c = \varphi(D, D_0, Q, \Gamma, \rho, \mu, \sigma, g, \delta_i) \tag{4.1}$$

式中，D_0：取水喇叭口直徑；ρ：流體密度；μ：流體動力黏滯度；σ：流體表面張力；δ_i：進水口長度參數，包括與側牆距離、側牆長度、喇叭口與底床間距等，其餘參數同第4.1.3節之定義。

利用量網分析（dimensional analysis），可得下列無維參數的組合：

$$\frac{S_c}{D} = \varphi\left(\frac{D_0}{D}, \frac{Q/D^2}{\sqrt{gD}}, \frac{Q\rho}{\mu D}, \frac{\rho Q^2}{\sigma D^3}, \frac{\Gamma D}{Q}, \frac{\delta_i}{D}\right) \quad i=1\ldots n \tag{4.2}$$

由此可見除了幾何形狀及代表重力的福祿數 $F_r = \dfrac{V}{\sqrt{gD}}$ 外，影響臨界水深的尺度尚需考慮代表黏滯性的雷諾數 $R_e = \dfrac{VD\rho}{\mu}$ 及表示表面張力的韋伯數 $W_e = V\sqrt{\dfrac{\rho D}{\sigma}}$，此外，難以定量的環流強度（circulation strength）$\dfrac{\Gamma D}{Q}$ 亦扮演一重要角色，因之渦流是一種極不易界定的流力現象。

4.1.5 渦流特性

由於渦流形成的廣泛性，自1950年代起即吸引很多對渦流水力特性的探討，以下綜合部分研究成果：

一、整體水流結構

圖4.4取自Hecker(10b)，該圖顯示渦流結構可區分為二部分，其一是位於中心區位、黏滯性有強烈影響的強迫渦流區（forced vortex zone），此中心區位的特色是切線速度V_θ隨旋轉中心的距離r成等比例降低，即$\frac{V_\theta}{r} = C$，在流體力學上屬漩渦流（rotational flow），水流因黏滯性的作用形成類似於固體的旋轉。在其外圍則可用$V_\theta r = C_2$來表示V_θ與r之關係，稱之為自由渦流區（free vortex zone），屬非漩渦流（irrotational flow），此區域水流運動不受流體黏滯性的影響。

由以上水流結構可見渦流中心部位的漩轉與流體的黏滯性密不可分，故雷諾數R_e扮演重要角色，在其外圍則受黏滯性的影響有限。

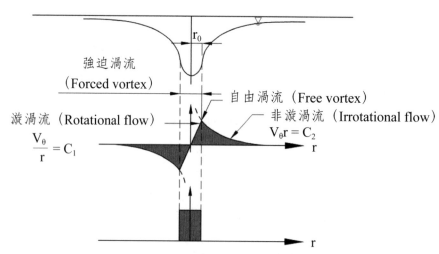

資料來源：Hecker (10b)。

圖4.4　渦流流體結構示意圖

二、徑向及切線流速的分布

　　Daggett/Keulegan (5)研究流速分布的結果如圖4.5及圖4.6，圖4.5顯示靠近進水口底部的徑向流速u遠大於中層及表層，圖4.6則顯示切線流速V_θ亦隨r

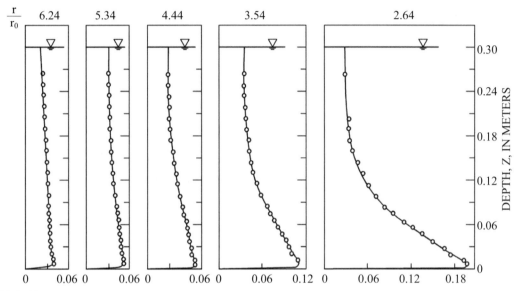

資料來源：Daggett/Keulegan (5)。

圖4.5　渦流徑向流速u隨距離r之變化

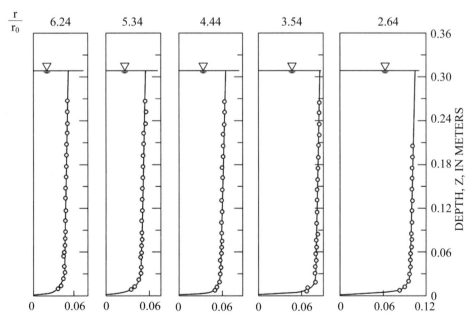

資料來源：Daggett/Keulegan (5)。

圖4.6　渦流切線流速V_θ隨距離r之變化

的降低而增加，但因高程的變化不大。Anwar(2)量測切線速度V_θ與r之關係，圖4.7顯示，在大部外圍區域流場符合自由渦流區，即環流強度，$V_\theta r = C_0$之非漩渦特質，靠近渦流中心時$V_\theta r$值開始下降，但在量測範圍內尚未呈現強迫渦流區 $\dfrac{V_\theta}{r}=C_1$ 的現象。

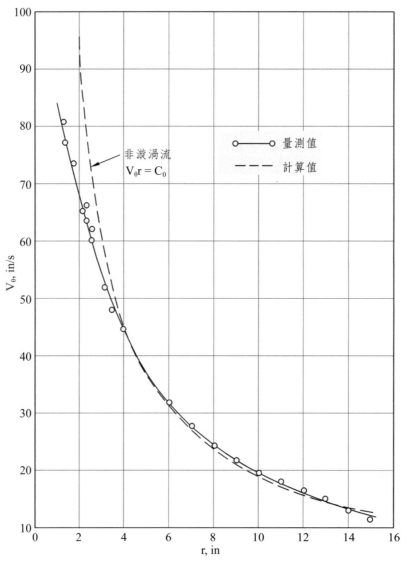

資料來源：Anwar (2)。

圖4.7　渦流環流強度$V_\theta r$隨r之變化

4.2 進水口防渦設計

4.2.1 通則

Rutschmann等(10f)綜合各種進水口設計的實務經驗，列出下列可用於進水口渦流防制的手段：

一、增加進水口與水面間的流線長度，包括：

(一) 提高最低水位。

(二) 降低進水口高程。

(三) 改變流向。

(四) 取水口頂部水平向外延伸 （即興建水平抗渦罩（anti-vortex canopy））。

二、消除不均勻的漸近水流

(一) 利用結構物以形成均勻流。

(二) 利用結構物以改變流向。

(三) 消除不均勻的邊界條件。

(四) 墩子流線型化。

(五) 閘門局部關閉。

(六) 加速漸近水流。

(七) 降低死角避免漩轉水流。

三、建造防渦結構

(一) 垂直牆或制渦水平梁。

(二) 設置浮動筏（floating raft）於強渦區。

(三) 增加取水口附近坡度。

4.2.2 泵浦進水口

一座抽水站的泵浦進水口是土木結構，但加壓用的泵浦是機械設備，二者分屬不同領域及責任範疇，但土木結構所提供給泵浦的流態若沒有達到泵浦的要求，則可能降低泵浦的效能，此時問題的責任歸屬不易界定，易引起爭議。於1970～1990年代，美國許多核能與火力電廠的主要冷卻水系統（main condenser cooling water system）常發生運轉後進水口流態因渦流而導致泵浦振動量過大及加壓水頭或出水量未能達到規範要求的情事而必須經由水工模型試驗進行改善。為提供業界較為可靠的設計規範，1998年ANSI（American National Standards Institute）與HI（Hydraulic Institute）綜合早期許多理論及實務研究的成果聯合出版*American National Standards for Pump Intake Design* ANSI/HI 9.8-1988(8)，作為泵浦進水口的設計指南並建立進水口的布置規範及合理的水理條件以符合泵浦運轉。主要成果如下：

一、進水口宜具備的流態

進水口應避免下列流態或降低其發生的強度：

(一) 水面渦流。

(二) 浸沒式渦流。

(三) 進入轉子的水流有過度漩流（pre-rotation）或流速空間分布不均。

(四) 水流不穩定。

(五) 水流挾氣。

以上要求以大型及高比速（軸流式）泵浦為甚。

二、進水口布置

就常用泵浦進水口布置的建議：

(一) 長方型進水口（rectangular intakes）

一般大型的抽水站進水口都屬於這種型式，進水口位於一大型前池的末端，利用箱型結構引水入垂直式的泵浦，布置如圖4.8。

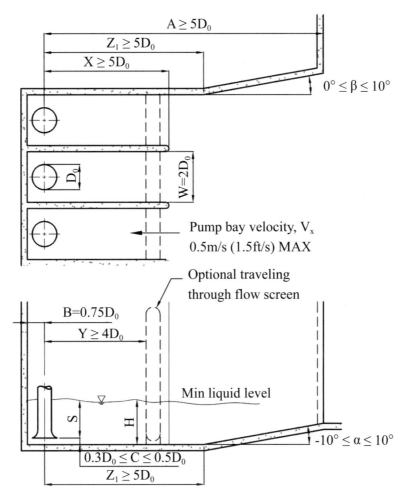

資料來源：HI/ANSI(8)。

圖4.8　長方型進水口布置

(二) 成型吸式進水口（formed suction intakes）

　　此型式進水口的建議尺寸如圖4.9，此進水口可提供良好流態進入泵浦，但土木結構相對複雜。

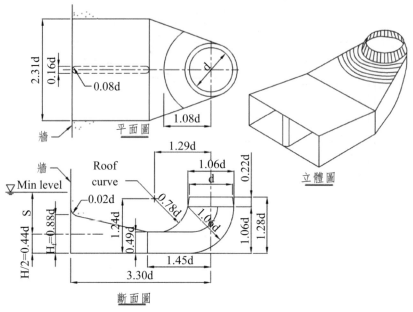

資料來源：HI/ANSI(8)。

圖4.9　成型吸式進水口（formed suction intake）布置

(三) 圓型進水口（circular intakes）

　　進水口位於圓型結構中，可有單一、二個並排或三個並排取水管，取水流量一般都不大，圖4.10示二個取水管並排之布置。

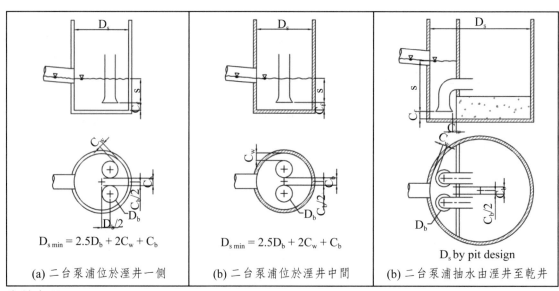

資料來源：HI/ANSI(8)。

圖4.10　圓型結構中二個並排進水口布置

(四) 深槽式進水口（trench-type intakes）

圖4.11示深槽結合成形吸式進水口的布置。

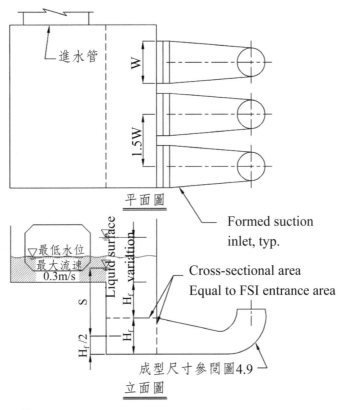

資料來源：HI/ANSI(8)。

圖4.11　深槽滲井成型吸式進水口（trench-type with formed intake）布置

三、長方型進水口設計參數

一般而言，流量大的進水口如電廠冷卻水系統皆屬長方型，由於流量大的泵浦其機械結構相對薄弱，對流態的要求也較嚴格，建議之水理條件及布置如下：

(一) 漸進流速

漸進流速以0.5m/s為上限。

(二) 浸沒水深

臨界水深S_C通常採用高於進水口頂部或泵浦喇叭口$1.5D_0$，但HI/ANSI(8)另建議：

$$S_C = D(1 + 2.3F_D)\qquad(4.3)$$

式中，$F_D = \dfrac{V}{\sqrt{gD_0}}$；

　　　D_0：泵浦喇叭口的直徑；

　　　V：喇叭口平均流速。

V之大小因泵浦流量而分為三個等級，如表4.1，其數值介於0.6至2.7m/s之間。

表4.1　泵浦喇叭口之建議流速V

流量（cms）	流速範圍（m/s）
$Q \le 0.315$	$2.7 > V > 0.6$
$0.315 < Q < 1.260$	$2.4 > V > 0.9$
$Q \ge 1.260$	$2.1 > V > 1.2$

(三) 水槽與泵浦直立式向上取水管相關尺寸

HI/ANSI(8)建議之尺寸如圖4.8，各尺寸細節亦說明於表4.2。

表4.2　HI建議之長方型泵浦進水口尺寸

參數	說明	建議值
A	進口與直立式取水管中心線最短距離	A最低$5D_0$（假設進水口側向流小於正向流的一半）
B	後牆與直立式取水管中心線距離	$B = 0.75D_0$
C	地板與直立管喇叭口之間距	$C = 0.3D_0$至$0.5D_0$
D_0	直立管喇叭口直徑	—
H	最低水深	$H = S + C$

參數	說明	建議值
S_c	喇叭口最低浸沒水深	$S = D(1.0 + 2.3F_D)$
W	渠道寬度	W至少$2D_0$
X	各槽長度	X至少$5D_0$（假設進口處側向流低微）
Y	旋轉濾網與直立式取水管之間距	Y至少$4D_0$（若為並排濾網則需水工模型試驗）
Z_1	泵浦進水口外側牆至直立式取水管中心線的間距	Z_1至少$5D_0$（假設進口處側向流小於正向流的一半）
Z_2	直立式取水管中心線至水平底板的間距	Z_2至少$5D_0$
α	底板角度	α介於-10及$10°$之間
β	二側牆束縮角	β介於0及$10°$之間（若β為負值則需做水工模型試驗）

(四) 直立式向上取水管防渦流周邊填充物件

　　水由長方型水槽流入直立式向上取水管時，由於管的下游端及二側存有死角常導致該區位產生表面及水下漩流。為改善此一流況，經長期水工模型的經驗，美國工程界開發出如圖4.12降低形成表面及水下渦流的填充物件，即：

- 後牆填角（back wall fillet）：填充兩側牆與後牆的夾角。
- 底板填角（floor fillet）：填充兩側牆與底板的夾角。
- 後牆分裂條（back wall splitter）：防止由後牆衍生的渦流。
- 底板分裂條（floor splitter）：防止由底板衍生的渦流。

　　由以上資料筆者認為長方型直立式向上取水管的水工設計已達一相當完善的情況，唯在某些情況下仍建議執行水工模型試驗，詳見第4.3.2節。

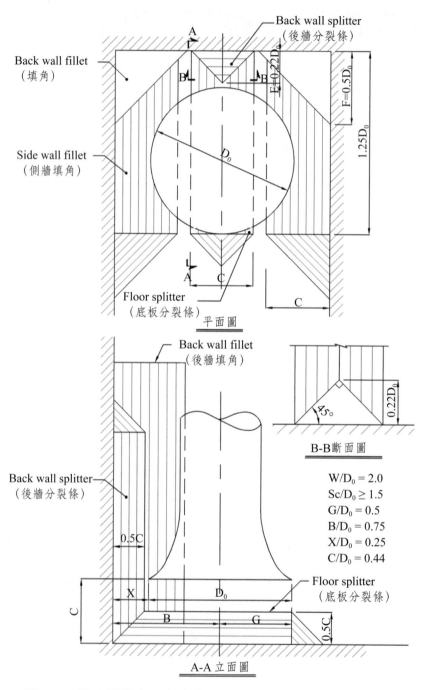

圖4.12　長方型進水口直立式取水管防止渦流周邊物件之尺寸

4.2.3 水工進水口

　　水工進水口與前述的泵浦進水口有幾項明顯的差異，首先水工進水口的流量通常高出許多，也因之結構物尺寸及水位變化的幅度都較大，再者進水口鄰近大都屬自然地貌非完全人工塑造，水流較易受地形的影響，進水流態很難預測。

　　早期很多研究者都試圖定義防止或控制渦流所需的臨界水深S_c，但如Eq.(4.2)所示，S_c/D除了幾何尺寸外，更受制於漩流強度參數$\Gamma D/Q$的影響。唯漩流強度無法預測，故圖4.3所示$\Gamma D/Q$與C的關係在設計上無法應用。即便如圖4.13所示之最低浸沒水深也只能侷限於漸近水流（approach flow）漩流輕微的環境。現今雖有先進的三維模型做水理演算，但由於渦流有外圍自由渦流（free vortex）及內部強迫渦流（forced vortex）之特質，渦流形成與否的推測無法達成，以致於絕大部分水工進水口都依賴水工模型作為設計的工具。

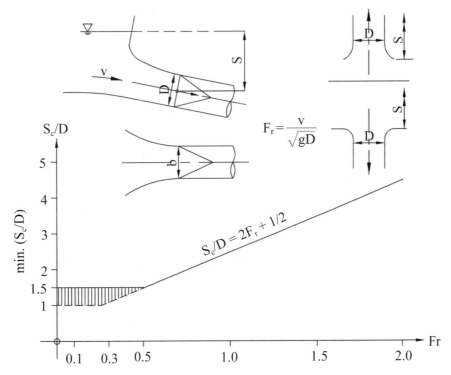

資料來源：Knauss (10d)。

圖4.13　適當漸近流情況抑制渦流之臨界浸沒水深

　　Rutschmann等(10f)亦展現水工進水口防渦的設計案例，包括美國TVA（Tennessee Valley Authority）Raccoon Mountain抽蓄電廠上池取水口如圖4.14及圖4.15所示，筆者於1969～1974服務於TVA期間曾參與該取水結構的開發，該結構為一半徑14m（46ft）、高67m（220ft）的門型塔，垂直方向每隔7.31m（24ft）興建一排2.44m（8ft）寬×4.88m（16ft）高進水口，故由E1.1464ft至E1.1672ft共有9排，水平方向每一排有13個孔口，水流由各孔口流入塔中經混合後往下流入隧道內，進入各孔口的水流在塔內混合、沒有機會組織成漩流，因之得以避免渦流的形成。

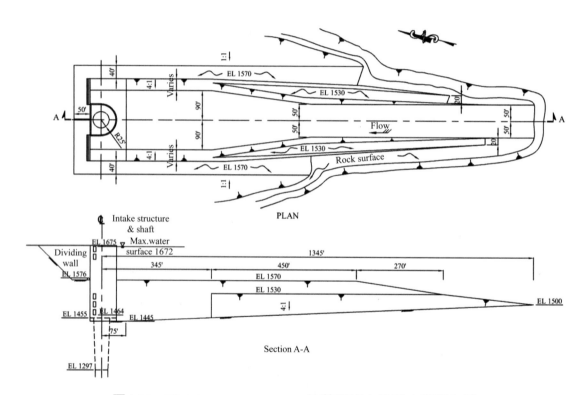

圖4.14　TVA Raccoon Mountain抽蓄電廠上池進水渠道布置

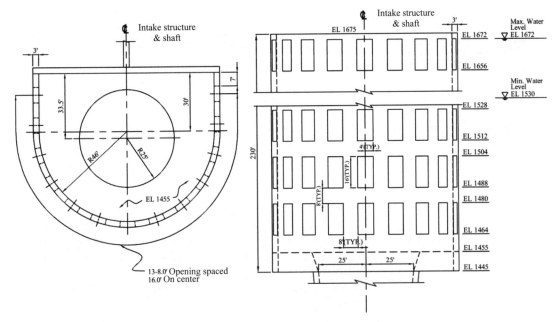

圖4.15　TVA Raccoon Mountain抽蓄電廠上池進水塔布置

4.2.4 複雜流態及低浸沒進水口

　　在核能電廠的設計情境中，若發生喪失冷卻水事件（loss of coolant accident，簡稱LOCA），其緊急爐心冷卻水系統（emergency core cooling systems，簡稱ECCS）將啓動，此時將引入位於防事故建築（containment building）外側貯水槽（water storage tank）的水源供ECCS系統運轉。ECCS系統有二種功能，其一是提供循環水降低爐心的溫度，使反應爐可以安全關閉，其二，提供灑水系統水源以控制防事故建築內的溫度，確保該建築的安全。此循環水系統的水流係經由防事故建築的地板上流動，再由地板上的水井（sump）抽取作循環運轉，此種運轉將歷時好幾個月。然而防事故建築地板上設有管路及其他電廠運轉的必要設施，如照片4.2及照片4.3。在此複雜流態且浸沒水深有限的情境下，如何防止渦流的發生，避免影響取得必要水量，確保核電廠的安全停機是一個「核安」的重要議題。

資料來源：Nystrom等(11)。

照片4.2　某一核電廠防事故建築取水井模型（比尺1：3）

資料來源：Nystrom等(11)。

照片4.3　某一核電廠防事故建築內部取水井實景

　　為解決此一「複雜流態及低浸沒進水口」的渦流問題，美國在1978～1982年間曾針對防事故取水井設計（containment sump design）的防渦解決方案展開相當多的試驗。因涉及「核安」的議題，試驗時採用1/3以上比尺之模型，同時亦將水流加熱至預期的原型溫度，以盡量降低因表面張力及黏滯性差異而產生之尺度效應。

　　各種試驗的結果可參閱Nystrom等(11)，所得結果顯示，如圖4.16及照片4.4，以鋼格柵做成的格柵籠將進水口完全包覆，是一種實用且可防止吸氣渦流發生的設施，主因在於格柵籠可以破壞或控制渦流的形成。建議的設計原則如下：

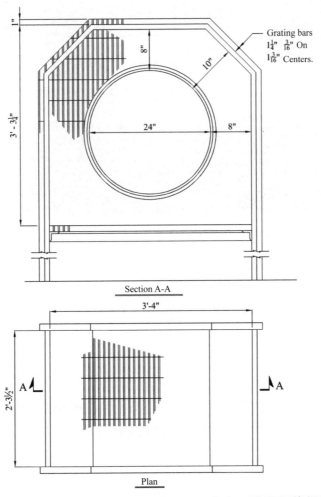

圖4.16　某一核能電廠ECCS進水口防渦鋼格柵籠

一、鋼格柵由 $1\frac{1}{4}^{"} \times \frac{3}{16}^{"}$ 中心間隔 $1\frac{1}{4}^{"}$ 鋼條製成（$1^{"} = 2.54\,cm$）。

二、最高水位不得低於格柵籠頂部高程。

三、總格柵面積需使接近於格柵籠的平均流速小於約$0.03\,m/s$（或$0.1\,ft/sec$）。

以上結果可應用於一般複雜流態及低浸沒的取水結構，但設計時需防止飄浮物可能阻塞格柵籠的風險。

照片4.4　防渦鋼格柵籠1：1模型照片

4.3 水工模型試驗

有鑒於Eq.(4.2)中漩流強度Γ難以預測且Γ的尺度與渦流形成強度的關係亦難以定量，故凡重要進水口結構皆以水工模型為設計適當與否的主要依據。本節就模型律及泵浦／水工進水口模型宜考慮的因子作討論。

4.3.1 模型律

Eq.(4.2)顯示，在幾何形狀相似的情況渦流的形成及強度受福祿數 $F_r = \dfrac{V}{\sqrt{gD}}$、雷諾數 $R_e = \dfrac{VD\rho}{\mu}$ 及韋伯數 $W_e = V\sqrt{\dfrac{D\rho}{\sigma}}$（分別代表重力g、黏滯性μ及表面張力σ）的影響。一般的見解是重力的影響不可避免，故應以F_r為模型律，但模型的尺度必須達到某一種程度使模型的結果超出表面張力或黏滯力的影響範圍，以下綜合目前的研究成果。

一、表面張力的影響

在諸多有關表面張力對渦流影響的研究中，Daggett/Keulegan(5)認為當R_e = Q/Dv介於3×10^3至7×10^5之間，表面張力不影響渦流的形成，另Jain等(9)認為當W_e = $\rho V^2 D/\sigma$大於120時表面張力的影響可略而不計。今假設水溫為20℃則由表1.2可得ρ = 998.2kg/m^3，ν = 1.007×10^{-6}m^2/s，σ = 7.36×10^{-2}N/m，可見：

(一) Daggett/Keulegan的準則代表Q/D ≥ 3.02×10^{-3}m^2/s 或 Dv ≥ 3.85×10^{-3} m^2/s。

(二) Jain等的準則代表 V^2D ≥ 0.00885m^3/s。

由模型觀點欲滿足上述條件並不困難。

二、黏滯力的影響

圖4.4顯示渦流中心的運動是一種強迫渦流（forced vortex）的型態，與黏滯性有密切關係，故長期以來黏滯力對模型試驗的影響引起很多學者的探討，Anwar/Amphlett(3)建議採用 $\dfrac{Q}{vh} > 2 \times 10^4$（h水深），但至今工程界尚缺乏一明確黏滯力不影響模擬成果的模型尺度準則。

4.3.2 泵浦進水口模型試驗

即便第4.2.1節已針對泵浦進水口提出相對完整的設計規則，但HI/

ANSI(8)依然建議當取水槽或管路的幾何形狀偏離建議的布置、取水槽流態呈現不均勻分布或抽水站流量大於100,000gpm（6.31m³/s）或每台泵浦流量大於40,000gpm（2.53m³/s）時仍應辦理水工模型試驗，且水流應避免水面及浸沒渦流，漩流進水泵浦轉子，水進入泵浦喇叭口有分流（separation）流況或進入轉子的軸向水流有不均勻流況等現象，其目的在於確保流態符合泵浦設計的水流條件。

HI/ANSI(8)提出泵浦進水口的水工模型應依下列規範辦理：

一、模型律

(一) 採用$F_m/F_P = 1$，即模型福祿數與原型相同。

二、模型尺寸及比尺

(一) 尺寸：槽寬大於30cm，水深大於15cm，泵浦喉部大於8cm。

(二) 比尺：雷諾數$VD_0/\nu > 6 \times 10^4$；韋伯數$V^2D_0/(\sigma/\rho) > 240$。

V：喇叭口平均流速；D_0 ＝ 喇叭口直徑；ν：動力黏滯係數；σ：表面張力；ρ：水密度。

三、量測／觀測項目

(一) 表面渦流不超過三級，水下渦流二級，渦流等級如圖4.2。

(二) 渦流量測裝置如圖4.17：於模型取水管中安置一直徑0.75D，長度0.60D的四片旋流器（swirl meter）並以下列公式計算旋流角θ，

$\theta = \tan^{-1}\dfrac{\pi Dn}{V}$，式中D：管徑；V：該位置的軸向流速；n：每秒轉數。θ角在短期（10～30秒）平均不超出7°，長期（10分鐘）不超出5°為可接受條件。

(三) 取水管各斷面的流速偏差不得超出該斷面平均值的10%。

4.3.3 水工進水口模型試驗

水工進水口與泵浦進水口最大的差異在於其水域面積可能很大，且其地

形大多屬天然狀態。為反應進水口的漸近流態，水工模型必須涵蓋全部或大部分的水域範圍，因之模型所涵蓋面積可能相當大。為控制模型尺寸，模型／原型的比尺L_m/L_p可能偏小，導致依福祿數相似律所建造的模型流速及水深都太小，難以排除表面張力或黏滯力可能帶來的影響。可能彌補的作為為興建一全域模型以取得正確流態，再建造一大型局部模型供觀察渦流形成的可能性及改善方案，必要時亦可使模型運轉大於原型的福祿數供了解設計方案渦流形成的敏感度。

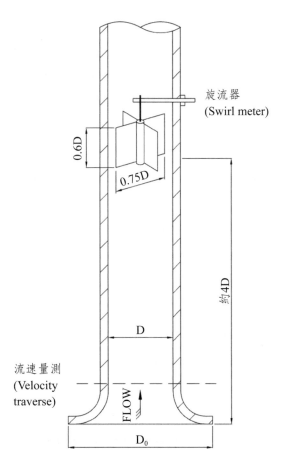

資料來源：HI/ANSI(8)。

圖4.17　泵浦進水口水工模型試驗旋流器裝置及流速量測位置

參考文獻

1. Amphlett, M. B., "Air-Entraining Vortices at A Horizontal Intakes," Hydraulic Research Station, Wellingford, Oxfordshire, England, April, 1976.

2. Anwar, H. O., "Flow in a Free Vortex," Water Power , 1965 (4), pp. 153-161.

3. Anwar, H. O, and Amphlett, M. B., "Vortices at Vertically Inverted Intake," Journal IAHR, 1980, pp. 123-124.

4. Chang E., "Review of Literature on The Formation and Modelling of Vortices in Rectangular Pump Sumps," The British Hydromechanics Research Association, June1997.

5. Daggett, L. L., and Keulegan, G. H., "Similitude in Free-Surface Vortex Formations," Journal of the Hydraulics Division, Proc. ASCE, Vol. 100, No. HY11, Nov. 1974.

6. Denny, D. F. and Young, G. A. J., "The Prevention of Vortices and Swirl at Intakes," Tran. 7 th IAHR General Meeting, Lisbon, 1957, Paper C.

7. Hecker, G. E., "Model-Prototype Comparison of Free Surface Vortices," Journal of the Hydraulics Division, ASCE, Vol. 107, No.HY 10, Oct. 1981, pp. 1243-1258.

8. Hydraulic Institute/American National Standards Institute. *American National Standard for Pump Intake Design*, ANSI/HI. 9.8-1998.

9. Jain, A. K., Ranga Raju, A. G., and Grade, R. J., "Vortex Formation at Vertical Pipe Intake," J. Hydraulic Division, ASCE, 104, No.HY 10, Oct, 1978, pp. 1429-1445.

10. Knauss J., *Swirl Flow Problems at Intake*, IAHR Hydraulic Structures Design Manual, Vol.1, A.A. Balkema, Rotterdam, Netherland, 1987.

   a. Knauss, J., "Introduction"

   b. Hecker, G. E., "Fundamental of Vortex Intake Flow"

   c. Chang E. and Prosser, M. J., "Basic Results of Theoretical and Experimental Work"

   d. Knauss, J., "Predication of Critical Submergence"

   e. Ranga Raju, K. G. and Garde, R. J., "Modelling of Vortices and Swirling Flows"

   f. (1) Rutschmann, P., Volkart, P. and Vischer, D., "Intake Structure Design Recommendation".

     (2) Padmanabhan, M., "Pump Sumps"

   g. Jain, S. C. and Ettema, R., "Vortex Flow Intakes"

   h. Hecker, G. E., "Conclusions"

11. Nystrom, J. B., Padmanabhan M. and Hecker, G. E., "Modelling Flow Characteristics of Reactor Sumps", ASCE Journal of the Energy Division, Vol. 108, No. EY 3, Nov., 1982, pp. 169-184.

12. Rahm, L. "Flow Problems with Respect to Intakes and Tunnels of Swedish Hydro-electric Power Plants," Bulletin No.36, Institution of Hydraulics, Swedish Royal Institute of Technology, Stockholm, 1953.

13. Rindels, A. J., and Gulliver, J. S., *An Experimental Study of Critical Submergency to Avoid Free-surface Vortices at Vertical Intakes*, University of Minnesota, St. Anthony Falls Hydraulic Laboratory, Project Report No.224, June, 1983.

14. USBR, *Intake Vortex Formation and Suppression at Hydropower Facilities*, U.S. Bureau of Reclamation, Research and Development Office, Final Report ST-2016-6359-1.

15. Young, G. A. J., "Swirl and Vortices at Intakes," Presented at 8th Conference on Hydromechanics, April, 1962, College of Aeronautics, Cranfield, U.K.

第 5 章

管路消能

當一個輸水系統進水口與出水口之間落差過大時，此輸水路必須消耗多餘的水頭（或能量）方能達到設計條件的輸水運轉，此能量的消耗可在管中密閉空間或在管末開放空間達成。若在管中消能，所面對的最關鍵議題是如何估算消能量及防止消能時破壞性穴蝕的發生，若在管末消能則應避免對出口鄰近結構物或地貌造成不良的沖刷。本章介紹可採用的消能方式及工程實例。

5.1 管中消能方式及消能量估算

5.1.1 噴嘴（nozzle）突擴消能

圖5.1顯示高速水流由噴嘴（或小管）水平射入下游突擴管之流態，可見在突擴管中存有強烈的渦流（eddy），且流動過程隨著渦流的擴散管中壓力逐漸回升。為了解突擴管中的流態，Chaturvedi(6)進行了一系列如圖5.2的風洞及水管試驗，試驗採用之圓型突擴管的半擴張角α為15°、30°、45°及90°，突擴前後的管徑分別為$d_0 = 10.80$cm（4.25英寸）及$D = 21.59$cm（8.5英寸），而噴嘴的雷諾數維持於約2×10^5。所得之主要成果綜合於圖5.3及

圖5.4，由圖5.3可見突擴後之徑向平均壓力變化有限，就平均流速而言，α = 30°的迴流區明顯大於α = 15°的情況，但與α = 45°及90°的結果相較則差異不大，且四種突擴角在x = 8d_0或（4D）時突擴管中之流速分布已趨於均勻。圖5.4亦展現突擴後之等壓線圖，可看出α = 15°時並無負壓區，但α = 30°、45°或90°時位於x = 1.5～2.0 d_0間在分離流體的界線附近都呈現有負壓區，其最大值約$-0.04\rho\frac{V_0^2}{2}$。圖5.5綜合風洞試驗及水管試驗所得不同突擴角的消能係數，可見α = 30°時，消能量已趨最大值，在d_0/D = 0.5的情況下消能量ΔH約$0.56\rho\frac{V_0^2}{2}$。

　　早在十八世紀Borda利用一維的能量（energy）和動量（momentum）方程式導出下列水流經管路突擴的能量損失：

$$\Delta H = (V_0 - V_1)^2/2g \qquad (5.1)$$

式中，V_0及V_1分別為噴嘴及突擴管中的平均流速。

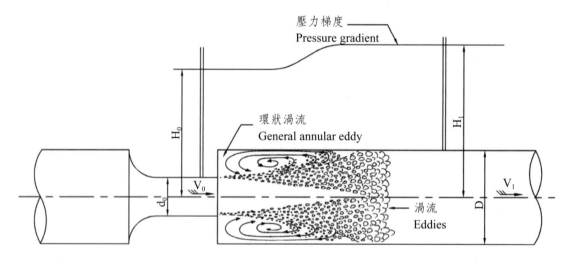

資料來源：Russell/Ball(17)。

圖5.1　噴嘴突擴流態示意圖

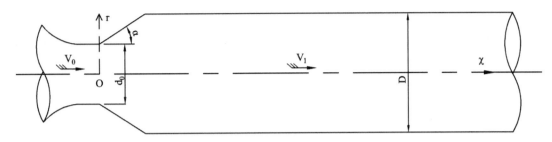

資料來源：Chaturvedi(6)。

圖5.2　圓型噴嘴突擴試驗設備示意圖

Eq.(5.1)又可改寫為

$$\Delta H = \frac{V_0^2}{2g}[1-(d_0/D)^2]^2 \qquad (5.2)$$

圖5.5顯示，$d_0/D = 0.5$時由Borda利用一維導出的消能係數與實際量測值幾乎相同，可見由噴嘴突擴的流態與一維極為相近。

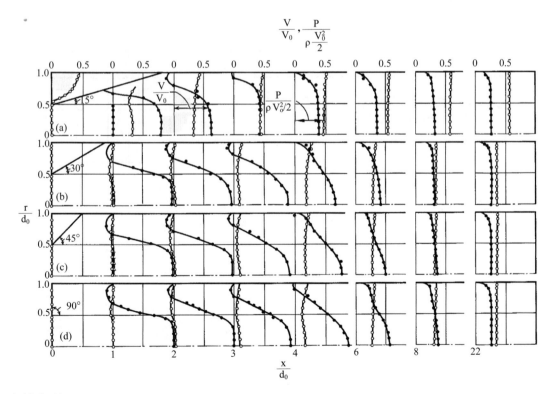

資料來源：Chaturvedi(6)。

圖5.3　噴嘴突擴後之平均壓力與流速分布，$d_0/D = 0.5$

　　Rouse/Jezdinsky(18)亦研究管中突擴後沿程的壓力變化與消能效果，實驗的突擴比為$d_0/D = 0.625$、0.5及0.286，圖5.6顯示試驗成果，圖中H_0及H_1分別為噴嘴及突擴後的壓力水頭，$V_0^2/2g$及$V_1^2/2g$則為相應之流速水頭，可見在噴嘴出口處壓力急速回升，且在下游約$4\sim5D$處壓力已趨穩定，圖5.6亦標示各突擴比例的消能量$\Delta H/V_0^2/2g$。今將Eq.(5.2)改寫為：

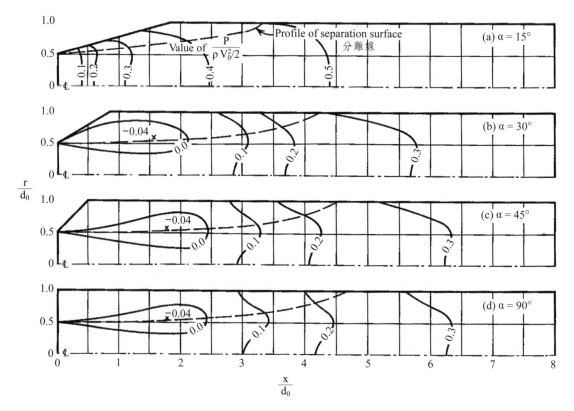

資料來源：Chaturvedi(6)。

圖5.4　噴嘴突擴後等壓線圖，$d_0/D = 0.5$

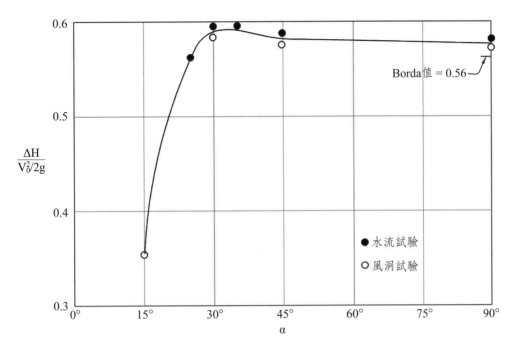

資料來源：Chaturvedi(6)。

圖5.5　噴嘴不同突擴角度之能量消耗係數，$d_0/D = 0.5$

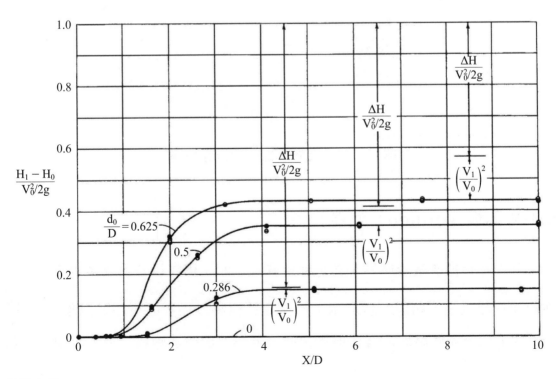

資料來源：Rouse/Jezdinsky(18)。

圖5.6　噴嘴突擴後沿程壓力變化及消能量

$$\Delta H = K_n \frac{V_0^2}{2g} \tag{5.3}$$

並將消能係數K_n與Borda Eq.(5.2)做比較如圖5.7，可看出在$d_0/D < 0.5$時實測的K_n與Eq.(5.2)由之$[1-(d_0/D)^2]^2$計算值很接近，但在$d_0/D = 0.625$時實測K_n值則明顯較大。

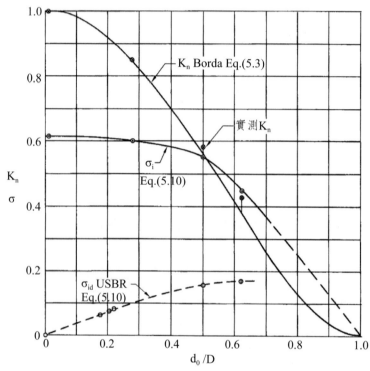

資料來源：Rouse/Jezdinsky(18)。

圖5.7　噴嘴突擴消能係數及穴蝕指數

5.1.2 孔板（orifice）消能

　　孔板除用於流量量測外，亦可利用其圓環的結構特徵及通水產生壓損的特性作為消能設施。如圖2.37所示，水流經孔板將以係數C_c束縮並以斷面 $C_c\frac{\pi d_0^2}{4}$ 的水束射至下游管路或洞室，射出後的流態與前節所述噴嘴突擴的現象基本相同。

利用孔板消能可採一階單孔、一階多孔或多階單孔等的布置來達成，以下說明各方案的消能特性。

一、一階單孔孔板

孔板的消能量若以水柱高ΔH表示，可寫成下式：

$$\Delta H = K_0 \frac{V_0^2}{2g} \tag{5.4}$$

式中，K_0：孔板消能係數；V_0：孔板平均流速，Hsu等(8)分析ASME(1)流量係數與 $R_e = \frac{V_0 d_0}{\mu/\rho}$ 的相關性，並將流量係數轉為K_0值。圖5.8顯示 $\frac{d_0}{D}$ = 0.60、0.65、0.70及0.75，R_e由10^4至5×10^5時，K_0因R_e的變化，可見K_0隨R_e增加

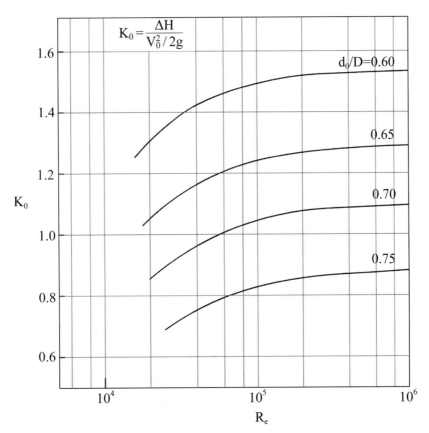

資料來源：Hsu等(8)。

圖5.8　雷諾數對孔板消能係數的影響

而上升，圖5.9則利用Miller(14)、ASME(1)及Sweeney(19)的研究成果繪製
$R_e \geqq 10^6$時K_0隨d_0/D的變化，該圖顯示在d_0/D介於0.4至0.85之區間K_0與d_0/D幾
成線性關係，且可以下式表示：

$$K_0 = 2.39 - 4.47(d_0/D - 0.4) \qquad （5.5）$$

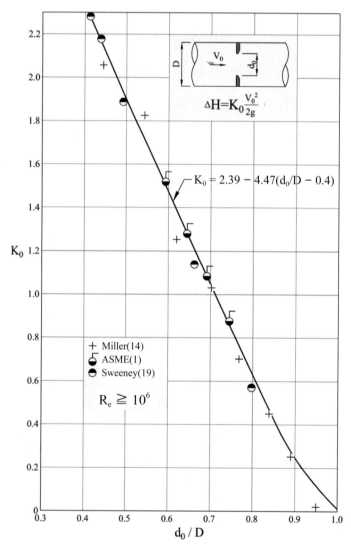

資料來源：Hsu等(8)。

　　圖5.9　單一孔板雷諾數大於10^6時消能係數K_0與孔徑比d_0/D之關係

二、多階單孔孔板

利用孔板消能的優點在於其結構簡單、興建容易，故採用多階以階梯方式控制每段消能量則更易達到安全消能而避免穴蝕的目的。為將此設計理念付諸實施，有必要了解消能係數K_0與孔板間距L的關聯。針對此一議題，Ball(2)曾研究$d_0/D = 0.695$時二孔板間的消能現象，發現當孔板間距L = 5D時上游孔板產生的壓降已達成，此結論與Rouse/Jezdinsky(18)所研究噴嘴突擴於下游4～5D時壓力已趨穩定的結論相吻合（詳圖5.6）。此外，Linford(13)亦量測d_0/D = 0.20、0.35、0.50、0.60、0.71及0.79時沿孔板下游壓力恢復的情況，如圖5.10。以壓力恢復為流態恢復的表徵，Hsu等(8)更將該圖簡化成圖5.11來突顯不同d_0/D欲使壓力完全恢復或恢復95%所需之管長L/D。可見當d_0/D = 0.80時完全恢復所需之長度約為3.0D，但若d_0/D = 0.20，則需增至10D，反之若只求95%恢復則上述長度可分別縮至約2.0D及5.0D。因之若在d_0/D約0.7時需用多階孔板消能，孔板間距可縮至3～4D，如此可定義結構布置所需之空間。

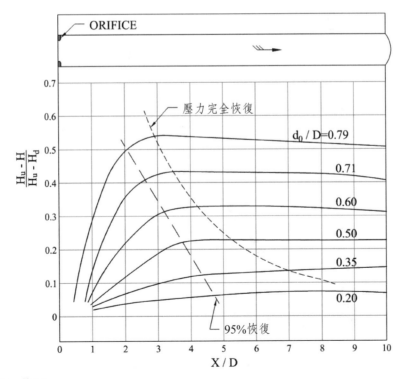

資料來源：Hsu等(8)。

圖5.10　單一孔板下游壓力恢復狀態

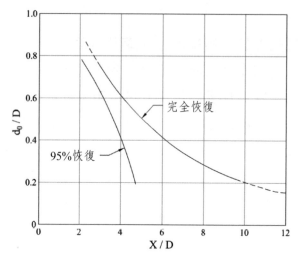

資料來源：Hsu等(8)。

圖5.11　單一孔板壓力完全恢復及95%恢復所需管長

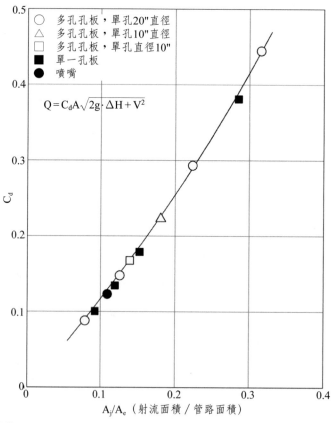

資料來源：Tullis (20)。

圖5.12　單孔孔板、多孔孔板與噴嘴流量係數C_d之比較

三、一階多孔孔板

在某些情況下，若有需要縮短孔板下游水流均勻化之距離，亦可採用多孔孔板，圖5.12取自Tullis(20)，可見多孔孔板或噴嘴只要其射流面積與單孔孔板相同，其流量係數C_d亦維持不變，C_d之定義如Eq.(2.1)。

多孔孔板應可在3D距離內達到幾乎100%的消能功能，但其缺點為若發生穴蝕因部分射流較靠近管壁，易對管壁產生孔蝕（pitting）。

5.2 管中消能引發之穴蝕及防制

5.2.1 穴蝕概述

一、穴蝕成因

管中可安裝固定式或可調節式的設施以消耗多餘的水流能量或壓力，消能的基本機制是將水流束縮再突然擴張，使束縮後的高速水流與下游低速的流體產生剪力帶（shear zone），此剪力帶內含有高轉速且紊動性極強的渦流（eddy or vortex）來促使高、低速間的水流在短距離內混合並消耗高速水流的能量。上述經束縮後的突擴水流，在剪力帶內形成的高速旋轉渦流區易降至負壓甚至水蒸汽壓，則如表1.2所示之水溫與蒸汽壓關係，部分水體將汽化（vaporize）形成「汽泡」。若在流動過程，鄰近的壓力依然處於蒸汽壓則汽泡將繼續膨脹，反之，當周遭的壓力高於蒸汽壓時，汽泡將迅速崩潰凝成水體，這種液體急速汽化又快速凝結的連結過程稱之為穴蝕（cavitation）。

人們對穴蝕現象的探搜起源於十九世紀末期，當時英國海軍發現船艦無法達到設計的推進速度，其主因在於螺旋槳產生穴蝕現象，但穴蝕的基礎研究則與潛水艇運行時所引發的噪音使其行蹤易為敵方察覺有密切關係，爾後隨著高壩的興建及泵浦與水輪機的開發應用，穴蝕已成為高能量系統設計時所面臨的關鍵議題，有關穴蝕的基礎研究可參閱Knapp等(11)。

二、穴蝕類型

　　依現象發生時水中自由（未溶解）空氣的含量，穴蝕可區分爲氣態穴蝕（gaseous cavitation）與汽態穴蝕（vaporous cavitation）二類型。當水中含有非溶解氣體或因低壓形成的歷時較長，致使水中溶解的空氣有時間釋出，匯集相當質量，此時若汽泡崩潰，則水中含有的空氣即可展現「氣囊」效應，降低汽泡崩潰時產生的壓力；相反的，若水流已經脫氣（deaeration），汽泡中含空氣量低微，則崩潰後所產生的壓力將大幅度上升。因之，水中自由氣體的多寡、溶氣程度及蒸汽壓的歷時長短將左右汽泡中的氣體含量及相應的穴蝕效應。故穴蝕的研究很重視脫氣處理，唯有在相同溶氣條件下方能比較穴蝕效應。

　　穴蝕發生與否或其發生的強度通常以穴蝕指數（cavitation index）σ來分辨，常用的定義有二種，即

$$\sigma = \frac{H_d + H_b - H_{va}}{V_0^2 / 2g} \qquad (5.8)$$

或

$$\sigma = \frac{H_d + H_b - H_{va}}{H_u - H_d} \qquad (5.9)$$

式中，H_u：消能設施上游1D之壓力以水柱高表示；

　　　H_d：消能設施下游約5D之壓力以水柱高表示；

　　　H_b：大氣壓力以水柱表示；

　　　H_{va}：由眞空起計之蒸汽壓以水柱表示；

　　　V_0：消能設施之平均流速。

　　上述二種穴蝕指數定義中常採Eq.(5.9)，其分子（$H_d + H_b - H_{va}$）代表消能設施下游高於蒸汽壓的壓力，而分母（$H_u - H_d$）則代表該設施的消能量。在一水流環境當H_d降低、H_{va}增加或$H_u - H_d$增大時，都會導致水流的穴蝕指數σ下降，使該設施穴蝕的程度加劇。

　　至今管路設施穴蝕研究做的最多的應屬Ball[3]及Tullis[20]，穴蝕發生時的表徵爲噪音與振動，Ball[3]將穴蝕現象分成以下四個層次：

(一) 啟始穴蝕（incipient cavitation），σ_i

剛開始發生穴蝕之情境，所產生的噪音與振動屬間歇性。

(二) 臨界穴蝕（critical cavitation），σ_c

連續性穴蝕，唯噪音輕微，不影響長期運轉。

(三) 啟始破壞穴蝕（incipient damage cavitation），σ_{id}

汽泡崩潰開始靠近管壁，所產生的壓力足以使管壁形成孔蝕（pitting）。

(四) 扼流穴蝕（choking cavitation），σ_{ch}

當消能設施下游的平均壓力降至蒸汽壓時，水流即達到所謂的扼流狀態（choking condition），除強烈噪音與振動外，汽泡變大，汽泡崩潰產生的破壞力強。

由以上的描述可見，穴蝕情境的訂定全由試驗取得且存著很高的主觀判斷，也因此，不同研究者的判定會有差異。在某些系統甚至設備操作人員也不易判斷某消能設施是否已面臨啟始破壞或扼流穴蝕的現象。

三、穴蝕對結構物的影響

工程界之所以關心穴蝕是因為穴蝕會對金屬結構造成沖蝕破壞（erosion damage）、噪音（noise）、振動（vibration）及水流壓力的振盪（pressure fluctuation）等負面效應，根據Knapp等(11)，穴蝕對金屬產生的機械式沖蝕是由於蒸汽泡瞬間崩潰消失時產生的極高壓力所致。有些研究估計穴蝕形成的壓力可高達4,000atm（大氣壓力）或2.8×10^5psi等尺度，瞬間壓力值的量測並不容易，但一般工具用鋼材其極限強度（ultimate strength）及屈服強度（yield strength）都超出200,000psi（1,400kgf/cm^2）也遭孔蝕（pitting），由此可推斷穴蝕產生壓力強度的確很高。

除金屬破壞外，由穴蝕產生的噪音或振動亦需列入設計上的考慮，噪音會衝擊附近環境的安寧，振動則影響管路的固定與支撐，二者都可能成為工程容許與否的控制因子。一般而言，若不考慮噪音或振動的影響，可採用啓始破壞穴蝕作爲消能設施水力設計的依據。

四、穴蝕尺度效應（scale effect）

穴蝕是一種液體、氣體及蒸汽多相流體（multiphase flow）之形成、成長及崩潰的暫態現象，純淨的液體因具有高度張力，較不易形成微小空穴（cavity），穴蝕的形成通常起源於液體中存有的游離氣體（free air）或雜質，而空穴形成之後其成長亦必須配合有蒸汽的注入，此時需有能量的交換使液體汽化爲蒸汽泡（vapor cavity）。至於蒸汽泡成長的尺寸則與水流結構的尺寸密不可分，可以想像的是尺寸愈大，則蒸汽泡存在的時間愈長，在下游高壓區崩潰時液體間產生的對撞速度也愈大。此外，若實體管路壓力較大，產生崩潰時的對沖力道亦會增加。了解上述現象可以歸納出穴蝕可能存有下列尺度效應：

(一) 溫度效應

溫度較高的系統因熱換能力較強，蒸汽泡形成及崩潰的速度可能較快，穴蝕情況較爲嚴重。

(二) 尺寸效應

尺寸較大的結構，蒸汽泡尺寸亦較之增加，穴蝕強度亦較高。如圖5.15，尺寸較大的孔板σ_c值較高，較易發生穴蝕現象。

(三) 壓力效應

高壓系統由於消能設施的背壓較大，蒸汽泡崩潰速度可能較快，崩潰所產生的壓力亦隨之增加。

5.2.2 噴嘴突擴穴蝕指數

第5.1.1節所述Rouse/Jezdinsky(18)之噴嘴消能基礎研究亦量測穴蝕指數，該穴蝕指數定義爲

$$\sigma = \frac{H_0 - H_{vg}}{V_0^2/2g} \tag{5.10}$$

式中，H_0：突擴前的壓力；H_{vg}：以大氣壓力為準的水蒸汽壓；V_0：噴嘴的流速，圖5.7亦顯示該研究所得之啓始穴蝕指數σ_i及美國墾務局試驗繪製之破壞穴蝕指數σ_{id}與d_0/D之關係。可見σ_i隨d_0/D之增加而下降，但σ_{id}卻隨d_0/D之增加而緩步上升，故d_0/D較大設施較易因穴蝕而遭破損。

5.2.3 孔板穴蝕指數

孔板因結構單純，其穴蝕現象已歷經相當多的研究並取得相對完整的成果，以下資料取自Tullis(20)。

一、穴蝕指數基本資料

表5.1及圖5.13分別經由3吋（7.62m）管，d_0/D = 0.389、0.444、0.500、0.667及0.800試驗所得四種穴蝕情境，σ_i、σ_c、σ_{id}及σ_{ch}之穴蝕指數，試驗係在P_{uo} = 90psi及P_{vgo} = -12.2psi環境下執行。表5.1及圖5.14亦顯示不同d_0/D時之相應C_d值，應用時可由d_0/D求得C_d，然後由圖5.13之C_d值求得各穴蝕情境之σ值。C_d之定義如Eq.(2.1)。

表5.1　孔板穴蝕基本資料

d_0/D	A/A_0	A/A_j	C_d	σ_i	σ_c	σ_{id}	σ_{ch}
0.389	6.60	10.5	0.100	1.10	0.96	0.45	0.27
0.444	5.06	8.00	0.133	1.30	1.00	0.67	0.32
0.500	4.00	6.22	0.179	1.62	1.20	0.83	0.39
0.667	2.25	3.31	0.385	3.38	2.16	1.73	0.74
0.800	1.56	2.17	0.648	6.62	3.89	3.19	1.78

註：P_{uo} = 90psi，P_{vgo} = -12.2psi，d_0 = 孔徑，D = 3-in.管徑，A = 管斷面積，A_0 = 孔口面積，A_j = 射流斷面積。

資料來源：Tullis (20)。

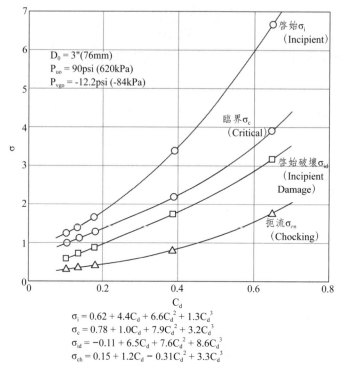

$$\sigma_i = 0.62 + 4.4C_d + 6.6C_d^2 + 1.3C_d^3$$
$$\sigma_c = 0.78 + 1.0C_d + 7.9C_d^2 + 3.2C_d^3$$
$$\sigma_{id} = -0.11 + 6.5C_d + 7.6C_d^2 + 8.6C_d^3$$
$$\sigma_{ch} = 0.15 + 1.2C_d - 0.31C_d^2 + 3.3C_d^3$$

資料來源：Tullis (20)。

圖5.13　孔板穴蝕資料

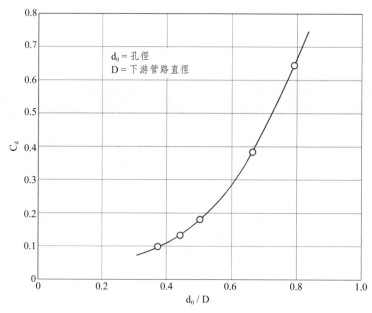

資料來源：Tullis (20)。

圖5.14　孔板流量係數

二、尺度效應之估算

Tullis(20)亦分別試驗D = 2.74、7.62、15.20、30.50及59.70cm等五種管徑在流量係數C_d相同下之臨界穴蝕σ_c，所得成果如圖5.15。可見σ_c不受雷諾數R_e之影響，但因管徑的增加而增加。換言之，小型尺寸所得之σ_c在大型結構裡操作其穴蝕情況將較為強烈。

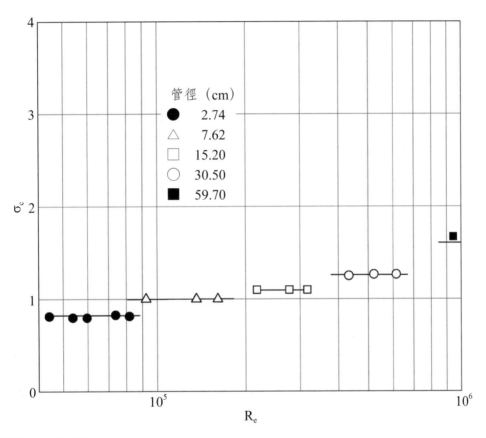

資料來源：Tullis (20)。

圖5.15　孔板臨界穴蝕的尺寸效應

Tullis(20)認為除尺寸尺度效應（size-scale effect, SSE）外，穴蝕一般亦存有壓力尺度效應（pressure-scale effect, PSE），並建議用下列方程式來表示整體尺度效應：

$$\sigma = PSE \cdot SSE \cdot \sigma_0 \tag{5.10}$$

其中σ_0爲前一節所述之基礎資料，PSE爲壓力尺度效應，SSE爲尺寸尺度效應，其校正分別爲

(一) PSE

$$PSE = \left[\frac{P_d - P_{vg}}{P_{do} - P_{vgo}}\right]^x \qquad (5.11a)$$

或

$$PSE = \left[\frac{P_u - P_{vg}}{P_{uo} - P_{vgo}}\right]^x \qquad (5.11b)$$

Eq.(5.11)中P_u及P_d分別爲原型孔板上、下游的壓力，P_{uo}及P_{do}則爲試驗時相同位置的壓力，另P_{vg}及P_{vgo}則爲原型與試驗的蒸汽壓，經試驗結果x採0.19。

(二) SSE

$$SSE = \left(\frac{D}{d_0}\right)^Y \qquad (5.12a)$$

$$Y = 0.3K_0^{-0.25} \qquad (5.12b)$$

$$K_0 = \frac{2g\Delta H}{V^2} \qquad (5.12c)$$

表5.2綜合Tullis(20)對各穴蝕情境的壓力與尺寸尺度效應所得的結論，可見若以啓始破壞穴蝕σ_{id}爲考量則僅有PSE，並無SSE。另值得一提的是此尺度

表5.2　孔板穴蝕尺度效應綜合表

穴蝕程度	PSE	SSE
啓始穴蝕（Incipient cavitation），σ_i	無	有
臨界穴蝕（Critical cavitation），σ_c	無	有
啓始破壞穴蝕（Incipient damage cavitation），σ_{id}	有	無
扼流穴蝕（Choking cavitation），σ_{ch}	無	無

資料來源：Tullis (20)。

效應的修正雖爲珍貴資料，但並沒有其他研究者佐證。此外，第5.2.1節所提之溫度尺度效應，至今並無相關研究。

5.2.4 孔板穴蝕資料之應用於噴嘴突擴消能

由第5.2.2及5.2.3節的資料可見在突擴消能的穴蝕議題上，孔板的穴蝕資料遠較於噴嘴突擴的資料完整。本質上二者皆經由擴管段產生的剪切流區（shear-flow zone）來達到消能行爲，其主要差異在於流經孔板的水流是經束縮後位於收縮斷面（vena contracta）而非孔板的口徑，故若欲利用孔板的穴蝕資料於噴嘴突擴，則必須掌握孔口面積與vena contracta面積間的相互關係。

針對此一議題Sweeney[19]曾利用動量原理分析孔口與射流面積的相互關係，其成果如圖5.16。該圖顯示某一流量係數C_d有一β值代表孔板之管／孔口

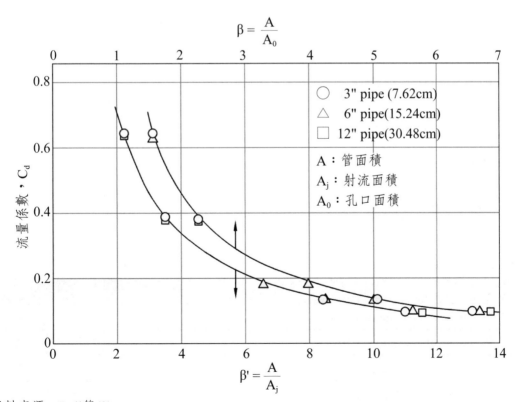

資料來源：Ball等[3]。

圖5.16　流量係數與孔板孔口面積比及噴嘴射流面積比之關係

面積比，及β'代表噴嘴之管／射流面積比。在應用上若為噴嘴突擴則可由噴嘴及下游管的面積比即β'值取得C_d值，再由該C_d值取得相應之孔板β值，而由β值的孔板試驗成果來代表該噴嘴突擴的穴蝕指數。

根據Rouse/Jezdinsky(18)的論述，穴蝕的發生除了突擴的幾何參數外，亦受到突擴前入流情況的影響，因渦流與穴蝕的形成與水流擴散前的流速梯度（velocity gradient）有關。孔板擴散前的流速梯度遠大於噴嘴，故可預期在等同C_d的情況其發生穴蝕的情況較為嚴重，也因之利用孔板的資料來推估噴嘴突擴的穴蝕強度將較為保守，在缺乏實際噴嘴資料之際，利用孔板資料做設計可視為一權宜之計。

5.2.5 蝶閥穴蝕指數

一、基本資料

工業上用的閥門種類很多，且廠家對任一種閥門的設計與製造都各有其作法，由於穴蝕的發生及其強度與結構細節密不可分，故本節僅採Tullis(20)的蝶閥資料供參考。從設計角度若有必要裝置一閥體供長期運轉，建議應由供應廠家提出實際試驗的消能及穴蝕成果作為設計基準，可惜的是一般製造廠對於穴蝕的認知有限，且試驗所需之花費不低，正確資料的取得並不容易。

圖5.17顯示蝶閥啟始、臨界、啟始破壞及扼流穴蝕與流量係數C_d的關係，C_d的定義如Eq.(2.1)。

二、尺度效應之估算

表5.3　蝶閥穴蝕尺度效應

穴蝕程度	PSE	SSE
啟始穴蝕（Incipient cavitation），σ_i	有	有
臨界穴蝕（Critical cavitation），σ_c	有	有
啟始破壞穴蝕（Incipient damage cavitation），σ_{id}	有	無
扼流穴蝕（Chocking cavitation），σ_{ch}	無	無

資料來源：Tullis(20)。

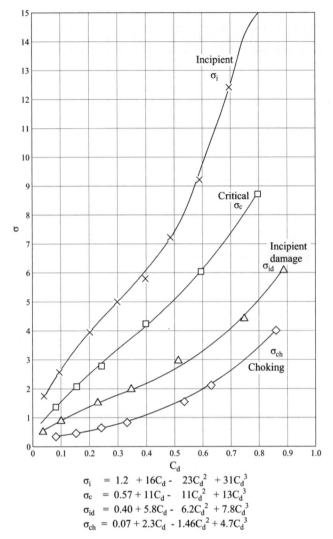

$$\sigma_i = 1.2 + 16C_d - 23C_d^2 + 31C_d^3$$
$$\sigma_c = 0.57 + 11C_d - 11C_d^2 + 13C_d^3$$
$$\sigma_{id} = 0.40 + 5.8C_d - 6.2C_d^2 + 7.8C_d^3$$
$$\sigma_{ch} = 0.07 + 2.3C_d - 1.46C_d^2 + 4.7C_d^3$$

資料來源：Tullis(20)。

圖5.17　6英寸蝶閥穴蝕指數（$P_{uo} = 70psi$，$P_{vgo} = -12psi$）

表5.3綜合四種穴蝕情境壓力及尺寸尺度效應之有無，校正關係同 Eq.(5.10)，其中校正PSE時Eq.(5.11a)或Eq.(5.11b)之係數x如下：

(一) 啓始穴蝕及臨界穴蝕依據表5.4，採用0.28。

表5.4   蝶閥啓始及臨界穴蝕指數壓力尺度校正參數

蝶閥尺寸	X	試驗壓力範圍
4in.	0.28	120～660
6in.	0.28	140～1,310
12in.	0.28	120～1,200
12in.	0.28	100～930
12in.	0.28	80～930
20in.	0.30	70～550
24in.	0.24	150～740
平均值	0.28	-

資料來源：Tullis(20)。

(二) 啓始破壞穴蝕：採用0.18。

校正SSE僅需考慮啓始及臨界穴蝕，並應用Eq.(5.12a)、(5.12b)及(5.12c)之關係。

5.2.6 穴蝕形成的孔蝕範圍

某些工業系統（如冷凝器蒸汽端）由於其受水端的壓力（俗稱背壓，back pressure）接近眞空，故若必須於該管路上消能以控制流量，則很難避免穴蝕的發生。此時有需要了解可能發生破壞的區位，以資因應。爲了解破壞的位置Ball等(3)利用直徑$D = 3$英寸（7.62cm）的鋁內襯管並採用$d_0/D = 0.388$、0.444、0.500、0.667及0.800五種孔板尺寸執行穴蝕試驗。圖5.18顯示管壁遭孔蝕（pitting）範圍與穴蝕指數的相關性。該圖顯示發生孔蝕的上游及下游界限及最強烈的位置，可見當穴蝕指數愈低，穴蝕愈強烈且發生孔蝕的範圍愈往下游延伸。在$d_0/D = 0.80$時，上、下游範圍分別界於$x/d_0 = 0.4$至1.3，但當$d_0/D = 0.388$時則其界限爲$x/d_0 = 1.4$至8.0，相應的最大孔蝕位置由$x/d_0 = 0.9$延至$x/d_0 = 6.0$。

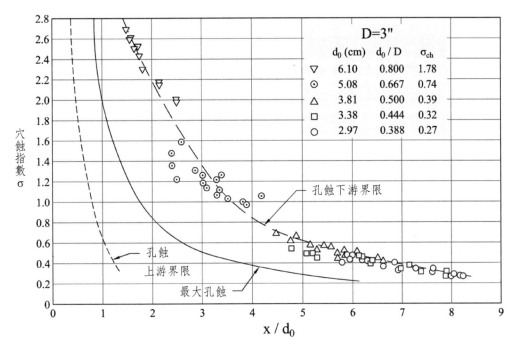

資料來源：Tullis(20)。

圖5.18　孔板下游孔蝕區位

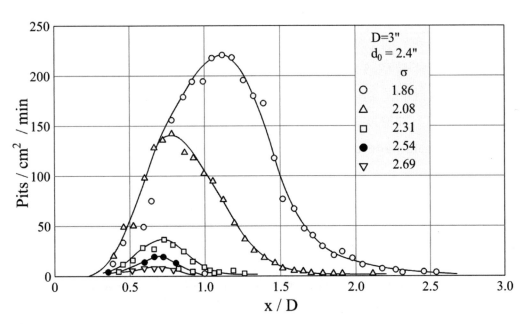

資料來源：Tullis(20)。

圖5.19　$d_0/D = 0.80$時孔板下游孔蝕分布

　　為了解孔蝕強度的差異，Ball等(3)亦展示$d_0/D = 0.8$在各穴蝕情況下孔板下游管壁每分鐘、每平方英寸的孔蝕數，並展示於圖5.19。可見此d_0/D情況下，最嚴重的穴蝕發生於$x/d = 0.5$至2.0之間。

　　Ball等(3)亦利用試驗的成果分析在同一穴蝕指數下，破壞速率與V^n的關係，其中V為管路流速，所得結果顯示指數n介於4至7之間。換言之，破壞的速率與流速的多次方成正比，顯示小量的流量增加會明顯的加速破壞。

5.2.7 穴蝕的防制

　　穴蝕的防制可由治本及治標兩方面著手，治本是避免穴蝕發生，治標則是防止穴蝕對消能設施或管路產生破壞，以下建議設計準則及防制方法。

一、設計依據

　　破壞性穴蝕之發生起因於消能結構物的消能量超出管路水流環境的容許值。每一個閥門（或消能結構）的容許穴蝕指數若以σ_a來表示，則代表該σ_a值為此一設施的特性，此設施設置於某一管路水流環境中時，若消耗該能量所產生之穴蝕指數為σ_e，則必須達到$\sigma_e \geq \sigma_a$，即該水流環境所提供的背壓必須較閥門的需求高，方能避免該穴蝕狀態。換言之，有關穴蝕防制的設計必須有σ_a作為依據，否則穴蝕的防制流於空談，唯正確的σ_a僅能由試驗求得。

　　由於穴蝕有不同層次，建議若不考慮噪音與振動等因素，則可採啟始破壞穴蝕（incipient damage cavitation）為準則，即$\sigma_a \geq \sigma_{id}$。

二、防制方法

(一) 選擇設施避免穴蝕發生

　　由於結構上的差異，各消能設施發生穴蝕的水力條件不盡相同，因之設計者可選擇較不易發生穴蝕的設備以為因應。

(二) 分段消能降低單一設施消能量

多段串聯式的消能是解決穴蝕問題的可行方案，此方案亦可結合固定式及調節式的設施。

(三) 注入空氣提升管中壓力或降低穴蝕強度

本做法為於低壓處注入空氣以避免穴蝕的發生，另亦可降低汽泡崩潰所產生的壓力。唯此方法應僅適用於問題發生後的解決手段，不宜做為設計方案。若管路為一循環系統，則所注入的空氣有可能影響系統的運轉，宜事先評估。

(四) 利用抗穴蝕材料

穴蝕產生的孔蝕對金屬的破壞因材質而異，故採用較抗穴蝕的材料為一治標手段，但在一般工程上，此做法增加採購的複雜度，亦增加工程費，因之很少採用。

在火力電廠內有諸多高溫系統，由於其蒸汽壓高，發生穴蝕的機率亦相對提升，同樣的，在負壓系統由於H_d很低亦容易發生穴蝕，設計此等系統時應多加注意穴蝕問題。

5.3 管中消能工程案例

5.3.1 加拿大MICA壩出水工噴嘴消能

位於北美洲西部的哥倫比亞河（Columbia River）由加拿大的英屬哥倫比亞省（British Columbia），流經美國華盛頓州（Washington State），於奧勒岡州（Oregon State）出海至太平洋。全流域集水面積670,520km^2（259,000mile^2），在加拿大境內102,779km^2（39,700mile^2），河流出口平均逕流量5,045cms（178,000cfs），在加拿大境內則為2,806cms（99,000cfs）。為防洪並善用水資源，美國與加拿大政府於1961年簽訂哥倫比亞河條約（Columbia River Treaty），該條約規定加拿大負責興建MICA壩，並於1973年開始運轉。MICA壩壩高244m（800ft），為一土石壩，除溢洪道、正常出水工及水力發電設施外，亦包括一呆水位以下由13.72m（45ft）東導水隧道改建之出水工，該出水工設計流量850cms（30,000cfs），設計水頭140m（460ft）。

圖5.20示MICA壩二條13.72m（45ft）導水隧道平縱剖面。圖5.21則示歷經水工模型試驗最終採用的噴嘴突擴消能方案，可見該突擴方案係將原內徑13.72m（45ft）的隧道在上游堵塞段分成三葉型（trefoil）水路，在48.78m（160ft）的長度內前18.29m（60ft）為矩型斷面，3.51m（11.5ft）高×2.29m（7.5ft）寬，下游18.29m（60ft）為3.51m（11.5ft）圓型斷面，中間12.20m（40ft）則為矩型至圓型的漸變。此三葉型水路尺寸乃受限於高壓滑動閘門（high pressure slide gate）受力，該高壓滑動閘門的設計水頭為190.5m（625ft），每道閘門之受力高達1,527噸。

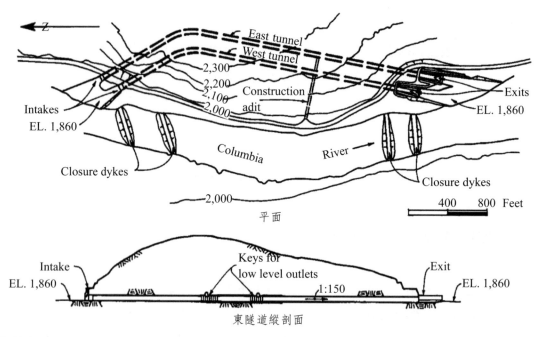

資料來源：British Columbia Hydro and Power Authority(4)。
圖5.20　MICA壩導水隧道平縱剖面

為確保所設計的三葉型突擴消能結構不因穴蝕而遭損壞，設計單位以水工模型試驗觀察之現象作為方案可接與否的判斷依據，成果顯示該消能結構的穴蝕指數σ因射流面積A_j與突擴面積A的比值而異，其中A_j並非三條水路出口的斷面積，而是三條水路出口外圍切線圖之面積（圖5.22），A則是突擴洞室的斷面積，因之三個出口應儘可能集中以降低結構物尺寸。最終採用如圖5.21之布置，其相應的A_j直徑約8.57m（28.1ft），故 $\dfrac{A_j}{A} = \left(\dfrac{28.1}{45.0}\right)^2 = 0.39$。圖5.22顯示此方案的結構物啓始穴蝕指數（$\sigma_i$）約2.3，而水流穴蝕指數$\sigma_e$爲3.0，因$\sigma_e$ > σ_i故可確保本設施不致於有啓始穴蝕。實際運轉結果亦證明上述結論。

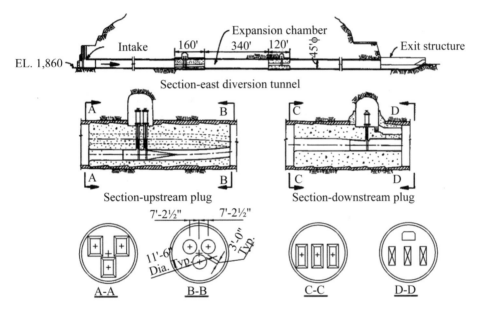

資料來源：British Columbia Power Authority(4)。

圖5.21　MICA水庫低出水工布置圖

圖5.22亦顯示該設計若發生中度穴蝕（moderate cavitation）或嚴重穴蝕（severe cavitation）時σ與A_j/A之關係。唯上述穴蝕情境皆屬人爲主觀判斷，難以量化。MICA壩及水工模型相關資料請參閱Russell/Ball等(17)及British Columbia Hydro and Power Authority(4)。

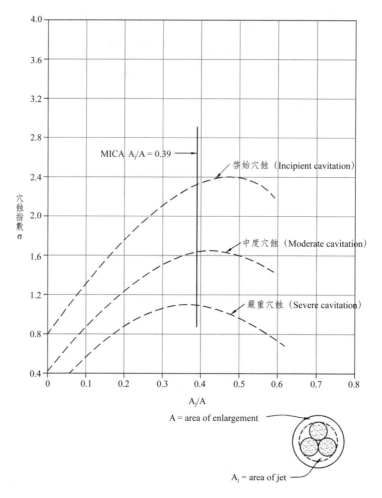

資料來源：Russell/Ball(17)。

圖5.22　加拿大MICA Dam低出水工噴嘴消能結構穴蝕指數σ

5.3.2 美國New Don Pedro壩出水工噴嘴消能

　　與MICA壩興建的同一個年代，美國加州Tuolumne River開發New Don Pedro壩，該壩之出水工亦採用噴嘴突擴方式消能。此出水工之設計流量 198.4cms（7,000cfs），消能水頭91.46m（300ft）。如圖5.23，本出水工係 將一段內徑9.15m（30ft）的導水隧道改建為三道獨立且平行的突擴消能工， 每一導水路經由1.68m（5.5ft）的圓筒射流至直徑3.66m（12ft）、長18.29m （60ft）的消能室，故 $\dfrac{A_j}{A}=\left(\dfrac{5.5}{12}\right)^2=0.21$。

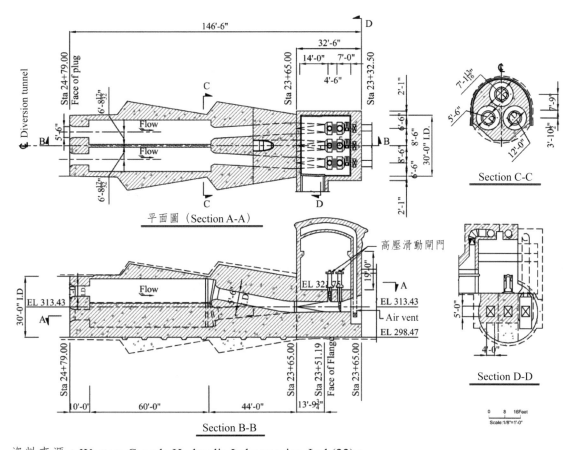

資料來源：Westem Canada Hydraulic Laboratories, Ltd.(22)。

圖5.23　美國加州New Don Pedro出水口噴嘴消能工配置圖

　　圖5.23結構的消能量可由Eq.(5.1)估算，但爲確保消能室結構不受穴蝕的影響，本工程亦執行水工模型試驗。圖5.24取自Western Canada Hydraulic Laboratories, Ltd.(22)，圖中顯示本設計啓始穴蝕、中度穴蝕及嚴重穴蝕與A_j/A之關係，各種穴蝕之定義爲：

一、啓始穴蝕：小型閃電似的汽化現象間歇性出現。

二、中度穴蝕：汽化持續發生於突擴洞室上游端約一直徑範圍內。

三、嚴重穴蝕：汽化持續發生於離洞室上游端2至3倍直徑範圍內。

　　由圖5.24可見，本結構之啓始、中度及嚴重穴蝕指數分別爲1.9、1.17及0.87。而設計之水流穴蝕指數σ_o爲1.6，因之本結構會發生啓始穴蝕，但不致於有中度或嚴重穴蝕。

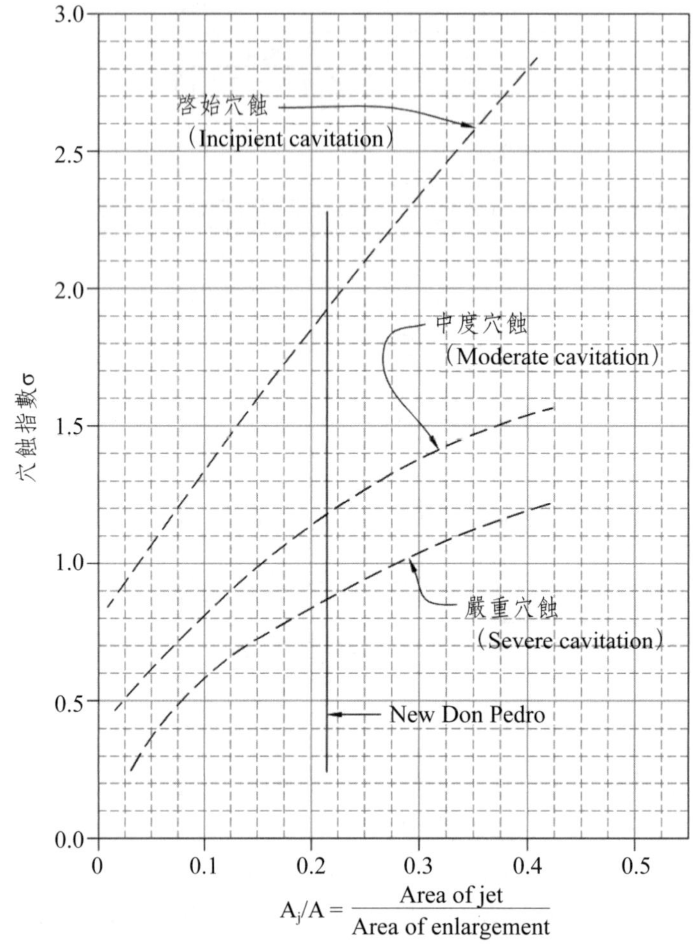

資料來源：Western Canada Hydraulic Laboratories, Ltd.(22)。

圖5.24　美國加州New Don Pedro壩噴嘴消能工穴蝕指數

5.3.3 黃河小浪底壩低洩洪隧道多階孔板消能

　　圖5.25示黃河流域範圍，歷史上黃土高原泥砂流入黃河，導致黃河河床抬高、河堤崩潰及洪泛一直是一個很困擾的問題。1950年代，大陸經由蘇聯的協助興建三門峽大壩，試圖調控黃河泥砂，唯因缺乏對泥砂入庫運移機制的了解，導致三門峽開始運轉時，黃河泥砂大量淤積於潼關上游。此淤積不但抬高上游黃河主流水位亦連帶抬升支流渭河的水位，影響關中平原的排水與耕作。為解決此一問題三門峽大壩作了長期的改建，改建項目包括新建二條排砂道、

將已封堵的施工導水口打開及將已安裝的發電機組拆除供洪水宣洩等,整體改建方向是將蓄水水庫改成爲川流式水庫的運轉以利排砂。至今三門峽水庫並未蓄水至原設計水位,換言之,三門峽大壩並未達原設計功能。

圖5.25 黃河流域範圍圖

吸取三門峽工程規劃失敗的經驗,大陸當局決定在位於黃河中游河谷出口處興建150m高的小浪底大壩,同時規劃以低洩水隧道爲主要排洪結構,目的在達到洩洪兼排砂,使水庫以「蓄清(水)、排渾(水)」方式運轉,大幅度地降低水庫淤積。此外,三門峽大壩運轉的經驗顯示,由於黃河泥砂矽含量極高,含砂水流若混凝土面超過12m/s、鋼襯面超過10m/s將遭致磨耗,如何設計此高水頭差的洩水結構又需避免水流面的磨耗成爲極大挑戰。

1984年初,美國貝泰(Bechtel)公司向大陸黃河水利委員會建議採用短距多階孔板消能工(closely-spaced orifice energy dissipator)作爲排洪隧道消能方案,該方案採用d_0/D約0.69的孔板以3D(d_0與D分別爲孔板及隧道內徑)之間距布置。此方案之優點爲可以容易地將三條14.5m直徑的施工導水隧道在短距離內改建爲永久低洩水工重覆利用,並且可採用局部抗磨保護解決上述高流速水流面磨耗問題。貝泰執行之$d_0/D = 0.687$,$L/D = 3$、4及6的水工試驗成果如圖5.26,顯示在該孔徑比情況下,$L/D = 3$時上游孔板所引起的消能已大致完成,採用$L/D = 3.0$是合理的選擇。圖5.27則顯示$d_0/D = 0.687$及

0.600時不同孔板間距的消能係數。圖5.28展現四級孔板裝置在洩洪隧道中沿程壓力的變化，可見，水庫壓力經每孔板是以階梯方式遞降，在設計流量時每階梯消耗15～20m水頭。

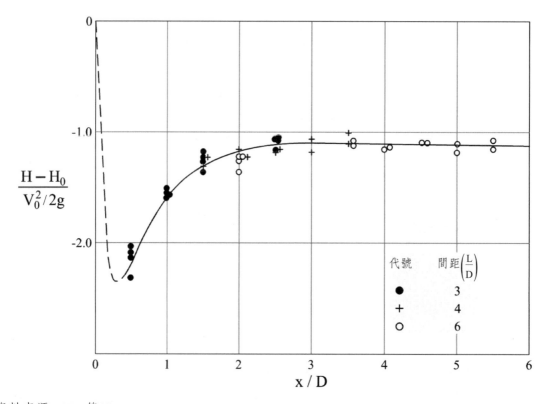

資料來源：Hsu等(8)。

圖5.26　孔板下游管壁壓力恢復的情況，$d_0/D = 0.687$

　　除消能特性外，孔板消能產生之穴蝕傾勢亦必須考慮，小浪底工程的設計於最後一階孔板下游興建一中間閘室，以弧型閘門控制流量，並增加下游孔板的背壓，圖5.29顯示三條由導水隧道改建為低洩洪洞的縱剖面圖，其設計流量為第一條隧道1,727cms、第二及第三條各為1,549cms，合計4,825cms。

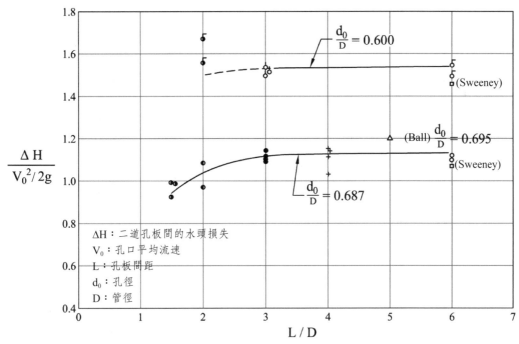

資料來源：Hsu等(8)。

圖5.27 各孔板間距的消能係數，$d_0/D = 0.600$及0.687

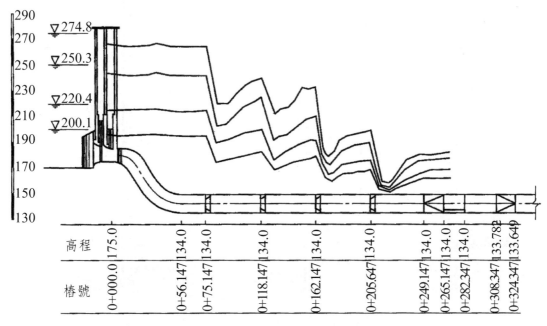

圖5.28 四種水位下孔板段沿程壓力分布示意圖

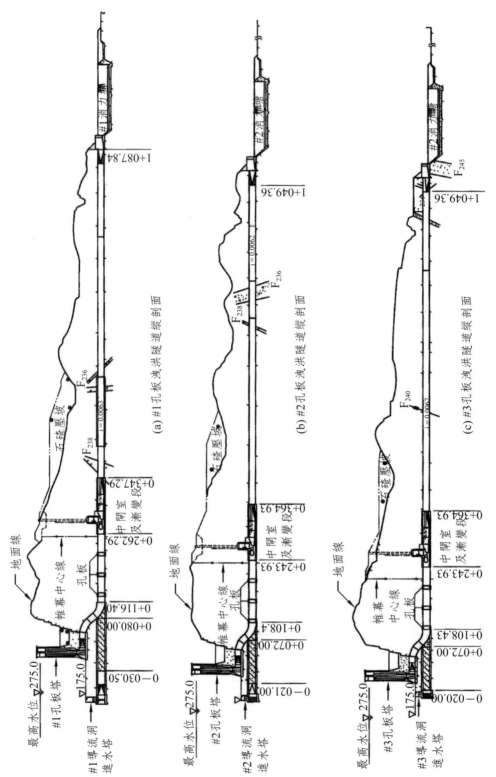

(a) #1孔板洩洪隧道縱剖面

(b) #2孔板洩洪隧道縱剖面

(c) #3孔板洩洪隧道縱剖面

圖5.29　小浪底壩低孔板洩洪隧道縱剖面圖

有鑒於水利工程為百年大計，且小浪底為一重點工程，一個全新消能工之應用難免引起爭論，為回覆相關意見，黃河水利委員辦理了多種水工模型試驗，並在甘肅省碧口水電工程利用直徑3.8m的排砂道執行一個比尺1：3.8的水工試驗，驗證孔板的消能機制及取得脈動壓力的資訊。西元2000年4月當小浪底工程大部分完成，水位蓄至EL.210.2m時也進行#1洩洪隧道，放水量1,200～1,300cms歷時24小時的原型觀測試驗，同年水位升至EL.234.0時又進行第二次原型觀測試驗。各項資料肯定孔板消能方案達到設計功能。

有關上述孔板方案的開發與實踐，可參閱Hsu等(8)及林秀山／沈風生(26)。

5.4 管末消能設施

為調節流量，通常在高壓或高落差管路的下游端或出口裝置如第2.3.3節所述的控制閥，因應此情況，在管路出口應配備有適當的消能工，避免水流所產生的沖刷損及出口結構或環境，本節說明常用的消能設施。

5.4.1 挑流工及消能池

若流量控制設施為一直立式或射流閘門，則一般最經濟可行的消能方案為利用戽斗將水流拋至離出水結構遠處的水體或河道，經由射流落水點處水體產生的渦流與沖擊作用達到消能的效果。設計此消能結構時需考慮落水點的位置及靜水池的可能沖刷深度。

一、挑流工設計

假設管路末端以水平方向出水，則在管路出口與挑流工啟始點間可配以矩形的水平渠道，此水平段的目的在於促使挑流前圓管的出水轉變為矩形，利於挑流同時降低水流的單寬流量。

挑流工的抑拱通常採用圓弧型，根據Rhone/Peterka(16)的看法，該圓弧的曲率半徑R至少應達設計水流深度y_0的4倍，方能適當地引導水流順著戽斗抑拱的軌跡拋射，中國大陸《溢洪道設計規範》(24)曾進行實際工程案例的統計，所得之R/y_0介於6～12之間。圖5.30顯示石門水庫電廠防淤工程戽斗挑流工之立面布置，其出口處的控制閘門為射流閘門，相關資料詳(28)。

　　除上述R/y_0之關係外，挑流工的另外關鍵參數是出口斜坡與水平方向的夾角及出口高程的選擇。中國大陸《溢洪道設計規範》(24)所做實例的統計亦顯示大多數的挑流角介於15°～35°之間，至於挑流鼻坎高程則宜在動水情況下等

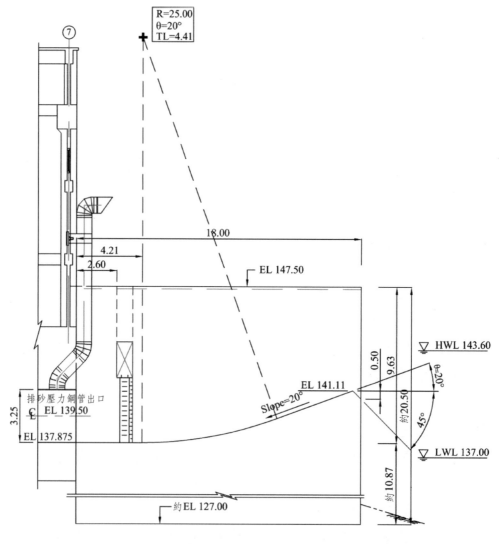

圖5.30　石門水庫電廠防淤工程戽斗挑流工立面布置

於或略高於下游常水位，以避免鼻坎發生穴蝕而遭破壞。

二、挑流距離估算

　　水流離開鼻坎後即以拋物線的軌跡往下游投射，若下游水位與鼻坎高程同，則不考慮空氣阻力之理論投射距離L_0為：

$$L_0 = \frac{V_0^2}{g} \sin 2\theta \qquad (5.13)$$

式中V_0：水流離挑流工之流速；θ：挑流角；g：重力加速度。實際上高速水流將承受空氣阻力，其運行的距離將有相當折減。經比對實際工程量測的結果Kawakami(10)建議採用圖5.31作校正，可見若出口流速達30m/s，則實際拋射距離L_1約為$0.85L_0$。

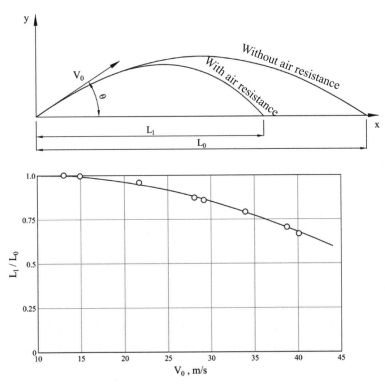

資料來源：Locher/Hsu(12)。

圖5.31　射流拋射距離受空氣阻力的影響

三、起跳流量

由於挑流工的鼻坎高於出水口的渠底，故在小流量時水流的能量可能不足以「起跳」，而導致鄰近挑流工的基礎遭到沖刷，王世夏[23]列出中國大陸東北勘測設計院採用的經驗公式：

(一) 原型觀測之起跳（起始挑流）流量公式

$$\frac{q_i^{2/3}}{Z_1} = 1.77\,(a/Z_1)^{1.332} \qquad (5.14)$$

(二) 模型觀測之起跳流量公式

$$\frac{q_i^{2/3}}{Z_1} = 2.25\,(a/Z_1)^{1.38} \qquad (5.15)$$

(三) 模型觀測之終跳（終止挑流）流量公式

$$\frac{q_s^{2/3}}{Z_1} = 1.50\,(a/Z_1)^{1.43} \qquad (5.16)$$

式中 Z_1：上游水位到反弧底之落差，m；

　　a：鼻坎高度，m；

　　q_i：起跳之鼻坎單寬流量，cms/m；

　　q_s：終跳之鼻坎單寬流量，cms/m。

由 Eq.(5.14) 至 (5.16) 可見，起跳流量大於終跳流量，且模型模擬所得流量大於原型流量，故模型成果較為保守。

四、沖刷深度

水流投入下游水域之後，在消能過程將對投入點附近的河床造成沖刷，此時必須估算可能的沖刷深度及範圍並評估是否應興建人造消能池以資因應。就此議題很多學者對穩定沖刷深度作現場調查或模型試驗，根據 Locher/ Hsu[12]，各研究者所提之沖刷深度可以下列公式表示：

$$d_s = \frac{cq^x H_0^y \theta^w}{d^z} \tag{5.17}$$

其中C：常數；

　　d_s：由水面量得的最大沖刷深度，m；

　　q：挑流戽斗的單位寬度流量cms/m；

　　H_0：上、下游水頭差，m；

　　d：底床顆粒尺寸，mm；

　　θ：挑流工出口與水平的交角，弧度。

　　表5.5顯示Schoklitch、Veronese、Damle、Martins、Wu、Chee & Kung、Chee&Padiyar及USBR Design Of Small Dam等建議的參數，由該表可見影響沖刷深度最重要的參數是單寬流量q，而水頭差H_0僅扮演一次要角色，其他參數如θ及d的重要性則微不足道。

表5.5　最大沖刷深度參數綜合表

著者	C	x	y	z	w
Schoklitch	4.71	0.57	0.2	0.32	0
Veronese	1.9	0.54	0.225	0	0
Damle	0.65	0.5	0.5	0	0
Martins	1.5	0.6	0.1	0	0
Wu	1.18	0.51	0.235	0	0
Chee&Kung	2.22	0.60	0.20	0.1	0.1
Chee&Padiyar	3.35	0.67	0.18	0.063	0
USBR Design Of Small Dam	1.32	0.54	0.225	0	0

資料來源：Locher/Hsu等(12)。

5.4.2 環形水躍（ring jump）

　　何本閥（Howell-Bunger valve）常裝置於管末作為流量控制閥，通常其下游為開放空間，噴出的水流呈中空薄錐形體，高速水流與空氣接觸後失去動力而達到消能的效應。但若閥門裝置於隧道內，則其噴出的水流將受出口

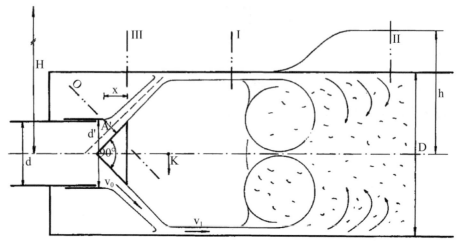

資料來源：Haindl (7)。

圖5.32　何本閥射流環形水躍示意圖

隧道空間的限制。圖5.32示位於隧道中心，何本閥射出之水流在隧道圓周形成環形水躍（ring jump）的示意圖。若何本閥與隧道直徑分別為d與D，根據Haindl(7)，水流射出何本閥碰觸到隧道內襯面之後，將沿該內襯面以流速V_1運動，此時位於閥門下游側的錐形空間因水流滲氣的需求而成為負壓區。而負壓區下游將形成水幕，此水幕產生的壓力，將迫使上游來的水流形成環形水躍，此環形水躍的形成將消耗大部分高速水流的能量。利用斷面 I 及 II 間的動力方程式，Haindl(7)導出形成環形水躍的背壓值H_2為：

$$H_2 = \frac{4\alpha_1 Q V_1}{\pi D^2 g} - \frac{16\alpha_2 Q^2}{g\pi^2 D^4}(1+\beta_b \varepsilon_2) - H_1 \qquad (5.18)$$

式中α_1：能量校正係數；

　　α_2：動量校正係數；

　　ε_2：$\dfrac{H_b}{H_b + H_2}$；

　　H_b：大氣壓力；

　　H_1：斷面I的負壓值；

　　H_2：水躍下游面以水柱高計之壓力；

　　β_b：Q_a / Q；

Q_a：空氣流量；

Q：水流量。

　　為確保有足夠的背壓H_2及環形水躍的形成，可於隧道內設置一凸出的圓環，如圖5.33所示原曾文水庫PRO興建時所採用的消能結構。本消能結構已建立的設計參數相當有限，若欲應用宜個別進行水工模型試驗，並詳予研究。

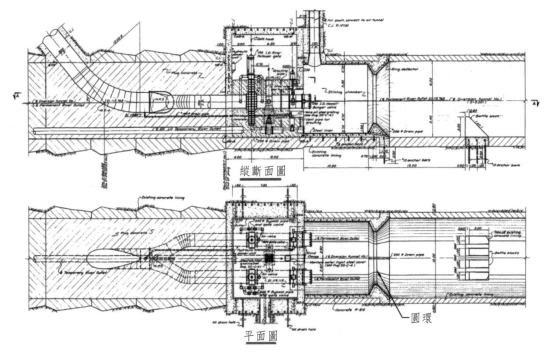

資料來源：《曾文水庫建設誌》(25)。

圖5.33　曾文水庫原PRO出口消能工布置圖

5.4.3 沖擊式消能工（impact-type stilling basin）

　　如圖5.34，本消能工的主體結構為在管路出口興建一直角形擋板使其沖擊並擴散出口水流而達到消能的效果。根據USBR(21)，本消能工適用於出口流速小於50ft/s（15.24m/s）及流量小於400cfs（11.34cms）的環境。本消能工的尾水位高度不宜超過擋板的一半，以取得最佳消能效果。

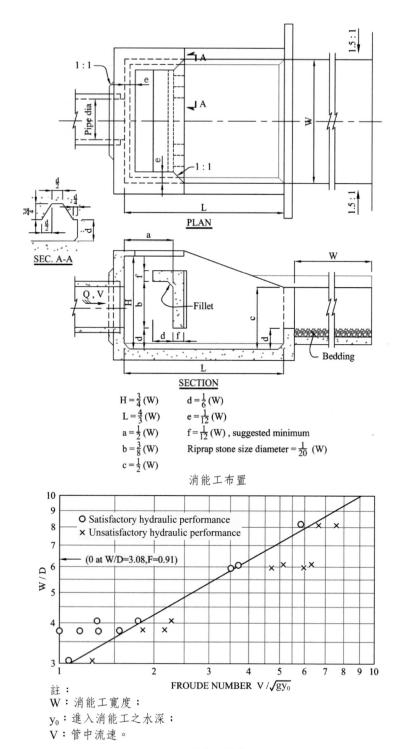

消能工布置

註：
W：消能工寬度；
y_0：進入消能工之水深；
V：管中流速。

消能工寬度

資料來源：USBR(21)。

圖5.34　美國墾務局（USBR）沖擊式消能工尺寸

5.4.4 消能井（vertical stilling well）

　　本消能井是美國墾務局開發的另一種適用於管路末端的消能設施，其結構是將末端裝置有固定錐型閥的管路朝下並裝置於方型水井之中，該水井的四角填有導流裝置（deflector）。此導流裝置可使由固定錐型閥徑向射出之高速水流於水井中形成強烈的渦流而達消能效果，消能後的水流則由明渠往下游輸送。根據Burgi(5)，此消能井曾應用於靜水壓高達400ft（122m）的出水設施。

　　圖5.35顯示此消能井布置圖，應用時先由閥門的流量係數估算所需的閥門尺寸D，並可依所欲經消能井之後水面容許的波浪h/D，求得消能井的寬度

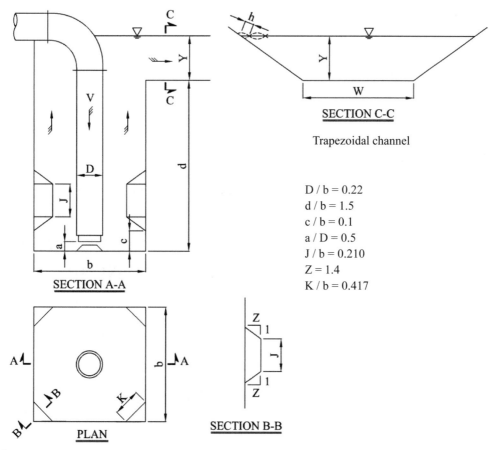

D / b = 0.22
d / b = 1.5
c / b = 0.1
a / D = 0.5
J / b = 0.210
Z = 1.4
K / b = 0.417

資料來源：Burgi(5)。

圖5.35　美國墾務局（USBR）消能井布置圖

b/D，圖5.36為消能井深度d/b = 1.5的情況，圖5.37則為d/b = 2.0的設計，設計者可比較二個方案，取其較優者。Burgi原開發的消能井在其四角有corner angle（角鋼）與corner fillet（填角）二種作為消能輔助設施，本書僅顯示填角方案，因實務上其為混凝土結構，耐久性較佳。

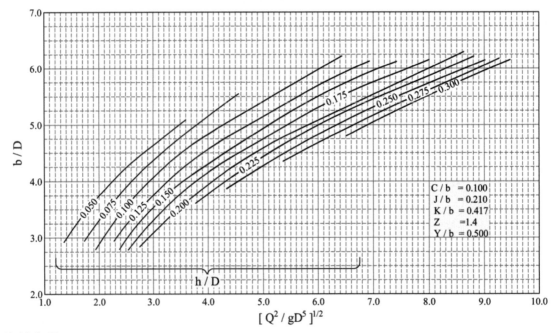

資料來源：Burgi(5)。

圖5.36　USBR消能井下游河道波浪高h/D之估算，d/b = 1.5

本著者已將此消能井應用於石門水庫分層取水工工程(27)，設計流量120萬CMD，另亦用於曾文／南化聯通管(29)，設計流量80萬CMD，二者之消能水頭均約50公尺。

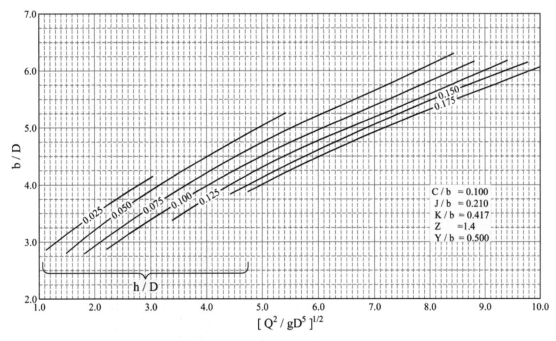

資料來源：Burgi(5)。

圖5.37　USBR消能井下河道波浪高之估算，d/b = 2.0

5.4.5 擋板跌水工（baffle-drop structure）

在某些情況下，二條水平管路需以垂直深井銜接以達到輸水功能，同樣的，在雨汙水分流的都市，若地表缺乏暴雨的蓄存空間，需將分流的水送入地下坑道暫存，在此等情況下都需利用一垂直豎井將水流導入地下。早期皆採投入式（plunge type）將地表水投入垂直豎井，但這種型式的流態不理想，常有氣體回爆（air blow back）及水流不穩定的現象發生。1980年代水利界研發一種漩渦式（vortex type）豎井，水流以切線方式引入豎井，利用高速漩轉的水流與豎井牆壁的摩擦消耗部分能量。雖然部分水流挾帶的氣體可由豎井中空部位往上釋放，但仍有相當多的空氣被帶入下游的水平管段。為降低空氣對下游管路輸水的影響，在水平管段需興建大型的洞室脫氣，有關漩渦式豎井之水理可參閱Jain/Kennedy(9)。

經過多年的研究，美國愛荷華大學水力學院（Iowa Institute of Hydraulic Research, USA）開發了如圖5.38所示的擋板跌水工（baffle-drop structure）作為新型的豎井消能方案。圖5.39則標示此消能工的結構參數，可見直徑為D的豎井中設有一直立式隔牆，該隔牆將豎井分成乾井與溼井二部分，最大寬度分別以E及B表示，乾井中空，溼井在垂直方向則有等間距h，厚度t的水平擋板（baffle plate）及擋板間與乾井聯通的通氣口，使溼井中跌水過程所需挾帶或需釋放的空氣可經由通氣口流動至乾井，如此溼井也基本上維持在大氣的狀態。此外，通氣口亦為乾井進出溼井的檢查人孔。

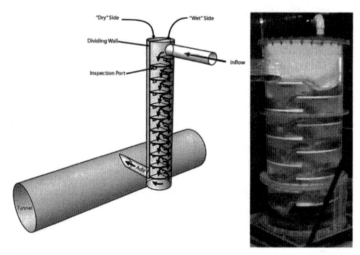

資料來源：Odgaard(15)。

圖5.38　擋板跌水工（Baffle-drop structure）豎井消能方案示意圖

Odgaard等(15)開發此結構時，設定之水流由擋板下跌的流動的條件為：

一、水流離開擋板的邊緣是處於臨界水深。

二、水流離開擋板是處於大氣壓力。

三、射流至下一階擋板是以落水方式達成。

由於水流經由擋板下跌時並非理想的二維流態，故其有效寬度應略低於實際寬度B。若校正係數為α_1，則相應之臨界水深y_c為：

$$y_c = \left[\frac{Q^2}{(\alpha_1 B)^2 g} \right]^{1/3} \qquad （5.19）$$

為確保上、下擋板間處於全通風情況，二道擋板間之垂直淨空h必須滿足下列條件

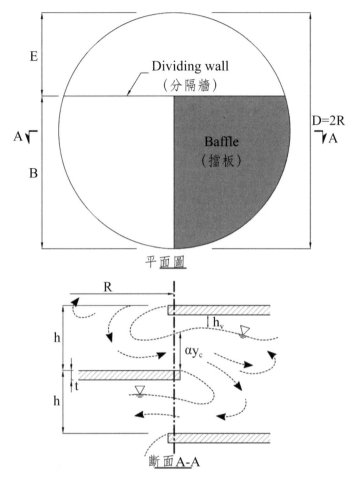

平面圖

斷面A-A

資料來源：Odgaard(15)。

圖5.39 擋板跌水工消能方案參數定義

$$(h-t) \geqq \alpha y_c + h_v \tag{5.20}$$

式中，t：擋板厚度；h_v：水流與上部擋板底緣之淨空；α：水流因挾氣而增加之膨脹係數。將Eq.(5.19)代入Eq.(5.20)，可得

$$\left(\frac{Q^2}{B^2 g}\right)^{1/3} = \beta(\,h-t-h_v) \tag{5.21}$$

或

$$F \leqq \beta\left(\frac{h-t}{B}\right) - \beta\frac{h_v}{B} \tag{5.22}$$

式中

$$F=\left(\frac{Q^2}{B^5g}\right)^{1/3} \tag{5.23}$$

$$\beta=\frac{\alpha_1^{2/3}}{\alpha} \tag{5.24}$$

Odgaard等(15)經過系統性的水工試驗顯示 $\beta = 0.55$ 及 $\frac{h_v}{B}=0.1$ 為最佳設計,並建議如圖5.40所示之F與(h−t)/B的關係,及下列F與(h−t)/B之區間規範。

$$0.12 < F < 0.23 \tag{5.25}$$
$$0.26 < (h-t)/B < 0.47 \tag{5.26}$$

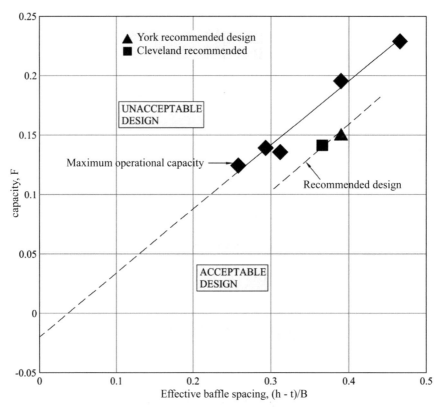

資料來源:Odgaard(15)。

圖5.40 跌水豎井設計圖

以下以國內曾文／南化聯通管(29)設計流量80萬CMD或Q = 9.26cms的案例說明此方案設計參數的擇定：

方案一、採用E = B = 1/2D

本方案中隔牆位於豎井中心，由Eq.(5.22)可推得

$$D = \frac{6.0}{g^{1/5}} Q^{2/5}$$（5.27）

代入Q = 9.26cms，可得D = 9.26m，取D = 9.2m，故B = 1/2D = 4.6m，由Eq.(5.23)，$F = \left(\frac{9.26^2}{4.63^5 \times 9.81}\right)^{1/3} = 0.16$，再由圖5.40選擇「recommended design」的設計得$\frac{h-t}{B} = 0.4$，故h − t = 0.4×4.60 = 1.84，若t = 0.4m，則h = 2.25m。

方案二、採用E = 3.0m

本方案中隔牆偏心，同樣取h = 2.25m，t = 0.4m，hv = 0.5m，則

B = Q/($\beta^{3/2}$(h − t − hv)$^{3/2}$g$^{1/2}$) = 4.62m，取4.6m，則D = B + E = 4.6 + 3.0 = 7.6m。

檢核F及(h − t)/B得F = [Q^2/(B^{5}g)]$^{1/3}$ = 0.16及(h − t)/B = 0.4，故此設計亦符合Eq.(5.25)及Eq.(5.26)之設計規範。

由於方案二之豎井直徑較小，基於經濟上的考量，本設計採用方案二。

參考文獻

1. ASME, *Flow Meter, Their Theory and Application*, Report of ASME Research Committee on Flow Meters, edited by Howard S. Bean, 6th Edition, 1971.

2. Ball, J. W., "Sudden Enlargements in Pipelines," Journal of Power Division, ASCE, Vol. 88, No. P04, December, 1962.

3. Ball, J. W., Tullis, J. P., and Stripling, T., "Predicting Cavitation in Sudden Enlargements," Journal of the Hydraulics Division, ASCE, Vol. 101, No. HY4, July, 1975.

4. British Columbia Hydro and Power Authority, "Columbia River Development MICA PROJECT Planning, Design, Construction, Operation," Proceeding of The American Power Conference, 1978.

5. Burgi, P. H., "Hydraulic Design of Vertical Stilling Wells," Journal of the Hydraulics Division ASCE, Vol. 101, No. HY7, July, 1975.

6. Chaturvedi, M. C., "Flow Characteristics of Axisymmetric Expansions," Journal of the Hydraulics Division, ASCE, Vol. 89, No. HY3, May, 1963, pp. 61-92.

7. Haindl, K., "Aeration at Hydraulic Structures", *Developments in Hydraulic Engineering-2*, Edited by P. Novak, Elsevier Applied Science Publishers, Ltd. 1984.

8. Hsu, S. T., Namikas, D., Xiang, T., Zhang, L. R., Ding, Z. Y., and Cai, Z. M. "Headloss Characteristics of Closely Spaced Orifice for Energy Dissipation," The International Symposium on Hydraulics for High Dams, Beijing, China, 1988.

9. Jain, J. C. and Kennedy, J.F., "Vortex-Flow Drop Structures for the Milwaukee Metropolition Sewerage District Inline Storage System," IIHR Report No.264, Iowa Institute of Hydraulic Research, the University of Iowa, Iowa City, Iowa, July, 1983.

10. Kawakami, K., "A Study on Computation of Horizontal Distance of Jet Issued from a Ski-Jump Spillway," Transaction, JSCE, 5, 1973.

11. Knapp, R. T., Daily, J. W., & Hammitt, F. G., *Cavitation*, McGraw-Hill, 1970.

12. Locher, F. A. and Hsu, S. T., "Energy Dissipation at High Dams," *Developments in Hydraulic Engineering-2*, Edited by P. Novak. Elsevier Applied Science Publishers Ltd., 1984.

13. Linford, A., *Flow Measurement and Meters*, 2nd Edition, E. and F. N. Spon Ltd, London, 1961.

14. Miller. D. S., *Internal Flow Systems*, BHRA Fluid Engineering, 1978.

15. Odgaard, A. J., Lyons, T. C., and Craig, A. J., "Baffle Drop Structure Design Relationships," Journal of Hydraulic Engineering, ASCE, September, 2013, pp. 995-1002.

16. Rhone, T. J., and Peterka, A.J., "Improved Tunnel Spillway Flip Bucket," Transactions, ASCE, Vol. 126, Part 1, 1961, pp. 1270-1291.

17. Russell S. O. and Ball, J. W., "Sudden Enlargement Energy Dissipator for Mica Dam," Journal of the Hydraulics Division, ASCE, Vol. 93, No. HY4, July, 1967, pp.41-56.

18. Rouse, H. and Jezdinsky, V., "Cavitation and Energy Dissipation in Conduit Expansions," Proceedings of the 11th Congress of International Association for Hydraulic Research, Leningrad, U.S.S.R., 1965.

19. Sweeney, C. E., *Cavitation Damage in Sudden Enlargements*, Thesis presented to Colorado State University , Fort Collins, Colorado, 1975 in partial fulfillment for the requirements for the degree of Master of Science.

20. Tullis, J. P., *Hydraulics of Pipelines*, John Wiley & Sons, 1989.

21. USBR, *Design of Small Dams*, 1987.

22. Western Canada Hydraulic Laboratories, Ltd., "Turlock and Modesto Irrigation Districts New Don Pedro Project Hydraulic Model Studies of Outlet Works, Trimmer Valve, Powerhouse and River channel Flows for Bechtel Corporation," Port Coquitlam B. C. Canada, July, 1967.

23. 王世夏編著，水工設計的理論和方法，中國水利水電出版社，2000年。

24. 中國大陸電力工業標準匯編水電卷水工（下冊）溢洪道設計規範，水利電力出版社，1990年9月。

25. 曾文水庫建設誌，1974年。

26. 林秀山與沈風生，多孔孔板消能泄洪洞的研究與工程實蹟，中國水利水電出版社，2003年3月。

27. 經濟部水利署北區水資源局，石門水庫增設取水工工程計算綜合報告（定稿本），2007年10月。

28. 經濟部水利署北區水資源局，石門水庫既有設施防淤功能改善工程計畫綜合報告（定稿本），2018年1月。

29. 經濟部水利署南區水資源局，曾文南化聯通管工程計畫基本設計報告，2018年11月。

第 6 章

輸泥管

　　大自然環境中河川常挾帶來自集水區沖刷的土石，故由河中取水的管路可能含有泥砂。在工業界利用管路輸送固體已有相當長久的歷史，被輸送的材料包括泥漿、砂石、煤、礦、紙漿及化工材料等，表6.1顯示Baker等(1)於1974年綜整之全世界主要泥漿管路工程，長度有高達439km的美國Black Mesa輸煤管道，管徑則介於10至45cm之間。現今臺灣多數水庫面臨嚴重淤積，疏濬是減淤或維持庫容的有效做法，但水力抽取的淤泥需仰賴管路送至特定地點暫存。以上種種實務上的應用都證明以管路輸送固體在大多情況是經濟可行且環保的方案，因此，管路設計者有必要對輸泥管的水力特性及水流損失有相當的掌握，方能設計合適的輸泥系統。

表6.1　重大商用泥漿管路綜整（1974年）

地點	輸送材料	管路長度（公里）	管徑（公分）	容量（日百萬公噸）
Black Mesa, Arizona	Coal	439	457	5.8
Cadiz, Ohio	Coal	174	254	1.3
Lorraine, France	Coal	8.8	381	1.5
Poland	Coal	200	256	-

地點	輸送材料	管路長度（公里）	管徑（公分）	容量（日百萬公頓）
U.S.S.R.	Coal	61	304	1.8
Bonanza, Utah	Gilsonite	116	152	0.4
Kensworth, England	Limestone	92	254	1.7
Australia	Limestone	96	200	0.45
Columbia	Limestone	10	200	0.4
Calaveras, California	Limestone	27.4	178	1.5
Rugby, England	Limestone	15	254	-
Ockenden, England	Limestone	13	330	-
Savage River, Tasmania	Iron ore	85	228	2.3
Sierra Grande, Argentina	Iron ore	32	200	2.1
North Korea	Iron ore	97.6	-	4.5
Pena Colorado, Mexico	Iron ore	48	200	1.8
Waipipi, New Zealand	Iron sands	6.4	203	1.0
El Salvadore, Chile	Copper ore	22.4	152	800 ton/day
West Irian, Indonesia	Copper concentrate	112	114	0.3
Bougainville, Papua New Guinea	Copper concentrate	27.4	152	1.0
Turkey	Copper concentrate	61	127	1.0
Pinto Valley, Arizona	Copper ore concentrate	17.6	100	0.4
Japan	Copper tailings	64	200	1.0
South Africa	Gold tailings	35	228	1.05
Sandersville, Georgia	Kaolin clay	110	450	200 ton/day
Tatabanya, Hungary	Sand	8.0	200	2.5

資料來源：Baker等(1)。

6.1 含砂管流物理特性

6.1.1 渾水濃度與容重的關係

含泥砂的水稱之爲渾水，渾水中含砂量的多寡可有三種表達方式：

一、體積比：S_v = 泥砂體積／渾水體積。

二、重量比：S_w = 泥砂重量／渾水重量。

三、混合比：S_m = 泥砂重量／渾水體積。

以上之泥砂重量爲乾土重，故泥砂體積等於該乾土重除以泥砂單位體積的重量（簡稱容重）。若某一渾水，其含砂量100kg/m³，且土壤容重γ_s採2,650kg/m³，則上述三種渾水含砂量的表達方式分別爲：

S_v = 0.0377

S_w = 0.0941

S_m = 100kg/m³

可見含砂量100kg/m³的渾水，泥砂的重量雖占約9.4%。但其體積僅占約3.8%。

實務上渾水中泥砂的含量通常用S_m表示，爲方便應用有必要建立渾水容重與含砂量S_m的關係。若以γ、γ_s、γ_m分別代表清水、泥砂與渾水容重，則

$$\gamma_m = \gamma + \left(1 - \frac{\gamma}{\gamma_s}\right)S_m \tag{6.1}$$

將γ = 1,000kg/m³，γ/γ_s = 1/2.65代入Eq.(6.1)，該方程式可簡化爲

$$\gamma_m = 1,000\text{kg/m}^3 + 0.623S_m \tag{6.2}$$

渾水亦常以其百萬分之一容積的含砂量，即ppm（parts per million），來表示其濃度，若某一渾水的濃度C_m是1,000ppm，則代表該渾水的泥砂含量S_m = 1kg/m³，若C_m增至100,000ppm則S_m = 100kg/m³。表6.2列出由Eq.(6.2)計算之渾水泥砂濃度C_m、混合比S_m、渾水容重γ_m與渾水比重γ_m/γ間之相互關係。

表6.2   渾水濃度C_m、渾水單位體積泥砂重量S_m及渾水比重間之關係（$\gamma_s = 2,650$kg/m^2）

渾水濃度，C_m （ppm）	單位體積泥砂含量，S_m （kg/m^3）	渾水容重，γ_m （kg/m^3）	渾水比重，γ_m/γ
0	0	1,000	1.000
1,000	1.0	1,000.6	1.000
5,000	5.0	1,003.1	1.003
10,000	10.0	1,006.0	1.006
50,000	50.0	1,031.2	1.031
100,000	100.0	1,062.3	1.062
500,000	500.0	1,311.5	1.311
1,000,000	1,000.0	1,623.0	1.623

6.1.2 渾水流體類別與力學特性

渾水因含砂量的多寡及泥砂粒徑的大小有牛頓流體（Newtonian fluid）與非牛頓流體（non-Newtonian fluid）之分，根據錢寧／萬兆惠(22)，渾水濃度C_m低於100,000ppm者皆應為牛頓流體，但若濃度增至200,000ppm則可能成為非牛頓流體。非牛頓流體剪切力與水流梯度的關係有好幾種類型，但高濃度泥砂以賓漢流體（Bingham plastic fluid）居多。圖6.1顯示二種流體應力τ與應變$\dfrac{dv}{dy}$關係上的差異，可見牛頓流體呈現下列關係：

$$\tau = \mu \frac{dv}{dy} \tag{6.3}$$

而賓漢流體則：

$$\tau = \tau_0 + \eta \frac{dv}{dy} \tag{6.4}$$

Eq.(6.4)並不適用於$\dfrac{dv}{dy}$接近於0的區段，該區段τ與$\dfrac{dv}{dy}$為一曲線關係，在$\dfrac{dv}{dy}$ = 0時$\tau = \tau_B$而非τ_0，且$\tau_0 = \dfrac{4}{3}\tau_B$，其中$\tau_B$稱之為動切應力、賓漢極限應力或起始剛度，$\eta$則為剛度係數。某些學者忽略$\tau_0$與$\tau_B$的差異，而將Eq.(6.4)以下式表

示：

$$\tau = \tau_B + \eta \frac{dv}{dy} \tag{6.5}$$

可見賓漢體流動必須克服 τ_B 且其剛度係數 η 與清水動黏滯係數 μ 不同，故流動所產生之阻力亦有別於清水。

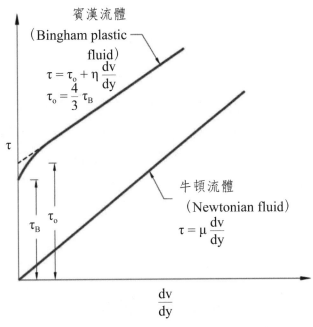

圖6.1　牛頓流體與賓漢流體應力與應變之關係

高含砂水流是否為賓漢流體除與濃度有關外，亦受泥砂粒徑的影響，依據韓其為(24)，當 $d < 0.01mm$ 之粒徑占85%時，水流含 $928kg/m^3$ 泥砂時為賓漢流體，但若泥砂顆粒介於 $0.075 \sim 0.25mm$，含砂量雖達 $928kg/m^3$ 仍為牛頓流體。錢寧／萬兆惠(22)亦指出流體中含若一定數量小於 $0.01mm$ 的細粒料時，雖含砂量很高，即使在低流速環境下，固體與液體也不會發生分選，因之高濃度渾水的流動是一種相當複雜的現象。

根據《泥砂手冊》(23)，賓漢流體的起始剛度 τ_B 與剛度係數 η 均隨濃度之增加而快速增加，τ_B 與泥漿濃度的4次或5次方成正比，且因泥的性質而有很大的差異。此外，當泥漿濃度大於 $200kg/m^3$ 以上，η 值亦與濃度的4次方成正比，其變化亦因泥漿的種類而異。因此高濃度泥砂力學性質的變異性極大，難以預測。

高濃度泥砂的流體可因其流動速度的增減，而在牛頓流體與非牛頓流體之間相互轉換。Nick/Roberson(10)利用高嶺土的研究顯示，高濃度泥漿若其流速或慣性力增加到某一程度時，流體將由賓漢流體轉變為牛頓流體，此轉變發生於

$$\xi = \frac{1}{2}\rho_m \frac{V^2}{\tau_B} \geq 1,000 \qquad (6.6)$$

式中，V：平均流速；ρ_m：渾水密度；τ_B：渾水起始剛度。換言之，高濃度泥漿的流體特性不但因泥砂濃度與顆粒的組成而異，亦受流動時流速體本身慣性的影響，若$\tau_B = 0.03\text{gm/cm}^2$，$\rho_m = 1.4\text{gm/cm}^3$，則當$V \geqq 2\text{m/s}$時$\xi \geqq 1,000$。亦即某一個濃度泥砂水流在低流速時雖為賓漢流體，但若V大於某一程度時則可能轉換為牛頓流體。

以上資料顯示在應用管路輸送高濃度淤泥時，水流流速不宜過低，應設法維持水流為牛頓流體，降低泥漿的運動阻力。

6.2 水平管流

6.2.1 管中泥砂分布

輸泥管中的渾水水流是水與泥砂混合的二相流，由於泥砂的比重遠大於水，在定性上，可預期其在管中的分布將受到重力的影響，而影響程度可以顆粒的沉降速度ω（fall velocity）為指標。唯水流有紊動性，經由紊動產生的混合機制可防止或降低泥砂的沉降潛勢，紊動性的尺度可以擴散係數（diffusion coefficient）的大小代表之，而擴散係數又與流速及管路的摩擦係數成正相關。因之，定性上沉降速度愈小，擴散係數愈大的管流，渾水泥砂的垂直分布愈趨均勻，反之，則輸送的固體將大部分集中於管路的下半部，甚或部分沉澱於管底。

　　基於利用管路輸送固體的普遍性，有很多學者對管中固體的分布做量測，以了解其分布特性。圖6.2顯示Howard(5)利用d_{50} = 0.4mm砂質土壤，泥砂濃度C_m約367,000ppm在4英寸（10.16cm）水平管中量測所得的相對泥砂及流速分布，圖6.3則展現垂直中心線泥砂濃度的變化與垂直方向各高程的相對輸砂量。可見垂直流速分布與一般清水管有相當差異，最大流速位於中心線的上方，靠近管底的流速則遠低於管頂。至於泥砂濃度分布呈現下列三個特徵：

一、同一高程的泥砂濃度幾乎相同。

二、底部的泥砂濃度遠高於頂部。

三、大部分的泥砂在管中心線至管底之間輸送。

此成果展現重力對泥砂分布的影響。

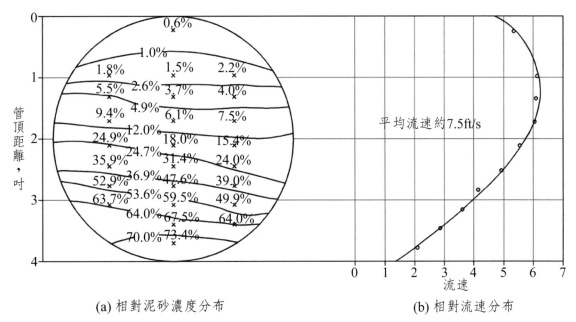

(a) 相對泥砂濃度分布　　　　　　　(b) 相對流速分布

資料來源：Howard (5)。

圖6.2　Howard於4吋管中量測之水流與固體分布，C_m = 376,000ppm

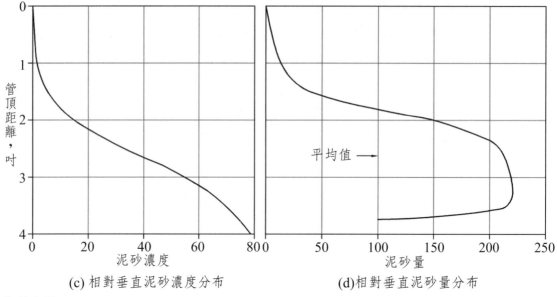

(c) 相對垂直泥砂濃度分布　　　　(d)相對垂直泥砂量分布

資料來源：Howard(5)。

圖6.3　Howard量測之垂直泥砂濃度及輸砂量分布，$C_m = 376{,}000$ppm

　　Michalik(7)亦於直徑18.5cm的管中量測泥砂的濃度分布，圖6.4顯示平均流速約4m/s，泥砂粒徑$d_{50} = 0.42$mm，渾水比重ρ_m/ρ分別為1.2475（相當於泥砂濃度C_m約397,000ppm）及1.3960（C_m約635,600ppm）情況下的量測結果，此成果亦呈現流動中的高濃度渾水在同一高程其濃度大致相同。

　　為建立一渾水管中泥砂分布的理論基礎，在假設泥砂不影響水流分布且擴散係數ε為常數的情況下，Hsu等(6)推導出下列以極座標（polar coordinate）表達的泥砂分布方程式：

$$C(r,\theta)=C_0 e^{\left(\frac{\omega r}{mu_\tau r_0}\cos\alpha\cos\theta\right)} \tag{6.7}$$

如圖6.5，Eq.(6.7)中r_0：管路半徑；r：與管中心之距離；θ：由管下半部垂直軸反時鐘方向起算的角度；C_0：管中心渾水濃度，ppm；ω：沉降速度；u_τ：剪力速度 $= V\sqrt{\dfrac{f}{g}}$；V：平均流速；f：摩擦係數；$m=\dfrac{\varepsilon}{r_0 u_\tau}$；$\varepsilon$：擴散係數，由試驗定之；$\alpha$：管路傾角。若為水平管$\alpha = 0°$，則Eq.(6.7)可簡化並改寫為：

$$L_n\left(\frac{C}{C_0}\right) = \left(\frac{\omega}{mu_\tau}\right)\left(\frac{r}{r_0}\cos\theta\right) \tag{6.8}$$

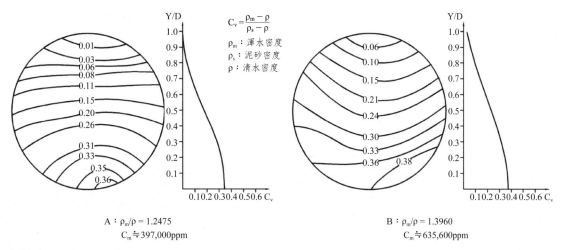

$$C_v = \frac{\rho_m - \rho}{\rho_s - \rho}$$

ρ_m：渾水密度
ρ_s：泥砂密度
ρ：清水密度

A：$\rho_m/\rho = 1.2475$
$C_m \doteqdot 397,000$ppm

B：$\rho_m/\rho = 1.3960$
$C_m \doteqdot 635,600$ppm

資料來源：Michalik(7)。

圖6.4　Michalik於18.5公分管中測量之泥砂濃度分布，流速約4m/s

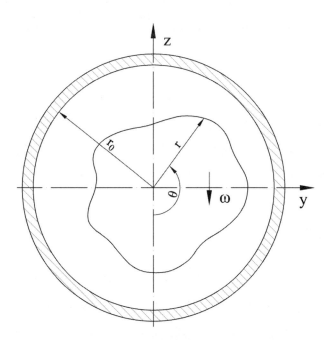

資料來源：Hsu等(6)。

圖6.5　極座標示意圖

　　美國愛荷華大學水力學院（Iowa Institute of Hydraulic Research）進行實驗以驗證Eq.(6.8)的代表性。實驗條件及成果如表6.3，平均流速爲4.07或8.14ft/s，管中心濃度介於2,000至7,100ppm之間，實驗的成果繪製如圖6.6，可見所繪製的 $L_n\dfrac{C}{C_0}$ 與 $\dfrac{r}{r_0}\cos\theta$ 的關係成一直線，其斜率即代表Eq.(6.6)中的 $\dfrac{\omega}{mu_\tau}$ 值。

表6.3　愛荷華大學水力學院實驗條件及成果

實驗代號	平均流速 V (fps)	管中心濃度 C_0(ppm)	沉降速度 ω(fps)	剪切速度 μ_τ(fps)	雷諾數 $R_e\times10^{-5}$	摩擦係數f 計算	摩擦係數f 實驗	$m = \varepsilon/r_0u_\tau$ 實驗
1	4.07	2,040	0.067	0.202	0.792	0.0188	0.0196	0.107
2	4.07	2,360	0.066	0.202	0.760	0.0190	0.0198	0.107
3	8.14	4,150	0.071	0.361	1.740	0.0154	0.0157	0.109
4	8.14	6,020	0.066	0.363	1.550	0.0159	0.0159	0.121
5	8.14	7,120	0.067	0.364	1.570	0.0159	0.0160	0.117

資料來源：Hsu等(6)。

　　圖6.6顯示只要$r\cos\theta/r_0$相同 $\dfrac{C}{C_0}$ 亦然，因$r\cos\theta$代表離管中心線的垂直高差，故Eq.(6.6)的成果雖導自於渾水中泥砂含量低的假設，但卻支持Howard(5)與Michalik(7)所得高濃度渾水水平濃度分布的實驗成果，由此可驗證重力作用對管中泥砂的分布扮演舉足輕重的角色。

6.2.2 流相之區分

　　依固體的組成及流速大小，管中固體可分懸浮與沉積二種，粒徑較大、比重較高或流速較低的固體較容易沉澱，甚至發生堵塞管路的現象。依據Vanoni(16)、圖6.7及Baker等(1)、圖6.8，管路輸送固體可能存在下列四種流相：

　　一、均勻懸浮流：固體呈均勻懸浮流動，此流相發生在流速較高及顆粒較小時，強烈的紊動使固體在斷面上的分布相對均勻，固體呈現均勻懸浮。

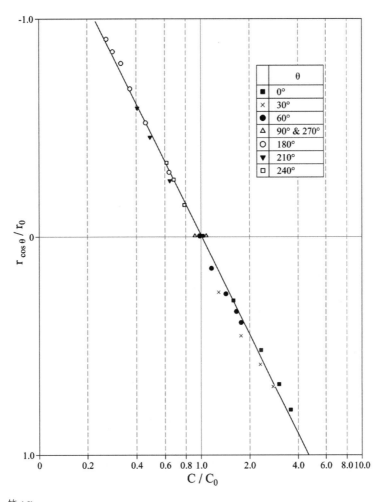

資料來源：Hsu等(6)。

圖6.6　愛荷華大學水力學院實驗成果之泥砂分布

二、非均勻懸浮流：隨著流速和紊動性降低及顆粒增大，固體在斷面上分
　　布不均，底部濃度較大，但無淤泥呈現。

三、推動底床流：流速再降低及顆粒再增大，管路有淤積，但底床存在推
　　動運動。

四、固定底床流：流速再降及顆粒再增，管路出現淤積且不動的底床。

　　根據Baker等(1)，以輸送固體的角度而言，最經濟的輸泥管設計宜設法維
持在流相三，即推動底床的流況。

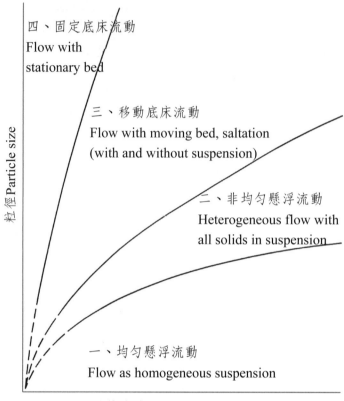

四、固定底床流動
Flow with
stationary bed

三、移動底床流動
Flow with moving bed, saltation
(with and without suspension)

二、非均勻懸浮流動
Heterogeneous flow with
all solids in suspension

一、均勻懸浮流動
Flow as homogeneous suspension

粒徑Particle size

平均流速mean flow velocity, V

資料來源：Vanoni (16)。

圖6.7　管中輸送固體的可能流相

6.2.3 流相間之分界條件

一、均勻與非均勻懸浮之區分

　　許多學者，包括Newitt等(8)及Spells(13)都試探定義均勻與非均勻懸浮的臨界條件，但所得結果都因試驗資料受限而不盡人意。Rouse(11)根據擴散理論推出的明渠懸浮質泥砂分布，如下：

$$\frac{C}{C_a} = \left(\frac{h-y}{y} \frac{a}{h-a} \right)^z \quad (6.9)$$

式中：h：水深；

　　　C：距渠底y的泥砂濃度；

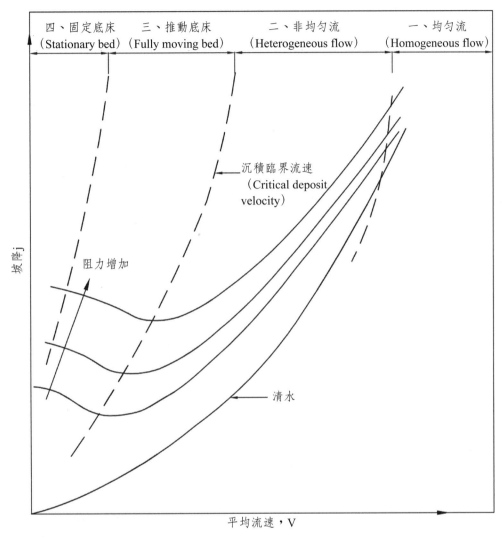

資料來源：Baker等(1)。

圖6.8　水力坡度與平均流速之定性關係

C_a：距渠底a的濃度；

$$Z = \frac{\omega}{k u_\tau} ；$$

ω：泥砂沉降速度；

k：von Karman常數，通常取0.4。

由圖6.9可見當$Z \leq 0.25$時，懸浮質在垂直線上已接近於均勻分布。Stevens/Charles(14)及Wasp(18)分別選取$\frac{\omega}{u_\tau} = 0.13$及0.11為均勻懸浮的條件，若

採其平均值0.12及取k = 0.4則Z = 0.3可訂爲均勻與非均勻懸浮的界線。

二、泥砂開始懸浮或淤積條件

(一) 由擴散理論推估

參考圖6.9當Z ≥ 5時，泥砂基本上以推移的形式運動，因之 $\frac{\omega}{u_\tau} \geq 2.0$ 時均爲泥砂開始懸浮的情況，此值可視爲第二與第三流相之分界。

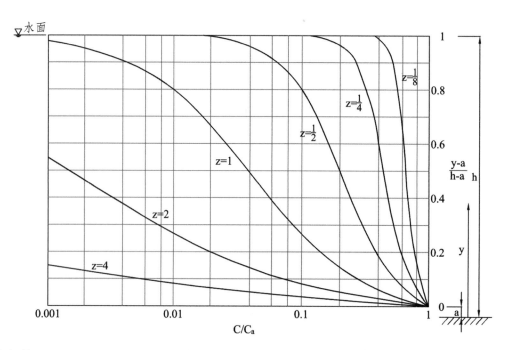

資料來源：Rouse (11)。

圖6.9　擴散理論所得到的懸浮質垂線相對分布

(二) 由管道實驗成果推估

Wilson/Watt (19)根據實驗所得泥砂開始懸浮的臨界流速V_c公式爲：

$$V_c = 0.6\omega\sqrt{\frac{8}{f}}e^{0.45d/D}$$

（6.10）

式中d：泥砂直徑；D：管路直徑；ω：沉降速度；f：阻力係數。

當 $\dfrac{d}{D}$≒0.002 時，$e^{0.45\frac{d}{D}}$=1.094，故忽略 $\dfrac{d}{D}$ 的影響所造成的誤差力小於10%，若

採 $e^{0.45\frac{d}{D}}$=1，則因 $\dfrac{V_c}{u_\tau}=\sqrt{\dfrac{8}{f}}$，故 $\dfrac{\omega}{u_\tau}=\dfrac{1}{0.6}$=1.667，此比值與前面所推 $\dfrac{\omega}{u_\tau}$=2.0 之成

果相同。

(三) 由壓力梯度與平均流速推估

圖6.10示文獻中整理各體積濃度S_v之壓力梯度（mm/m）與流速之關係，可見若以壓力梯度低點為臨界流速，則該值略大於臨界淤積流速，但相差有限，因之取臨界流速為保守的做法。由該圖亦可見臨界流速介於2.5m/s至3m/s之間。

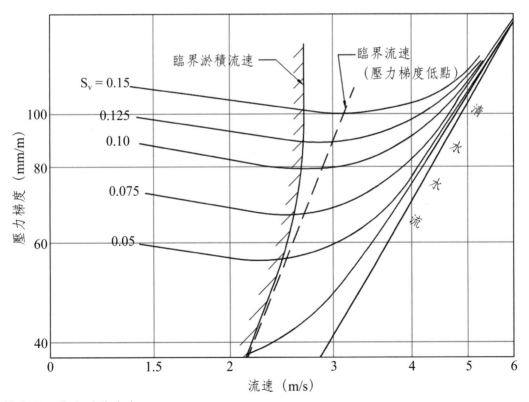

資料來源：錢寧／萬兆惠(22)。

圖6.10　臨界流速與臨界淤積速度

(四) 德國Karlsruhe大學試驗成果

德國Karlsruhe曾執行大規模管道輸砂試驗，參數變化如下：

1. 泥砂直徑：0.1～10mm。
2. 泥砂比重：1.10、1.53、2.65及4.55。
3. 體積比含砂量：5～25%。
4. 管徑：40、80、150、200mm。

成果如圖6.11，顯示：

1. 臨界流速因管徑增加而加大，但受泥砂粒徑的影響有限。
2. 臨界流速因泥砂比重增加而加大。
3. 臨界流速對體積含砂量變化的敏感度不大。

可見若為D = 20cm輸泥管，則V約3m/s即可避免泥砂淤積於管底，此資料與圖6.10所示的成果相當。

6.2.4 摩擦阻力

二相流因具有不同情境的流態，故其流動阻力較一相流複雜。圖6.12定性的顯示管底有沉積物呈均勻懸浮與清水管流壓力梯度在不同平均流速之關係。以下綜整四種不同流相及相應的水流阻力：

一、均勻懸浮運行

當泥砂量不高且處於均勻懸浮狀態時此二相流可視為和水具有同一黏性，但比重較清水大的液體，此時之水頭損失可以下式表示：

$$\frac{J_m - J_w}{J_w S_v} = \frac{\rho_s}{\rho} - 1 \qquad (6.11)$$

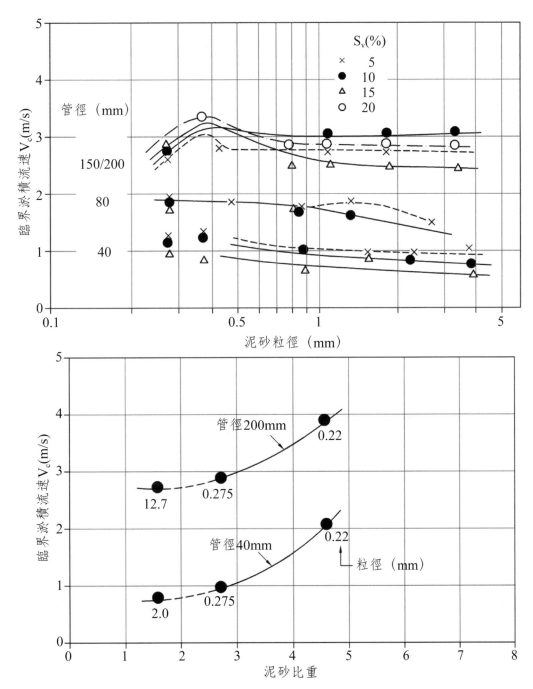

資料來源：錢寧／萬兆惠(22)。

圖6.11　泥砂粒徑、比重、含量及管徑對臨界淤積流速的影響

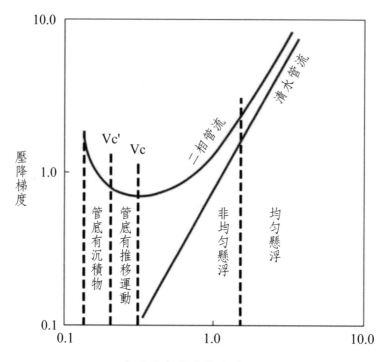

水砂混合物平均流速V(m/sec)

資料來源：錢寧／萬兆惠(22)。

圖6.12　二相管流的阻力損失與流速的關係

式中，J_m：輸送水砂混合物時的水力坡降，以清水水柱表示；

　　　J_w：在同一流速下輸送清水時的水力坡降；

　　　S_v：體積比含砂量；

　　　ρ_s：泥砂密度；

　　　ρ：水的密度。

　　由Eq.(6.11)及圖6.12可看出在同一流速下挾砂水流的壓降高出清水

$S_v\left(\dfrac{\rho_s}{\rho}-1\right)$。

二、不均勻懸浮及管底呈現推移運行

　　當泥砂量加大，泥砂呈現不均勻懸浮及管底有推移運動時，則可視水流的阻力是清水阻力及因泥砂存在而引發阻力之和，即

$$J_m = J_w + J_s \qquad (6.12)$$

式中，J_m：輸泥管流維持運動所需之能量坡降；

　　J_w：清水同一流速所需之能量坡降；

　　J_s：固體顆粒存在額外增加的能量坡降。

在試驗上，應以Durand(2)為代表，Durand引用泥砂自由沉降時的阻力係數，導出輸送天然泥砂的阻力公式，如下：

$$\frac{J_m - J_w}{S_v J_w} = 180 \left[\frac{V^2}{gD} \sqrt{C_D} \right]^{-1.5} \qquad (6.13)$$

根據錢寧／萬兆惠(22)，Durand的試驗成果點繪如圖6.13。

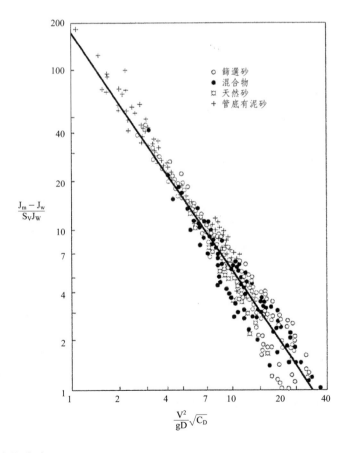

資料來源：錢寧／萬兆惠(22)。

圖6.13　輸送天然泥砂的阻力損失

爾後Durand進一步利用不同材料（包括塑料砂和金剛砂）做試驗導出以下更一般化的公式：

$$\frac{J_m - J_w}{S_v J_w} = 121 \left[\frac{V^2}{gD \frac{\rho_s - \rho}{\rho}} \frac{\sqrt{\frac{\rho_s - \rho}{\rho} gd}}{\omega} \right]^{-1.5} \qquad (6.14)$$

上二式中ω為泥砂的沉降速度，d為泥砂粒徑，C_D為泥砂自由沉降的阻力係數。若為圓球體C_D與ω存在下列關係：

$$\omega^2 = \frac{4}{3} \frac{gd}{C_D} \left(\frac{\rho_s - \rho}{\rho} \right) \qquad (6.15)$$

圖6.14為Rouse (11)建立之C_D與$R_e' = \dfrac{\omega d}{\nu}$之關係，該圖中$F = \dfrac{\pi d^3}{6}(\gamma_s - \gamma)$，應用時，可由$\gamma_s$，$\gamma$及$d$求得$F$值，再由$F/\rho \nu^2$求得$C_D$，並由Eq.(6.15)計算$\omega$。

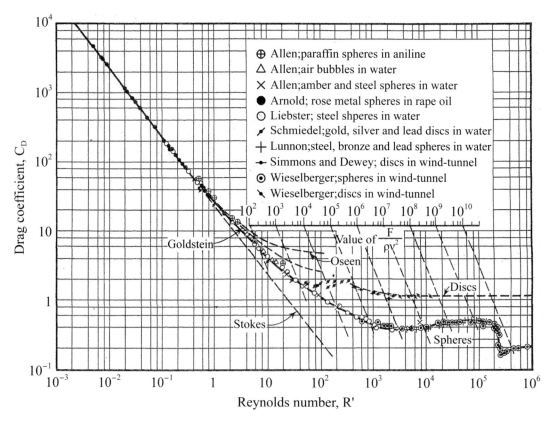

圖6.14　圓球顆粒C_D與$R' = \dfrac{\omega d}{\nu}$之關係

Eq.(6.14)雖然是一個經驗關係式，但試驗所涵蓋的資料範圍相當廣：管徑D ＝ 40～580mm；泥砂粒徑d ＝ 0.2～25mm；泥砂比重ρ_s ＝ 1.5～3.95；泥砂濃度S_m ＝ 50～600kg/m^3，因之有高度的應用價值。

但Eq.(6.13)及Eq.(6.14)的成果並非沒有爭論，Zandi/Govatos (21)重新分析Durand的實驗，認為二個方程式，宜分別修改為：

$$\frac{J_m - J_w}{S_v J_w} = 176 \left(\frac{\sqrt{gD}}{v} \right)^3 \cdot \left(\frac{1}{\sqrt{C_D}} \right)^{1.5} \qquad (6.16)$$

$$\frac{J_m - J_w}{S_v J_w} = 81 \left(\frac{\sqrt{gD}}{v} \right)^3 \cdot \left(\frac{\rho_s}{\rho} - 1 \right)^{1.5} \qquad (6.17)$$

Eq.(6.16)與Eq.(6.13)之差異在於將係數180改為176。

三、管底呈現沉積物運行

管底呈現沉積物時，水流由定床（管壁）變為動床（泥砂），此現象與河川中輸砂情況相似，甚至有砂波出現，可預期水流阻力大增，設計時宜避免此流況。

四、全管泥砂以層移運行

若泥砂濃度再增加，泥砂不再懸浮，水流的紊動性也不復存在，此現象已超出輸砂管流的範疇。

6.3 傾斜管流

相較於水平管，傾斜輸泥管內之泥砂重力與水流已不再是垂直的向量關係，且二者之關係將因傾斜角度而異。傾斜輸泥管由於參數眾多，至今的研究雖尚難下明確定論，但所得的結果已足夠提供初步的了解。

6.3.1 水流流態

Newitt等[9]利用閃光照相技術試驗取得垂直管內泥砂分布的概況。觀察顯示大部分泥砂分布於管的中央。其外圍與管壁之間則爲一環相對清澈的水流。當體積含砂量S_v達約10%時流速的量測顯示管中部的泥砂水流相當均勻。

6.3.2 水流阻力

一、Gilbert等的垂直管實驗

Gilbert [3]及Worster/Denny[20]進行垂直管的實驗，所得的成果：

$$J_m = J_w \pm S_v \left(\frac{\rho_s - \rho}{\rho} \right) \tag{6.18}$$

上式中若水流向上流動取正值，向下側取負值。結果顯示，若以渾水水柱而言，在垂直管中的流動，壓降梯度與清水流動無異。

二、Zandi/Govatos的傾斜管實驗

Zandi/Govatos[21]由實驗成果建議

$$J_m(\theta) - J_w - S_v \left(\frac{\rho_s - \rho}{\rho} \right) \sin\theta = 180 S_v J_w \left[\frac{V^2}{gD} \frac{\sqrt{C_D}}{\cos\theta} \right]^{-1.5} \tag{6.19}$$

圖6.15則顯示利用15cm管路$\theta = 0$、$15°$、$30°$及$45°$的試驗成果，上行管的θ值爲正，下行管爲負。在計算得 $\dfrac{V^2}{gD}\dfrac{\sqrt{C_D}}{\cos\theta}$ 後，由該圖可求得 $\left(J_m(\theta) - J_w - S_v \left(\frac{\rho_s - \rho}{\rho} \right) \sin\theta \right) / S_v J_w$ 值，進而可求得$J_m(\theta)$。Eq.(6.19)中C_D亦可經$R_e{'}$而由圖6.14求之。

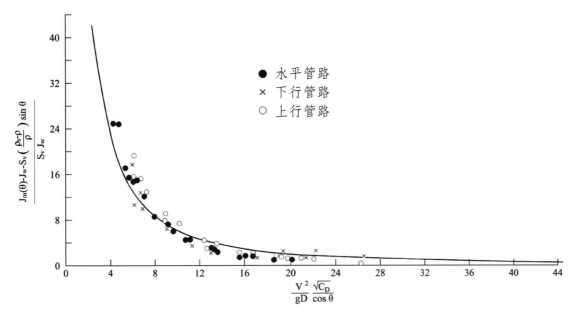

資料來源：錢寧／萬兆惠(22)。

圖6.15 傾斜管中兩相流的水流損失

6.4 管路磨損

6.4.1 影響磨損因子

　　流體挾帶固體對結構物所造成的磨損是一種極其複雜的現象，流水面磨損在採礦、冶金或輸砂工程都是工業界長期經歷的問題，在高流速的水工結構更是如此。影響磨損的因子很多，但無理論基礎可依循，故磨損率幾乎全依賴實驗的成果取得。Truscott(15)曾對水工機械的磨損進行詳細調查，結果顯示，影響磨損的因子包括：

一、結構物的材質，包括硬度及強度。

二、輸送固體的物理特性，包括顆粒大小、硬度、幾何形狀、比重及濃度。

三、流體特性，包括流速及流向與結構物形成的交角。

除影響因子外，上述文獻亦對磨損率作下列定性上的結論：

一、磨損率大約與流速的3次方成正比。

二、以金屬結構的磨損而言，當輸送固體的硬度超出金屬的硬度時，則磨損率大幅提高。

三、磨損率隨固體顆粒大小、形狀尖銳度及濃度的增加而增加。

四、固體與結構物平滑的磨損率遠比與之成交角的磨損率為低，此交角若達60°至90°則磨損率最大。

五、磨損率與固體在水中的淨重成比例。

6.4.2 抗磨材料

國外在水工結構抗磨方面的經驗涉及兩種行業，其一是工業界採礦、冶金相關的尾礦及砂漿輸送系統，其二是水利界的水壩或堰體結構，但二者中對工業界的影響層面較大，故經驗較多。抗磨措施通常採用六種類型的護面材料，包括高氧化鋁陶瓷（high alumina ceramic）、矽灰混凝土（silica fume concrete）、橡皮（rubber）、環氧樹脂砂漿（epoxy resin mortar）、聚胺酯（polyurethane）及聚脲（polyurea）。

高氧化鋁陶瓷由於其硬度高且其物理特性相當好，在工業上抗磨的應用極為普遍。表6.4顯示各種材質的莫氏硬度指數，由該表可見以鑽石為10計，則高氧化鋁陶瓷為9，石英為7，碳鋼為5。表6.5為美國Coors公司出產的85%氧化鉛的陶瓷特性，可見其抗壓、抗彎曲及抗張力的特性都相當良好。橡皮通常只用於抽水機葉片的襯砌。silica fume為顆粒極其微小的煉鋼爐產品，其化學成分有90%以上是SiO_2，用其為水泥之拌合料可使混凝土抗壓強度大幅提高，甚至高達約$1,000kgf/cm^2$，也因此矽灰混凝土成為高強度混凝土，其抗磨性能可以提高。

環氧樹脂砂漿的成分包括環氧樹脂（無毒性）、石英砂、特殊添加物及固化劑，基本原理為利用環氧樹脂黏著力特性將石英砂緊密的黏附在水工結構的表面，而以石英砂之硬度抵抗水流及挾砂的磨損作用。該材質特性如表6.6所示，可見該材料有高抗壓、高抗拉、高黏結抗拉、高抗沖磨、低彈性模數及與鋼或混凝土相當熱膨脹係數等特性。

表6.4　材質硬度表

material（材料）	mohs hardness（莫氏硬度）
Diamond（鑽石）	10
Sapphire（藍寶石）	9
Alumina ceramic（氧化鋁陶瓷）	9
Topaz（黃寶石）	8
Quartz（石英）	7
Cast stone（鑄石）	7
Tool steel（工具鋼）	6.5
Glass（玻璃）	5.5
Carbon steel（碳鋼）	5

表6.5　氧化鋁陶瓷（85%氧化鋁）物理特性

參　數	特　性
Compressive strength（抗壓強度）	$19,700kgf/cm^2$
Bending strength（抗彎強度）	$2,925kgf/cm^2$
Tensile strength（抗張強度）	$1,950kgf/cm^2$
Modulus of elasticity（彈性模數）	$2.25 \times 10^6 kgf/cm^2$
Specific gravity（比重）	3.4
Hardness（硬度）	9 Moh's scale
Porosity（孔隙率）	0

　　以上三種的剛性材料由於在管徑50cm以下的管材加工不易，無法採用。

　　橡皮、聚胺酯及聚脲都是利用分子間結合力強且具有彈性的特性，以「軟對硬」的做法達到抗磨的目的。Want(17)及Snoek(12)對泥漿管路（slurry pipeline）所做的抗磨材料研究都顯示聚胺酯是一優良的抗磨材質，對延長管材的生命有良好的效果。聚脲亦是合成材料，其抗磨效果與聚胺酯相當。橡皮因管中加工不易，一般用於閥體等局部位置的保護。

　　由於管線的設計流速一般在2～3m/s之間，其磨耗速率遠低於高流速水工結構物，故除了泵浦葉片及閥門之外，大多不將磨耗的問題列入考慮。若磨損發生，解決辦法之一為將管子做120°的旋轉，使管路達到均勻磨損，延長其使用年限。

表6.6　環氧樹脂砂漿主要性能

	環氧樹脂砂漿	備註
抗壓強度MPa	80.0	—
抗拉強度MPa	10.0	—
與500kg/cm² 混凝土黏結抗拉強度MPa	>4.0	「>」表示試驗破壞在混凝土本體
與鋼黏結抗拉強度MPa	>6.0	—
抗沖磨強度h/(g/cm²)	2.79	h/(g/cm²)表示單位面積上沖磨掉1g材料所需要的時間，實驗流速40m/s
不透水係數MPa h	>19.6	不透水係數$I = \Sigma P_i t_i$，P_i為所受水壓、t_i為恆壓時間*
抗壓彈性模數MPa	2,150	該指標表示材料所受與應力與應變之比
線性熱膨脹係數×10⁻⁶/℃	9.2	鋼為11.7×10^{-6}/℃
抗沖擊性 kJ/m²	2.1	該指標表示材料受到沖擊破壞時所消耗的能量
吸水率%	0.18	該指標反映材料的自身密實性和抗凍融破壞性能
耐化學腐蝕性	30%NaOH	耐	測試方法：用試驗試件浸放在腐蝕介質中28天所發生的質量和強度變化來度量
	50%NaOH	耐	
	10%鹽水	耐	

參考文獻

1. Baker, P. J., Jacob, B. E. A., and Bonnington, S. T., *A Guide to Slurry Pipeline Systems*, BHRA Fluid Engineering, 1979.

2. Durand, R., "Basic Relationships of the Transportation of Solid in Pipes-Experimental Research," Proc., Minnesota International Hyd. Conv., 1953, pp. 89-103.

3. Gilbert, R., "Transport Hydrauligue et Refoulement des Mixtures en Conduits," Annales des Points et Chausses, 130 Annee, No.3 and 4, 1960, pp. 307-373, 437-494.

4. Graf, W. H., and Acaroglu, E. R., "Homogeneous Suspensions in Circular Conduits," Journal of the Pipeline Division, ASCE, Vol.93, No.PL2, Proc. Paper 5352, July, 1967.

5. Howard, G. W., "Transportation of Sand and Gravel in A Four-Inch Pipe," ASCE Transactions, Paper No.2039, September, 1938.

6. Hsu, S. T., Beken, A., Landweber, L. and Kennedy, J.F., "Sediment Suspension in Turbulent Pipeline Flow," Journal of Hydraulics Division, ASCE, Vol.106, No.HY11, Nov., 1980, pp.1783-1792.

7. Michalik, A., "Density Pattern of The Inhomogeneous Liquids in the Industrial Pipe-Lines Measured by Means of Radiometric Scanning," La Houille Blanche, No.1, 1973, pp. 53-57.

8. Newitt, D. M., Richardson, J. F., Abbott, M., and Turtle, R. B., "Hydraulic Conveying of Solids in Horizontal pipes," Transcation, Institute of Chemical Engineers, Vol.33, 1955, pp. 93-113.

9. Newitt, D. M., Richardson, J. F., Gliddon, G. J., "Hydraulic Conveying of Solids in Vertical Pipes," Transaction, Institute of chemical Engineers, Vol.39, 1961, pp. 93-100.

10. Nick, B., and J. A. Roberson, "Mechanics Of Mud Flow," Proceedings, ASCE Water Resource Development, 1984, pp. 158-162.

11. Rouse, H. "Modern Conceptions of the Mechanics of Fluid Turbulence," Transactions, ASCE, Vol.111, Paper No: 1965, 1973, pp. 463-543.

12. Snoek, P. E., "Slurry Pipeline Material Selection," Bechtel Petroleum Inc., U.S.A.

13. Spells, K. E., "Correlations for Use in Transport of Aqueous Suspensions of Fine Solids Through Pipes," Transactions, Institute of Chemical Engineers, Vol.33, 1955, pp. 79-84.

14. Stevens, G. S., and Charles, M. E., "The Pipe Line Flow of Slurries : Transition Velocities,"

Proc., Hydrotransport 2, 1972, pp. E3-37-62.

15. Truscott, G. F., "A Literature Survey m Abrasive Wear in Hydraulic Machinery," Wear 20, 1972.

16. Vanoni, V. A. (editor), *Sedimentation Engineering*, ASCE, Manual No.54, 1975.

17. Want, F. M., "Water in Slurry Pipeline," Mechanical Engineering Transaction, 1979.

18. Wasp, E. J. et al., "Hetero-Homogeneous Soild-Liquid Flow in Turbultent Regime," Zandi, I. Editor, *Advances in Solid-Liquid Flow in Pipes and Its Application*, Pergamon Press, 1971.

19. Wilson, K. C. and Watt, W. E., "Influence of Particle Diameter on the Turbulent Support of Solids in Pipeline Flow," Proc., Hydrotransport 3, 1974, pp. D1 1-9.

20. Worster, R. C., and Denny, D. F., "The Hydraulic Transport of Solid Material in Pipes," Paper Presented at a General Meeting of the Institute. Mech. Engrs., London, 1955, p. 12.

21. Zandi, I., and Govatos. G., "Heterogenerous Flow of Solids in Pipeline," Journal of Hydraulics Division, Proceeding , ASCE, Vol.93, No.HY3, 1967, pp. 145-159.

22. 錢寧／萬兆惠，泥砂運動力學，科學出版社，1983年。

23. 中國水利學會泥砂專業委員會主編，泥砂手冊，中國環境科學出版社，1992年。

24. 韓其為，水庫淤積，科學出版社，2003年。

第 **7** 章

管流水力分析

　　水在管路中的流動可分爲穩定流（steady flow）與暫態流（unsteady flow或transient flow）二類別，顧名思義，穩定流是一種不因時間變化的流況，反之，暫態流則指流況隨時間而改變。分析穩定流的目的是要確保管路系統的運轉可達到設計功能，且在設定的流量輸送範圍的可安全地達到能量平衡。管路系統啓閉或動力設備的中斷都會產生暫態流並引起管中壓力的變化，故有必要檢驗所產生的水鎚壓力是否會超出系統所能承受的程度，因之嚴謹的水力分析是管路設計的必要工作。

　　本章分別說明穩定流及暫態流的分析原理及可採用的軟體。

7.1 穩定流分析

　　管路系統可能是以輸送水源爲主的輸水幹管或是以配送水源至各用戶爲主的配水管網，唯在某些情況下亦有輸、配水合而爲一的系統。

7.1.1 輸水幹管

　　每一輸水幹管都應建立設計準則，該準則應包括輸送的最大及最小流量、取水及出水口的位置及高程、可能採用的管材與路線等。穩定流分析的首要工作是計算輸送最大設計流量所需的能量（以水頭計）及系統能量的「缺額」或「餘額」。由此考慮為達到能量平衡應有的設施並選擇其安裝位置，若管路需加壓則抽水機的選擇及抽水站的布置必須予以評估。此外，亦應檢討所設計的系統是否符合最低流量運轉時能量平衡的需求。

　　若水源係由高處往低處送，則此管路將可能面臨消能的議題，消能時控制噪音或防止破壞性穴蝕的發生應詳以分析，本書第五章所介紹的消能工可酌應用。穴蝕的發生雖不致於在短期間內造成結構物的破壞，但已建置的系統不易改變，將造成經常性維護的難題，必須事先防患。

　　若輸水幹管為一長途管路，其摩擦損失將對管路設計產生舉足輕重的影響。一般而言，由於管壁結垢、管材老化或腐蝕，管壁的摩擦係數皆與時俱增，故設計者應區分新管與舊管的差異。若有可能，參考相同管材在相似環境的經驗值，可降低風險。

　　水力計算成果一般以能量坡降線（energy grade line, EGL）或以水力坡降線（hydraulic grade line, HGL）的型式繪製於管路縱斷面上，二者差距有限，但以HGL較為常用，某點HGL與管路高程差即代表管路於該處所承受的水柱壓力。

7.1.2 配水管網

一、概述

　　由水源配水至用戶端可採用「樹枝」狀或「網」狀的管路布置，前者水源來自某一特定管路，因之若該分枝的上游端發生問題則整個下游端的用水將被迫中止。反之，若管路布置成網狀，則某一用戶的水源可來自多方，如此可大幅提升水源供應的穩定度，故以管網方式供應民生用水或重要工業用水是當今的潮流。

　　樹枝狀系統之穩定流分析可依各用水戶的需求，由下游端往上游端計算各節點所需的流量及水力高程，也由此判定供水系統能否滿足所設定的功能。但如圖7.1所示之管網系統，因涉及管路間的錯綜連結，某一管段的流量及流向都會受到鄰近管段或管網的影響。計算方法是建立每一個環路（loop）的能量平衡方程式，然後將所有的方程式形成矩陣，並以Hardy Cross法或Newton法利用電腦計算求解。

　　針對上述管網計算，Epp/Fowler(2)於1970年發表文章說明其管網軟體的開發架構並提供給業界免費應用，在1970-1990年代，Epp/Fowler模式為業界管網穩定流水力模擬的標準工具。

二、EPANET模式簡介及應用

　　由美國環境保護署（U.S. Environmental Protection Agency）負責開發的EPANET模式於1993年由Lewis A. Rossman博士首度發布，由於此模式功

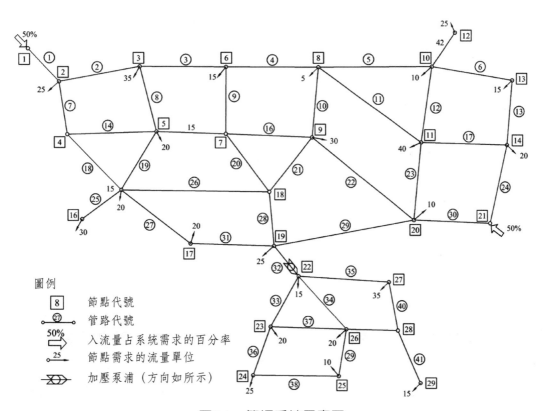

圖7.1　管網系統示意圖

能強大又可免費下載使用，已成為當今管網穩定流水流分析最為廣泛應用的
計算工具，以2000年推出的EPANET 2.0視窗版本，開發了使用者圖形介面
（GUI, graphic user interface），簡化使用，以下簡要說明EPANET的功能
及模型建置要點：

(一) 模式功能

　　EPANET有水力及水質模擬二大功能，水力模擬的特色如下：

1.管網的尺度無限制。

2.摩擦損失可採Hazen-Williams、Darcy-Weisbach或Chezy-Manning公
式。

3.可包括彎管、接頭等次要損失。

4.可計算抽水能量及費用。

5.可模擬各種型式的閥門，包括遮斷閥、逆止閥、壓力控制閥及流量控制
閥。

6.可容許任何形狀的貯水槽。

7.一個節點可容許多個用水戶，用水可隨時間變化。

8.可模擬由壓力控制的放水設備。

9.可模擬單一水位或其他水位控制方式的運轉。

　　在水質方面可分析以下的水質現象：

1.摻合不同水源的效果。

2.水停留於管路系統的時間。

3.水中氯的殘餘量。

4.消毒劑副產品的增長量。

5.汙染物事件的追蹤。

(二) 模式建置

　　EPANET經由使用者建立的管網資料，使用質量守恆和能量守恆的觀
念，可以建立各節點、管段間的控制方程式，求解時，進行反覆迭代（itera-
tion），即可以找到最佳解。EPANET 2.0可以依照各節點與管線轉折點的座
標，自動計算各節點間的管長，因此只需要預先了解各節點的座標和高程，就

可以將各節點的資料輸入，加上估算各節點的需水狀況，即可以建立演算區域內所有需要計算的網格點，同時顯示在螢幕上。

　　管網分析流程如圖7.2所示，大致可分爲三個步驟：(1)建立管網基本資料，包括輸配水幹管、加壓站、配水池、淨水場等設施；(2)分析管網的水壓或水量等狀況；(3)展示分析成果。

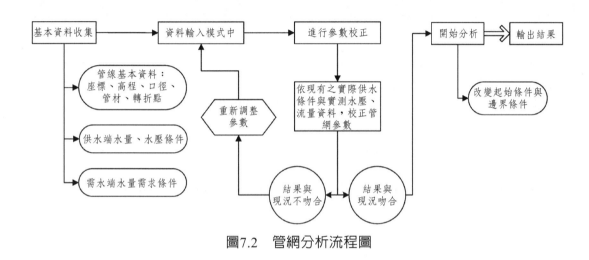

圖7.2　管網分析流程圖

　　建立管網基本資料可利用GIS軟體匯入相關管線、設施等資料，或是利用軟體介面直接建置，且需利用圖形視窗輸入相關參數，以利後續分析工作之進行。當所有管網元件的基本參數設定完成後，便可利用EPANET 2.0進行模擬分析的工作。EPANET 2.0依照管網的基本資料與參數進行模擬計算後，得到每個元件之分析結果，如管線的水量或是節點的水頭等資料，並以圖形視窗展示管線或節點的分析結果。

　　管網分析模型之建置，除了各節點和管段資料之外，尚需各加壓站抽水機、配水池、閥栓的規格和操作狀況等基本資料。其中，抽水機輸入揚程－流量率定曲線部分，係由各加壓站抽水機之測試曲線（pumping test curve）輸入模式中；而配水池所需之水池底面積和水位上、下限、水池底床高程等資料，亦需取得相關資料並輸入模式；至於閥栓操作資料，則是配合各供水分區之實測壓力或計畫供水流量等資料加以設定。分析模型建置步驟說明如下：

　　1.取得管網基本資料：包括輸配水幹線、淨水場、配水池等資料，此外也必須包含測站資料，以利後續驗證管網參數設定。

2.於EPANET 2.0模式建立管網系統：將上述管網基本資料，使用模式提供之建置工具，於視窗介面上建立管網基本元件，或利用匯入功能將各設施資料匯入系統。EPANET 2.0模式需輸入元件說明如表7.1所示。

表7.1　EPANET 2.0模式輸入元件說明表

	元　件	必填項目
1	管線（Link）	起迄點節點名稱（Caption）、管徑、摩擦係數、開閉狀態
2	節點（Node）	坐標、高程、需水量（Demand）
3	抽水機（Pump）	率定曲線（Pump curve）、開閉狀態、比速
4	配水池（Storage tank）	高程、容積曲線、初始水深、高低水深
5	水庫（淨水場）（Reservoir）	高程
6	閥（Valve）	閥種類、控制設定、管徑

3.輸入管網元件參數：在建置好的管網系統中設定各元件的參數資料。其中有關管線摩擦係數C值的選擇，依管種和使用年分不同而有差異。

4.輸入供水量與需水量資料：依照基本資料，設定管網系統供水量與需水量之設定。

5.以供水管網水壓、水量、水質分析模組進行管網之分析工作，並以測站資料進行參數調整之工作。

6.繪製區域管網水壓、水量模擬成果分析圖表，供規劃工作所需。

7.2 暫態流分析

7.2.1 暫態流現象說明

一、暫態流類型

　　暫態流是指管中水流由一穩定流改變至另一穩定流過程的流況，此流況一般源自於閥門的啓閉或動力設備的啓動或跳機。另一種暫態流則是管中壓力或流量產生週期性的變化，若此週期性的頻率與管路某一自然頻率相近，則可能形成共振（resonance）現象，這種現象並不常見，但若發生亦可導致嚴重的系統問題。

　　本節將以非週期性的暫態流為討論對象，週期性的暫態流很難事先防患，大多在問題發生後，再探討問題的根源，並求解決方案，本書於第9.7節描述一實例。

二、瞬間啟閉的水鎚壓力

　　圖7.3a示一無阻力的理想輸水系統，假設其出水口閥門瞬間關閉，造成流速驟降ΔV及水壓驟升ΔH，且此變化以a的波速向上游傳遞。若施以反向波速a，使傳遞中的壓力波處於靜止狀態，如圖7.3b，則由圖7.3c所示的控制體積可寫出x方向斷面1及2間如下的動力方程式：

$$\rho_1 Q_1 V_1 + H_1 \gamma_1 A_1 = \rho_2 Q_2 V_2 + H_2 \gamma_2 A_2 \tag{7.1}$$

式中：$V_1 = (V_0 + a)$；$V_2 = (V_0 + \Delta V + a)$；$H_1 = H_0$；$H_2 = H_0 + \Delta H$，$\gamma$及$\rho$分別為液體單位重及密度。此外，又假設管斷面積及流體密度變化微小，即$A_1 = A_2 = A$及$\rho_1 = \rho_2 = \rho$，則Eq.(7.1)可改寫為

$$\Delta H \gamma A = \rho A (V_0 + a)(V_0 + a - V_0 - a + \Delta V)$$

即

$$\Delta H = -\frac{\Delta V}{g}(a + V_0) \tag{7.2}$$

又因波速$a >> V_0$，故Eq.(7.2)可簡化為

$$\Delta H = -\frac{a}{g}\Delta V \tag{7.3}$$

　　Eq.(7.3)中，a值一般大於$1,000 \text{m/s}$，g是重力加速度，約9.81m/s^2，故在瞬間關閉閥門的情況下所產生的水鎚係以$1,000/9.81$或100倍以上的流速變化量放大，由此可見降低流速變化ΔV對管壓控制及提升系統安全的重要性。

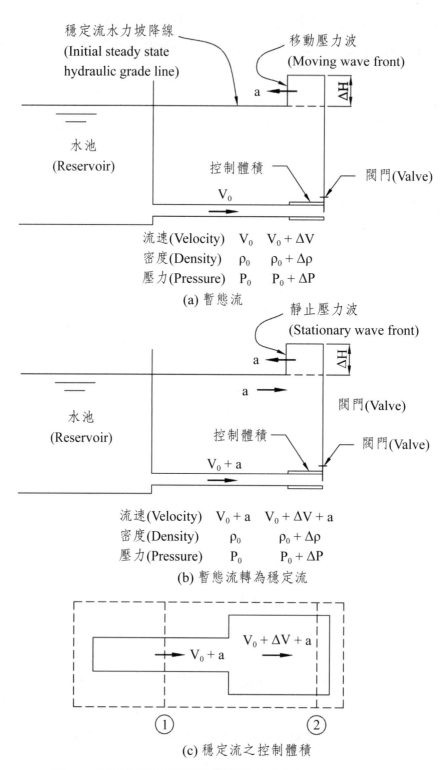

圖7.3 理想管路出口閥瞬間關閉流速與壓力變化示意圖

三、水鎚壓力的傳遞及其特性

今利用圖7.3所示的理想系統，以八個段落來說明水鎚壓力波的傳遞：

(一) $t = \Delta t$

圖7.4a示閥門在瞬間關閉後Δt時間水力坡降線的狀況，此時由停止水流所形成的水鎚壓力ΔH已以a的速度傳至距閥門$a \cdot \Delta t$的位置，在管壓增加ΔH之管段管體膨脹，水流流速$V = 0$，其上游管段則尚未感受水鎚壓力的存在，管中流速依然為$V = V_0$。

(二) $t = \dfrac{L}{a}$

L為管路長度，故在 $t = \dfrac{L}{a}$ 時壓力波傳至管路與水池的交會處，整條管路承受ΔH的水鎚壓力，$V = 0$，如圖7.4b。

(三) $t = \dfrac{L}{a} + \Delta t$

與管路銜接的水池有相當大的容積，其水位不受管中流量變化的影響，故水池的邊界條件將迫使管中的壓力恢復至H_0，為此，管中將釋放ΔH而形成反向$V = -V_0$的水流，但其餘管路則保持$H = H_0 + \Delta H$及$V = 0$的狀況，如圖7.4c。

(四) $t = \dfrac{2L}{a}$

壓力波由水池反射後抵達閥門，此時全管路恢復原有H_0的壓力且$V = -V_0$，如圖7.4d。

(五) $t = \dfrac{2L}{a} + \Delta t$

壓力波遇到關閉的閥門必須反射，其反射的條件是位於閥門的水流流速為零，為提供其他管段$V = -V_0$的流速，管路必須束縮，管壓必須隨之降低，因之壓力波到達的管段之壓力為$H = H_0 - \Delta H$，流速$V = 0$，如圖7.4e。

(六) $t = \dfrac{3L}{a}$

　　壓力波再次傳至水池與管路的交接處，此時整條管路水柱為$H_0 - \Delta H$，且水流處於靜止狀態，如圖7.4f。

(七) $t = \dfrac{3L}{a} + \Delta t$

　　由於管路壓力低於水池水位，此水位差促使$V = V_0$的流速流入管內，但在壓力波未達到之處，管路的壓力依然較H_0為低，水流依然靜止，如圖7.4g。

(八) $t = \dfrac{4L}{a}$

　　壓力波再次傳至閥門，此時管路坡降線等同於水池水位，且流速$V = V_0$，如圖7.4h。

　　在閥門關閉前若在閥門（斷面A）及管路中間位置（斷面B）分別裝設一壓力傳感器，則可量測到斷面A與B壓力隨時間的變化分別如圖7.5a及圖7.5b，可見在此假設的案例，位於某一點的壓力將做週期性的變化，故在暫態流的過程，管路的壓力將因位置及時間而不同，亦即$H = f(x, t)$。

　　從工程角度，設計者所關心的並非不同位置壓力隨時間的變化，而是整條管路不同位置所可能面對的最大壓力，因之，暫態流過程的最大壓力包絡線（pressure envelope）往往是分析所必須呈現的成果。

四、2L/a對水鎚的物理意義

　　由上小節所述之壓力波傳遞及位於開放端（open-end）的反射現象，可見出口端的閥門即便不是瞬間關閉，但只要在2L/a之前完全關閉即達到等同於瞬間關閉的壓升效應，也由此可見在波速a維持不變的情況下，2L/a隨管路長度L的增加而拉長，因之在長途管路系統管路取得紓解水鎚壓力的時間較長，產生嚴重水鎚效應的機率亦隨之增加。

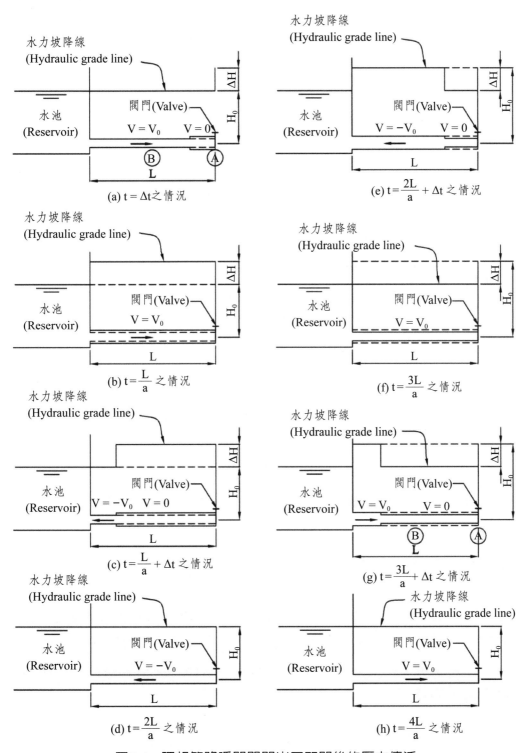

圖7.4　理想管路瞬間關閉出口閥門後的壓力傳遞

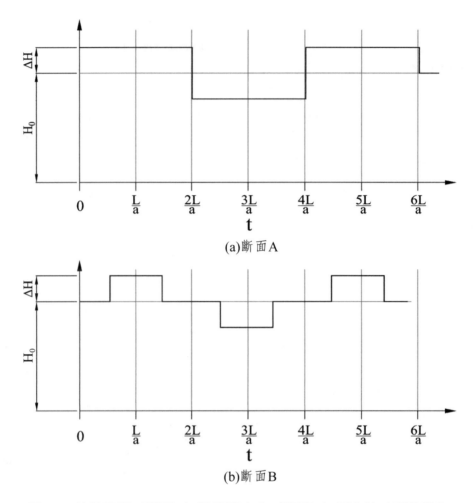

(a)斷面A

(b)斷面B

圖7.5 位於閥門（斷面A）及管路中心（斷面B）壓力隨時間的變化

7.2.2 壓力波速

由Eq.(7.3)所推導的成果可見水鎚壓力ΔH與壓力傳遞的速度a及流速變化量ΔH都成正向關係，而壓力傳遞速度在實質上代表管中水壓增減時管材的變形程度及流體密度的可變化性，本節說明鋼性管路、薄壁管路及含游離氣體管路中壓力傳遞的速度。

一、鋼性管路（infinite rigid pipe）

所謂鋼性管路是指管材不因管中壓力的變化而膨脹或束縮，故壓力傳播的速度僅取決於流體的彈性模數（elastic modulus），在現實環境中山體內的輸水隧道應接近於鋼性管路。

採用圖7.3所示現象，將流速V_0附加以波速a使流體處於穩定流狀態如圖7.3b，則圖7.3c所示控制體積內由質量的永恆得：

$$\rho_0 A(V_0+a)=(\rho_0+\Delta\rho)A(V_0+a+\Delta V) \tag{7.4}$$

故得

$$\Delta V=-\frac{\Delta\rho}{\rho_0}(V_0+a+\Delta V) \tag{7.5}$$

Eq.(7.5)中因$(V_0+\Delta V)\ll a$，故

$$\Delta V=-\frac{\Delta\rho}{\rho_0}a \tag{7.6}$$

流體的體積彈性模數（bulk modulus of elasticity）K為應力ΔP與應變$\Delta\rho/\rho_0$之比值，即 $K=\frac{\Delta P}{\Delta\rho/\rho_0}$，故得

$$\Delta V=-\frac{\Delta P}{K}a$$
$$a=-K\frac{\Delta V}{\Delta P}$$

由Eq.(7.3)可得 $\frac{\Delta P}{\Delta V}$=-$\rho a$，故a = - K/$\rho$a因之

$$a=\sqrt{\frac{K}{\rho}} \tag{7.7}$$

由表1.1可見，若流體為水，在水溫20℃情況下，K = $220\times10^7\mathrm{N/m^2}$，$\rho$ = 998.2kg/m^2，可得a = 1,484m/s或4,867ft/s，由於K及ρ因水溫之變化有限，故a值隨溫度之變化不大。表7.2顯示不同液體在常溫情況下之體積彈性模數及相應的波速。

表7.2　大壓氣力下一般液體在常溫的體積彈性模數及波速

液體Liquid	溫度 T(Temperature) (℃)	密度ρ (Density) (kg/m³)	體積彈性模數 K(Bulk Modulus of Elasticity) (GPa)	K/ρ (N·m/kg) 10^6	$a=\sqrt{\dfrac{K}{\rho}}$ (m/s)
Benzene（苯）	15	880	1.05	1.193	1,092
Ethyl alcohol（酒精）	0	790	1.32	1.67	1,292
Glycerin（甘油）	15	1,260	4.43	3.515	1,875
Kerosine（煤油）	20	804	1.32	1.641	1,281
Mercury（汞）	20	13,570	26.20	1.930	1,389
Oil（油）	15	900	1.50	1.666	1,290
Water, fresh（清水）	20	999	2.19	2.19	1,480
Water, sea（海水）	15	1,025	2.27	2.21	1,488

資料來源：Chaudhry(1)。

二、彈性管路（elastic pipe）

　　圖7.3所示的管路系統，若瞬間關閉的壓力波由出口傳至水池端，在忽略管路縱向長度變化、僅考慮管材徑向擴張及流體密度增加時可得到下列關係式：

$$\rho A V_0 \frac{L}{a} = \rho L \Delta A + L A \Delta \rho$$

本方程式等號之左側為水流在L/a時間內流入管中的體積，右側的第一項為管路擴張的體積，第二項則為管中質量的增加量，式中之V_0可由$\Delta H = \dfrac{a}{g} V_0$取代，故該方程式可改寫為

$$a^2 = \frac{\Delta \rho / \rho}{\left(\dfrac{\Delta A}{A} + \dfrac{\Delta \rho}{\rho}\right)} = \frac{K/\rho}{\left(1 + \dfrac{\Delta A}{A} \quad \dfrac{\rho}{\Delta \rho}\right)} \qquad （7.8）$$

　　參照圖7.6所示之管路斷面自由體（free-body），當管路增加ΔP之壓力時其力的平衡如下：

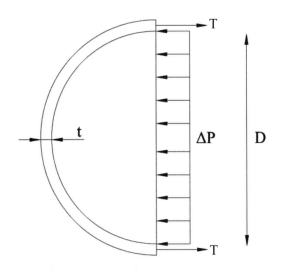

圖7.6　管路斷面自由體

$$D\Delta P = 2T = 2tS \tag{7.9}$$

Eq.(7.9)中，T：管壁張力；t：管壁厚度；S：管壁應力，故

$$S = \frac{D\Delta P}{2t}$$

而管材的彈性模數E是應力S與應變δ的比值，因 $\delta = \dfrac{S}{E}$ 故

$$\Delta A = \pi D \frac{D}{2} \delta = \frac{\pi D^2}{2} \frac{S}{E} = A \frac{D\Delta P}{tE} \tag{7.10}$$

將Eq.(7.10)及 $\Delta\rho/\rho_0 = \Delta P/K$ 代入Eq.(7.8)得

$$a^2 = \frac{K/\rho}{\left(1 + \dfrac{KD}{E\,t}\right)} \tag{7.11}$$

　　若考慮管路的固定方式，則Eq.(7.11)可改寫爲

$$a = \sqrt{\frac{K}{\rho\left(1 + \left(\dfrac{KD}{E\,t}\right)\varphi\right)}} \tag{7.12}$$

當管路沿線固定則Eq.(7.12)$\varphi = 1.0$，若僅局部固定或有伸縮接頭，則φ略小於1，一般管路固定對a的影響有限，故實質應用上φ採1.0。

如上節所示，水的體積彈性模數K約為$2.20 \times 10^9 \text{N/m}^2$，至於E則因管材材質而異，表7.3示一般材質的彈性模數（modulus of elasticity）及泊松比

表7.3 常用管材的彈性模數（modulus of elasticity）及泊松比（Poisson's ratio）

材質	彈性模數（10^9N/m^2）		泊松比	
資料來源	(1)	(2)	(1)	(2)
鋁合金（Aluminum alloys）	72.40	68～73	0.33	0.33
石棉水泥（Asbestos cement）	23.44	24	0.30	-
黃銅（Brass）	103.43	78～110	0.34	0.36
鑄鐵（Cast iron）	-	80～170	-	0.25
延性鑄鐵（Ductile cast iron）	165.48	-	0.28	-
混凝土（Concrete）	27.60	14～30	0.30	0.1-0.15
銅（Copper）	110.32	107～131	0.30	0.34
玻璃（Glass）	-	46～73	-	0.24
鉛（Lead）	-	4.8～17	-	0.44
軟鋼（Mild steel）	206.85	200～212	0.30	0.27
塑膠（Plastics）				
ABS	-	1.7	-	0.33
Nylon（尼龍）		1.4～2.75		-
Perspex（有機玻璃）		6.0		0.33
Polyethylene（聚乙烯）		0.8		0.46
Polystyrene（聚苯乙稀）		5.0		0.40
Pvc rigid（聚氯乙烯）		2.4～2.75		0.45
岩石（Rocks）				
花崗岩（Granite）	-	50	-	0.28
石灰岩（Limestone）		55		0.21
石英岩（Quartzite）		24.0～44.8		-
砂岩（Sandstone）		2.75～4.8		0.28
片岩（Schist）		6.5～18.6		-

資料來源：(1)Tullis(10)，彈性模數由psi值以$1\text{psi} = 6,895\text{Pa}$轉換，混凝土fc'採$350\text{kgf/cm}^2 = 4,925\text{psi}$。
(2)Chaudhry(1)。

（Poisson's ratio），可見鋼材$E_s = 207 \times 10^9 N/m^2$，鑄鐵$E_i = 166 \times 10^9 N/m^2$，混凝土$E_c = 27 \times 10^9 N/m^2$，由以上資料得知，就彈性模數而言，鋼材約為混凝土的7.5倍，約為水的94倍，三者約成10倍的階梯式差異。

　　現今在實務應用上較常用於輸水路的材質，包括鋼、鑄鐵、混凝土、塑膠及隧道等，為利於運用，Parmakian (5)已建立圖7.7、7.8及7.9，供查詢鋼管、鑄鐵管、石棉管及隧道的波速。至於常用的加勁混凝土管，則建議以其鋼彈性模數的比值將管厚縮為等同鋼管的厚度，此比值通常在1/10至1/15之間。唯因混凝土管可能有龜裂，故可採1/20，若混凝土管厚度為15cm，則其相應之鋼管厚度為15/20 = 0.75cm，此外應附加加勁部分的等同鋼管厚度。

　　水鎚的產生及爾後一連串的反射或釋放等現象相對複雜且有互抵消的作用。一般而言，波速的估算能達10%內的精度即可。

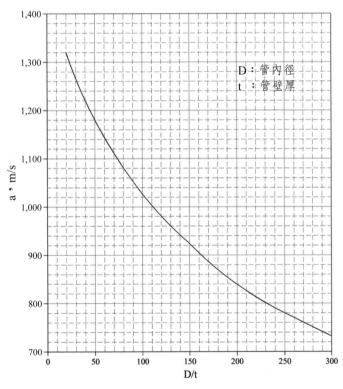

資料來源：Parmakian(5)。

圖7.7　鋼管輸水波速估算

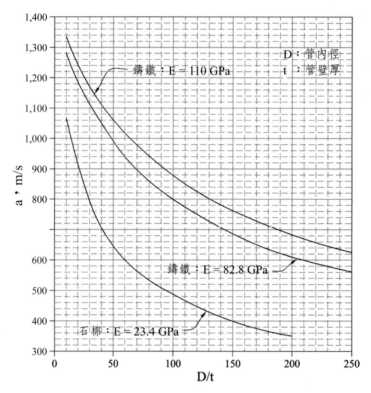

資料來源：Parmakian(5)。

圖7.8　鑄鐵及石棉管輸水波速估算

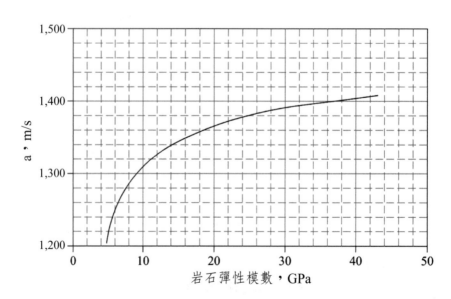

資料來源：Parmakian(5)。

圖7.9　輸水隧道波速估算

三、含游離氣體管路

在水鎚發生前管路系統可能存有游離氣體（undissolved gas），另在發生過程亦可能因壓降而釋放溶解的氣體，這些游離氣體都會降低水鎚效應，管中游離氣體的存在可能來自於下列因素：

(一) 管路中排氣設施不足或注水後沒完成排氣手續而存在殘留氣體。

(二) 進水口因存有挾氣漩渦而挾帶空氣入系統但未及時排出。

(三) 系統中水流經加熱或降壓的管段使溶解的氣體釋放成游離氣體。此種現象在火力或核能電廠的直流冷卻水系統（once-through cooling water system）冷凝器（condenser）的出口之水箱尤為常見。

當管路系統中含有游離氣體時，由於空氣的可壓縮性高，將大幅度地降低波速。

Tullis等(9)曾假設游離氣體均勻分布於管路，並利用連續及動量方程式導出：

$$a = \sqrt{\frac{K/\rho}{1 + \dfrac{KD}{Et} + MR_g KT/P^2}} \qquad （7.13）$$

式中，M：單位水／空氣混合體的空氣質量；P：絕對壓力；T：絕對溫度；R_g：氣體常數；K、E、t及D之定義如前。

根據Tullis (10)，若一支D = 30.5cm（12英寸）直徑，壁厚t = 0.635mm（0.25英寸）的鋼管，其空氣含量M = 10^{-5}slug/ft³，在水溫60°F及壓力P = 14psia的情況下，計算所得之波速a僅約150m/s(483ft/s)，此值約僅平常值的1/7。

圖7.10亦取自Tullis(10)，圖中H_{abs}指以水柱計之管中絕對壓力，可見游離空氣的含量對波速的影響因壓力而異，壓力低時影響更為顯著。另值得一提的是水與空氣混合體之壓力波波速很可能低於空氣中約340m/s的音速。

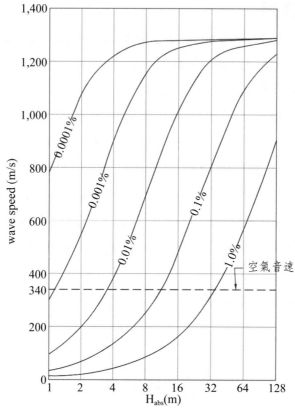

資料來源：Tullis(10)。

圖7.10　游離空氣含量對波速的影響 $\left(\dfrac{KD}{Et}=0.263\right)$

7.2.3 壓力波傳遞的計算

一、控制方程式

(一) 運動方程式（equation of motion）

　　暫態管流的運動必須符合牛頓第二定律，即水流方向力的總合應等於該流體的質量與其加速度的乘積。圖7.11顯示一個與水平交角為θ的自由體（free body），管徑D，長度Δx，與管壁形成的剪切力τ_0，上游端的壓力P，壓力波降dp/dx，則依上述的牛頓第二定律，本自由體的力的平衡如下：

$$PA-\left(P+\frac{\partial P}{\partial x}\Delta x\right)A-\pi D\tau_0\Delta x+\rho gA\Delta x\sin\theta=PA\Delta x\frac{DV}{Dt} \tag{7.14}$$

Eq.(7.14)可簡化成

$$- \frac{\partial P}{\partial x}A - \pi D\tau_0 + \rho gA\sin\theta = PA\frac{DV}{Dt} \tag{7.15}$$

由於

$$(P_1 - P_2)A = \tau_0\pi D\Delta x = \gamma(H_1 - H_2)A \tag{7.16}$$

且

$$H_1 - H_2 = \frac{f\Delta xV|V|}{2gD} \tag{7.17}$$

故

$$\pi D\tau_0 = \frac{\rho fV|V|}{2D} \tag{7.18}$$

將Eq.(7.18)代入Eq.(7.15)可得

$$\frac{\partial P}{\rho\partial x} + \frac{fV|V|}{2D} - g\sin\theta + \frac{\partial V}{\partial x}\frac{dx}{dt} + \frac{\partial V}{\partial t} = 0 \tag{7.19}$$

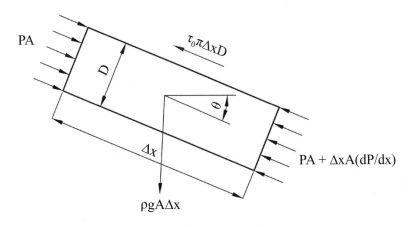

圖7.11　管段力平衡示意圖

以水柱高程H替代水壓P，得H = P/γ+ Z，並予以微分即

$$\frac{\partial H}{\partial x} = \frac{1}{\gamma}\frac{\partial P}{\partial x} + \frac{dz}{dx} = \frac{1}{\gamma}\frac{\partial P}{\partial x} - \sin\theta \tag{7.20}$$

將Eq.(7.20)代入Eq.(7.19)可得

$$g\frac{\partial H}{\partial x} + \frac{fV|V|}{2D} + V\frac{\partial V}{\partial x} + \frac{\partial V}{\partial t} = 0 \tag{7.21}$$

Eq.(7.21)中

$$V\frac{\partial V}{\partial x} = V\left[\frac{\partial V}{\partial t}\frac{\partial t}{\partial x}\right] = \frac{V}{a}\frac{\partial V}{\partial t}$$

由於V≪a，故 $V\dfrac{\partial V}{\partial x}$ 可忽略，而Eq.(7.21)可改寫為

$$g\frac{\partial H}{\partial x} + \frac{fV|V|}{2D} + \frac{\partial V}{\partial t} = 0 \tag{7.22}$$

(二) 連續方程式（equation of continuity）

建立連續方程式的基本假設是控制斷面內的管材斷面積可因壓力的變化而增減，唯其長度維持不變，此外，流體之密度亦可隨壓力而變化，故在一長度Δx的管段可建立下列關係：

$$\rho Q - \left(\rho Q + \frac{\partial \rho Q}{\partial x}dx\right) = \frac{\partial}{\partial t}(\rho A dx) \tag{7.23}$$

上式可簡化為

$$-\frac{\partial(\rho A V)}{\partial x}dx = \frac{\partial(\rho A dx)}{\partial t} \tag{7.24}$$

展開Eq.(7.24)得

$$-\rho A\frac{\partial V}{\partial x}dx - \rho V\frac{\partial A}{\partial x}dx - AV\frac{\partial \rho}{\partial x}dx = \rho\frac{\partial A}{\partial t}dx + A\frac{\partial \rho}{\partial t}dx \tag{7.25}$$

將Eq.(7.25)除以ρAdx，並予以重新安排，得

$$\frac{1}{A}\left(\frac{\partial A}{\partial t} + V\frac{\partial A}{\partial x}\right) + \frac{1}{\rho}\left(\frac{\partial \rho}{\partial t} + V\frac{\partial \rho}{\partial x}\right) + \frac{\partial V}{\partial x} = 0 \tag{7.26}$$

或

$$\frac{1}{A}\frac{dA}{dt}+\frac{1}{\rho}\frac{d\rho}{dt}+\frac{\partial V}{\partial x}=0 \tag{7.27}$$

Eq.(7.27)中的第一項代表暫態流中管路斷面積的變化，第二項則代表在暫態流過程水體密度隨時間的變化。今以K代表水體的彈性模數（elastic modulus）則由Eq.(7.10)，因 $\Delta A=A\frac{D\Delta P}{tE}$，故 $dA=\frac{AD\rho g}{tE}dH$，而第一項可改寫為

$$\frac{1}{A}\frac{dA}{dt}=\frac{D\rho g}{tE}\frac{dH}{dt} \tag{7.28}$$

此外，因 $K=\frac{dp}{d\rho/\rho}$，故第二項成為

$$\frac{1}{\rho}\frac{d\rho}{dt}=\frac{\rho g}{K}\frac{dH}{dt} \tag{7.29}$$

將Eq.(7.28)及Eq.(7.29)代入Eq.(7.27)即得

$$\left(\frac{D\rho g}{tE}+\frac{\rho g}{K}\right)\frac{dH}{dt}+\frac{\partial V}{\partial x}=0 \tag{7.30}$$

或

$$\left(\frac{1+\frac{KD}{tE}}{\frac{K}{\rho}}\right)\frac{dH}{dt}+\frac{1}{g}\frac{\partial V}{\partial x}=0 \tag{7.31}$$

因

$$a=\left(\frac{K/\rho}{1+\frac{KD}{Et}}\right)^{1/2} \tag{7.32}$$

故Eq.(7.31)可改寫為

$$\frac{1}{a^2}\frac{dH}{dt}+\frac{1}{g}\frac{\partial V}{\partial X}=0$$

或

$$\frac{\partial H}{\partial X}\frac{\partial X}{\partial t}+\frac{\partial H}{\partial t}+\frac{a^2}{g}\frac{\partial V}{\partial t}=0$$

由於 $\dfrac{\partial X}{\partial t}=\dfrac{1}{a}$，故 $\dfrac{\partial H}{\partial X}\dfrac{\partial X}{\partial t}$ 一項可略而不計，連續方程式可簡化為

$$\frac{\partial H}{\partial t}+\frac{a^2}{g}\frac{\partial V}{\partial t}=0 \qquad (7.33)$$

(三) 控制方程式綜合說明

由Eq.(7.22)及Eq.(7.33)二個控制方程式，可見水體的壓縮性完全反映於連續方程式並以波速a為代表，此外，計算上皆以測壓管水柱高程（piezometric head）H為基準，管線所承受的壓力P則以H-Z計之。

二、特性法（method of characteristics）

特性法是將Eq.(7.22)及Eq.(7.33)由偏微分方程式改變為全微分方程式，以達到將管線中壓力傳遞可電腦化計算的方法。今將上述二方程式分別寫成：

$$L_1=g\frac{\partial H}{\partial x}+\frac{\partial V}{\partial t}+\frac{fV|V|}{2D}=0 \qquad (7.34)$$

$$L_2=\frac{\partial H}{\partial t}+\frac{a^2}{g}\frac{\partial V}{\partial x}=0 \qquad (7.35)$$

又將L_1及L_2以$L_1+\lambda L_2$組合，得

$$\lambda\left(\frac{\partial H}{\partial t}+\frac{a^2}{g}\frac{\partial V}{\partial x}\right)+g\frac{\partial H}{\partial x}+\frac{\partial V}{\partial t}+\frac{fV|V|}{2D}=0 \qquad (7.36)$$

重組Eq.(7.36)為

$$\lambda\left(\frac{g}{\lambda}\frac{\partial H}{\partial x}+\frac{\partial H}{\partial t}\right)+\left(\frac{\lambda a^2}{g}\frac{\partial V}{\partial x}+\frac{\partial V}{\partial t}\right)+\frac{fV|V|}{2D}=0 \qquad (7.37)$$

並令

$$\frac{dx}{dt}=\frac{g}{\lambda}=\frac{\lambda a^2}{g} \qquad (7.38)$$

則$\lambda=\pm g/a$，因 $\dfrac{dx}{dt}=\pm a$ 且

$$\frac{g}{\lambda}\frac{\partial H}{\partial x}+\frac{\partial H}{\partial t}=\frac{dH}{dt}$$

$$\frac{\lambda a^2}{g}\frac{\partial V}{\partial x}+\frac{\partial V}{\partial t}=\frac{dV}{dt}$$

故Eq.(7.37)可變為全微分而成為俗稱的C⁺及C⁻方程式，如下：

$$C^+:\quad \frac{g}{a}\frac{dH}{dt}+\frac{dV}{dt}+\frac{fV|V|}{2D}=0 \qquad\qquad \frac{dx}{dt}=+a \qquad\qquad （7.39a）$$

$$C^-:\quad \frac{g}{a}\frac{dH}{dt}-\frac{dV}{dt}-\frac{fV|V|}{2D}=0 \qquad\qquad \frac{dx}{dt}=-a \qquad\qquad （7.39b）$$

三、壓力傳遞的計算程序

圖7.12顯示一x（距離）與t（時間）的關係圖，其中水平軸x共分為七個間距，而節點「1」及「8」，分別代表二端不同邊界條件（boundary condition, B.C.），垂直軸則由0至n共有n個時間間距，每個間距Δt。

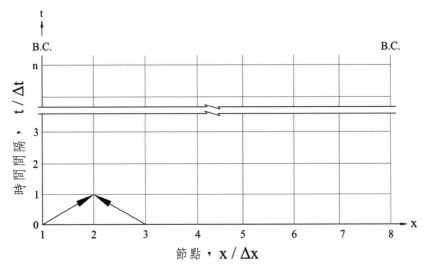

圖7.12　特性法之壓波傳遞計算示意圖

若以H及Q分別代表已知之水柱高程及流量，HP及QP為待求之水柱高程及流量，並以i為欲計算之位置，因Eq.(7.39a)及(7.39b)為全微分方程式，故

可利用有限差分法（finite difference method）將二方程式寫成以下的代數
式：

$$C^+ : HP_i - H_{i-1} + B(QP_i - Q_{i-1}) + RQ_{i-1}|Q_{i-1}| = 0 \qquad (7.40a)$$

$$C^- : HP_i - H_{i+1} - B(QP_i - Q_{i+1}) - RQ_{i+1}|Q_{i+1}| = 0 \qquad (7.40b)$$

式中

$$B = \frac{a}{gA} \qquad (7.41a)$$

及

$$R = \frac{f\Delta x}{2gDA^2} \qquad (7.41b)$$

為簡化 Eq.(7.40a) 及 (7.40b)，設定

$$CP = H_{i-1} + BQ_{i-1} - RQ_{i-1}|Q_{i-1}| \qquad (7.42a)$$

$$CM = H_{i+1} + BQ_{i+1} + RQ_{i+1}|Q_{i+1}| \qquad (7.42b)$$

於是 Eq.(7.40a) 及 (7.40b) 可簡化為：

$$C^+ : HP_i = CP - BQP_i \qquad (7.43a)$$

$$C^- : HP_i = CM + BQP_i \qquad (7.43b)$$

Eq.(7.43a) 及 (7.43b) 含二個未知數 HP_i 及 QP_i，故可以代數法解得。

7.2.4 邊界條件建置

由圖 7.12 可看出只要建立穩定流（即 t = 0）位於每個節點的 H、Q 值及管
段二端點邊界條件的 H、Q 關係，即可應用 Eq.(7.43a) 及 Eq.(7.43b) 計算該管
段內部每一節點 H 與 Q 的暫態流變化。但二端點所形成的邊界條件或 H-Q 關係
將因設施而異。本節介紹管路系統中常用設施的 H-Q 關係。

一、開口端（open end）

開口端可能是位於一個管路系統的上游或出口，圖7.13顯示管路引水自一水池或水庫，在進口損失不計的假設下，位於節點1的壓力水頭$HP_1 = HR$，不受系統內水鎚的影響，至於流量QP_1則由C^-方程式，Eq.(7.43b)，求得。由於開口端是一個定壓的邊界條件，因之它具有釋放管中壓力的功能。

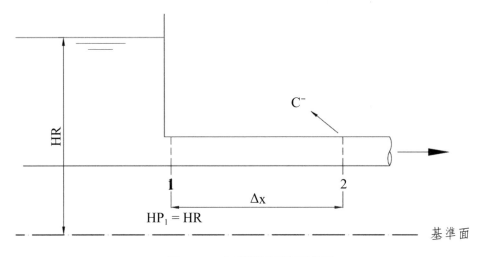

圖7.13　上游開口端示意圖

二、封閉端（dead end）

如圖7.14，管路的封閉端$QP_n = 0$，於是HP_n可由Eq.(7.43a）求得。另由圖7.4可見，封閉端對水鎚壓力會產生反射作用。

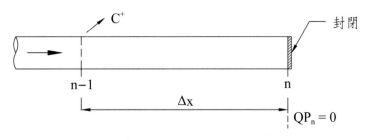

圖7.14　下游封閉端示意圖

三、逆止閥（check valve）

逆止閥用以防止水流反向流動，在計算時通常設定水流正向時全開，水流靜止或反向時則全關，故水流正向時它會產生水頭損失，而反向時它形同管路的封閉端，封閉時的模擬亦如圖7.14。

四、銜接管（pipe junction）

(一) 銜接不同管徑

圖7.15為二種不同管徑銜接示意圖，位於銜接點i，無論在其上游或下游端流量皆為QP，但由於接頭水頭損失的存在，加上管徑不同而造成流速水頭的差異，二端的測壓管水頭（piezometric head）將有差異，其關係可以下式表示：

$$HP_u + \frac{VP_u^2}{2g} = HP_d + \frac{VP_d^2}{2g} + \Delta HP \qquad (7.44)$$

式中HP_u及VP_u分別為待求的上游測壓管水頭及管中平均流速，HP_d及VP_d則為下游管之相應值，ΔHP為水頭損失。為簡化計算，VP_u、VP_d及ΔHP可以前一時間點的資料取代，故Eq.(7.44)可改寫為：

$$HP_u - HP_d = \frac{V_d^2}{2g} - \frac{V_u^2}{2g} + \Delta H \qquad (7.45)$$

Eq.(7.45)及節點i-1的C^+方程式與節點i+1的C^-方程式即可共解QP、HP_u及HP_d等三個未知數。

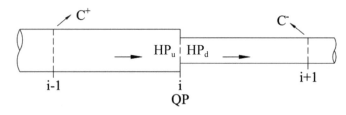

圖7.15 銜接不同管徑示意圖

(二) 銜接分歧管（pipe bifurcation）

　　圖7.16中所示的上游母管銜接branch 1及2二分歧管，欲求QP、HP、QP_1及QP_2四個參數，可採用連續方程式$QP = QP_1 + QP_2$，母管中C^+及二支管C^-共四個方程式，分歧管的損失則略而不計。

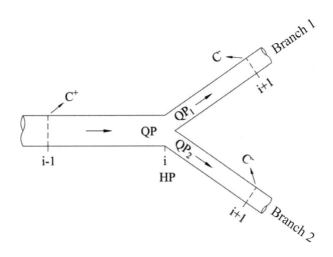

圖7.16　銜接分歧管示意圖

五、控制閥（control valve）

　　圖7.17所示之控制閥門在半開啟時通過的流量可由下列方程式估算

$$QP=C_dA\sqrt{2g(HP_u - HP_d)+VP^2} \qquad （7.46）$$

式中，C_d：流量係數；A：閥門面積；HP_u：欲求解之閥門上游端測壓計水頭；HP_d：閥門下游端水頭；VP：平均流速。欲解QP（含VP），HP_u及HP_d除Eq.(7.46)之外，亦可用源自i-1節點之C^+方程式及源自i + 1節點之C^-方程式，另為方便計算Eq.(7.46)中之VP^2可用VP*V取代。

　　當閥門全關之後，水流完全被隔離，故QP = 0，水鎚傳遞之機制同封閉端。

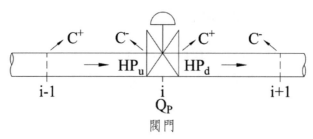

圖7.17　管中閥門示意圖

六、吸氣閥（air-inlet valve）

在水鎚過程位於局部高點的管路易形成負壓，甚至達眞空狀態。吸氣閥可引進大氣，使管路形成「氣囊」效應，控制水鎚。如圖7.18，吸氣閥是一種逆止閥的裝備，外部空氣只進不出，進入管中的空氣在水流穩定後可於下游管段利用排氣閥（air-release valve）逐步排除。

氣體爲可壓縮性，在膨脹或束縮過程與周遭環境有二種可能熱交換型式，即絕熱狀態（adiabatic condition）及同溫狀態（isothermal condition），理想氣體（perfect gas）的體積$\overline{V}_a$及壓力P的變化可以下式表示

$$P\overline{V}_a^k = \text{const.} \tag{7.47}$$

若爲絕熱狀態k = 1.4，同溫狀態k = 1.0，通常採用下列三種假設建立邊界條件：

(一) 空氣以絕熱方式進入管內。

(二) 進入管中的空氣不被水流帶走。

(三) 管中氣體的膨脹／束縮在同溫狀態下進行。

Papadakis/Hsu(4)說明如圖7.18所示之吸氣閥在暫態流過程存有下列四種流況：

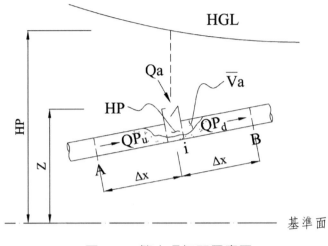

圖7.18　管中吸氣閥示意圖

(一) 吸氣閥尚未開啓

吸氣閥接點的管路處於正壓狀態，此時$QP_u = QP_d = QP$，故QP及HP可由相鄰節點之C^+及C^-求得。

(二) 吸氣閥處於關閉狀態但管中存有氣體

管中氣體壓力與體積的變化依循$Eq.(7.47)$，故

$$(HP - Z + H_b)\overline{V}P_a^{1.2} = (H - Z + H_b)\overline{V}_a^{1.2} = C \qquad (7.48)$$

而氣囊體積在時間增量Δt的變化為

$$\overline{V}P_a = \overline{V}_a + \left(\frac{QP_d + Q_d}{2} - \frac{QP_u + Q_u}{2}\right)\Delta t \qquad (7.49)$$

本流況共有HP、QP_u、QP_d及$\overline{V}P_a$等四個未知數，利用$Eq.(7.48)$、$Eq.(7.49)$及C^+與C^-方程式即可求解。

(三) 吸氣閥開啓空氣以低於音速流入管内

若管中壓力高於$0.528P_b$（P_b為大氣壓力），則空氣流入吸氣閥之速度將低於音速（sonic velocity），空氣入流量QP_a為：

$$QP_a = C_d A_0 \left\{ 2gH_b \frac{\gamma}{\gamma_a} \frac{k}{k-1} \left(1 - \left(\frac{HP_a}{H_b} \right)^{\frac{k-1}{k}} \right) \right\}^{0.5} \tag{7.50}$$

式中，H_b：以水柱表示之大氣壓；HP_a：以水柱表示之氣囊壓力；γ：水的單位重；γ_a：大氣中空氣單位重；A_0：吸氣閥斷面積；k：空氣比熱1.4；C_d：閥門流量係數，通常採0.6。由時間t至$t+\Delta t$之間，氣囊體積的變化則可以下式表示

$$\overline{V}_a P = \overline{V}_a \left(\frac{H_a}{HP_a} \right)^{1/k} + \left(QP_a + Q_a \left(\frac{H_a}{HP_a} \right)^{\frac{1}{k}} \right) \frac{\Delta t}{2} \tag{7.51}$$

Eq.(7.51)等號右側之第一項代表原有氣囊體積$\overline{V}_a$隨壓力由H_a變為HP_a所產生的體積變化，第二項則代表在Δt時間內注入的新空氣，因氣囊與管中的流體接觸，$\overline{V}P_a$的變化必須與流體互動，故Eq.(7.49)所示氣囊體積與其兩側流量QP_d及QP_u的關係亦必須滿足。總計在此流況下共有$\overline{V}P_a$、HP_a、QP_a、QP_u及QP_d等五個待解參數，可由Eq.(7.49)、(7.50)及(7.51)與C^+及C^-方程式求解。

(四) 吸氣閥開啟空氣以音速流入管內

當管中壓力低於$0.528P_b$時，進入吸氣閥之空氣達音速（sonic velocity），此時空氣注入量將不因管中壓力的降低而增加，而形成所謂的扼流狀態（choking condition），此臨界狀況的流量Q_a^*為

$$Q_a^* = C_d A_0 \left[2gH_b \frac{\gamma}{\gamma_a} \frac{k}{k+1} \right]^{0.5} \tag{7.52}$$

進入管中的流量QP_a應因管中的壓力而作調整，

$$QP_a = Q_a^* \left(\frac{H^* - Z + H_b}{HP - Z + H_b} \right)^{1/k} \tag{7.53}$$

式中H^*：產生音速的測壓計水頭高程；Z：吸氣閥高程，而

$$H^* = Z + H_b \left\{ \left(\frac{2}{k+1} \right)^{\frac{k}{k-1}} - 1 \right\} \tag{7.54}$$

在此流況下，共有QP_a、Q_a^*、HP_a、QP_u、QP_d及H^*等六個參數待解，可

由Eq.(7.52)、(7.53)、(7.54)、(7.49)及C⁺與C⁻等六方程式求得。

七、儲氣槽（air chamber/air vessel/accumulator）

如圖7.19，儲氣槽上部為壓縮氣體，下部為管中輸送的流體，通常管路與儲氣槽之間以一直立式短管相銜接，若有必要短管中可裝置孔板（orifice），以控制儲氣槽與管路間流量交換的能力。

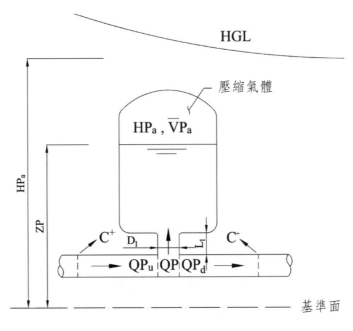

圖7.19　儲氣槽參數定義

針對儲氣槽模式的建置，首先需考慮的是其氣體膨脹／束縮的特性，一般認為其過程既非絕熱，亦非同溫，而是介於二者之間，應屬多變狀態（polytropic condition），故Eq.(7.47)中採k = 1.2，即

$$(HP_a - ZP + H_b) = \overline{V}P_a^{1.2} = C \qquad (7.55)$$

Eq.(7.55)中，HP_a：位於儲氣槽水面待解的水柱壓力；ZP：待解之水面高程；H_b：以水柱表示之大氣壓力；$\overline{V}P_a$：氣體體積；C：常數。假設直立管長度L的液體為不可壓縮，則直立管上部液體的運動方程式：

$$\frac{1}{2}[(H+HP) - (H_a+HP_a)]=\frac{L_1}{g}\frac{1}{A}\frac{d(QP - Q)}{dt}+RQP|Q| \tag{7.56}$$

式中R之定義如Eq.(7.41b)。

　　位於銜接點管路的連續方程式

$$QP_u - QP_d = QP \tag{7.57}$$

其中，QP_u：儲水槽上游流量；QP_d：儲水槽下游流量；QP：直立管流量，故儲氣槽中氣體體積$\overline{V}P_a$的變化存在下列關係

$$\frac{Q+Qp}{2}=\frac{\overline{V}_a - \overline{V}P_a}{\Delta t} \tag{7.58}$$

而儲氣槽中水位ZP的變化可由下式推算

$$\left(\frac{ZP-Z}{\Delta t}\right)A_t=\frac{Q+QP}{2} \tag{7.59}$$

A_t為儲氣槽斷面積，由以上的描述，可見儲氣槽的演算包括HP_a、ZP、$\overline{V}P_a$、HP、QP、QP_u及QP_d等七個參數，求解的方程式則包括C^+、C^-及Eq.(7.55)至Eq.(7.59)。

八、平壓塔（surge tank/stand pipe）

　　平壓塔是一種被動式的穩壓設施，圖7.20定義一簡易平壓塔的參數，其中L_1：豎井（riser）高度；D_1：豎井直徑；LP_2：待求的平壓塔水位高度；D_2：平壓塔直徑；HP：某一瞬間豎井底部的水力高程；QP：流入豎井流量；QP_u：豎井上游端管路流量；QP_d：豎井下游端管路流量，又以i-1及i+1分別代表平壓塔左右水管二節點的位置，由以上定義可建立水流進出平壓塔的運動方程式，如下：

$$HP - ZP - K\frac{V_1^2}{2g}=\frac{L_1}{g}\frac{dV_1}{dt} \tag{7.60}$$

其中K代表水流進出平壓塔消能係數之合。此外，在豎井與水平管的接點的連續方程式

$$QP_u = QP_d + QP \tag{7.61}$$

另平壓塔水深

$$LP_2 = L_2 + \frac{Q+QP}{2A_t} \Delta t \qquad (7.62)$$

式中L_2爲平壓塔前一時段的水深，Q則爲前一時段進出入平壓塔的流量，A_t爲平壓塔斷面積。

　　結合Eq.(7.60)、Eq.(7.61)及Eq.(7.62)與C^+及C^-方程式共有五個方程式可解五個未知數QP_u、QP_d、QP、LP_2及HP。

　　若平壓塔改爲直立管（stand pipe），則將圖7.20中之D_2，改爲D_1且L_2改爲L_1即可。

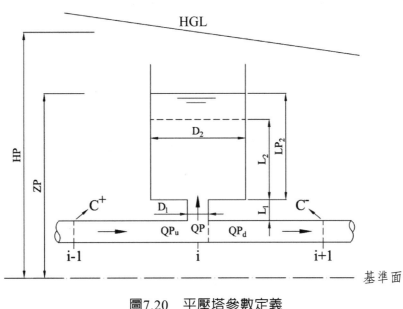

圖7.20　平壓塔參數定義

　　由Eq.(7.60)可見平壓塔的存在將使平壓塔底部水管中HP的壓力得到紓解，而該點至整體水管的壓力將由平壓塔水位控制，這使高頻率振動的水鎚變爲低頻率變化的湧壓，該週期可以下式估算

$$T = 2\pi \sqrt{\frac{LA_t}{gA}} \qquad (7.63)$$

式中，L：上游水庫至平壓塔管路長度；A_t：平壓塔斷面積；g：重力加速度；A：管路斷面積。

九、解壓閥（pressure relief valve）

解壓閥有多種類型，包括：

(一) 破裂盤（rupture disk）

當管中壓力超出一特定值時，線上裝置的破裂盤開裂，釋放水壓。

(二) 安全閥（safety valve）

閥體以彈簧或外加重量使之關閉，但當管內壓力超出設定值時，閥門開啓釋放管中水量，當管中壓力回歸到設定值時閥門重新關閉。

(三) 連動式解壓閥（interlocked pressure relief valve）

閥門的開啓非源自於管中壓力而是由於另外可能產生壓升的事件，當該事件發生時則連動的開啓解壓閥。

圖7.21為解壓閥裝置之示意圖，在模式建置時，閥門之開啓可由壓力HP或由其他設施驅動，而開啓後之放水量則可利用Eq.(7.46)計算，解壓閥上游端有HP及QP二個參數，該二參數可由C^+方程式及Eq.(7.46)求解。

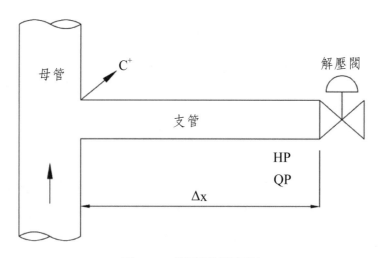

圖7.21　解壓閥示意圖

十、泵浦

(一) 轉動機械四象限特性

泵浦失去電源之後，由於水流的阻力及管路的背壓泵浦將減速，若其出口沒有逆止閥的裝置管路的水將迴流，泵浦也將返轉（除非有防止返轉的ratchet裝置），在此暫態流的過程，泵浦將面臨動態水頭、轉速及流量的變化，因之泵浦動態的轉速、流量及壓差的特性將對管路水鎚產生關鍵性的影響。

代表轉動機械特性有四個參數，即流量Q、轉速N、淨水頭H及出力力矩T，若定義泵浦正常操作的Q、N、H及T為正值，則根據Stepanoff(7)以Q為橫軸、N為縱軸所成立的四個象限可區分為八個分區，A至H，如圖7.22。在實務上機械可穩定運轉的僅A及C分區。A分區為泵浦抽水時運轉，以H = 0及Q = 0為界線，C分區則為水輪機發電運轉，以N = 0及T = 0為界。B分區則是泵浦抽水斷電後若出水口無逆止閥裝置而導致轉動機械水流返轉及轉向由正轉負的過渡，此外亦可在抽蓄電廠中泵浦失去動力時經過。C分區中T = 0即代表轉動設備不再加速，水輪機達飛逸狀態（run-away condition）。其他五個分區理論上雖有可能但現實並不會發生。

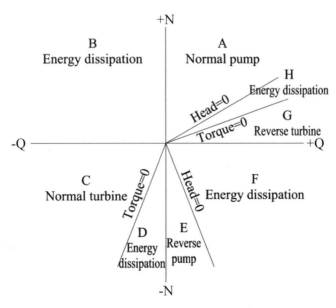

資料來源：Stepanoff (7)。

圖7.22 轉動機械運轉區分圖

圖7.23至7.25顯示Stepanoff(7)所呈現離心式（centrifugal flow）、混流式（mixed flow）及軸流式（axial flow）三種型式（詳見3.1節）之四象限泵浦特性曲線。為簡化圖面，圖中僅展示 $H = 100\%H_R$ 及 $T = 100\%T_R$ 的曲線，圖中比速採用英制（Q，ft^3/s；N，rpm；H，ft）。

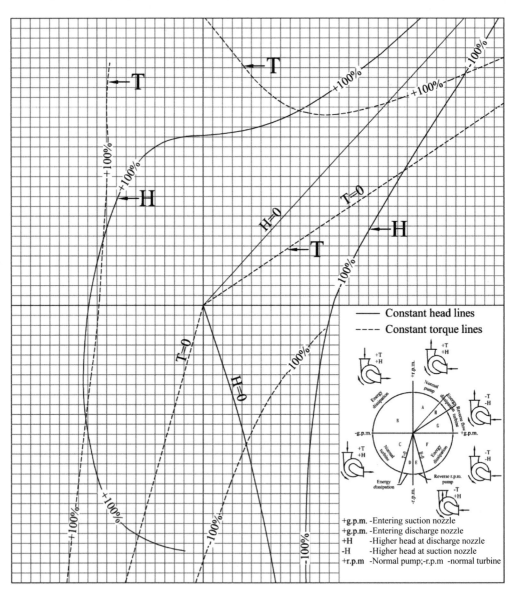

資料來源：Stepanoff (7)。

圖7.23 泵浦特性曲線，雙吸口離心式泵浦$N_s = 1,800$（英制）

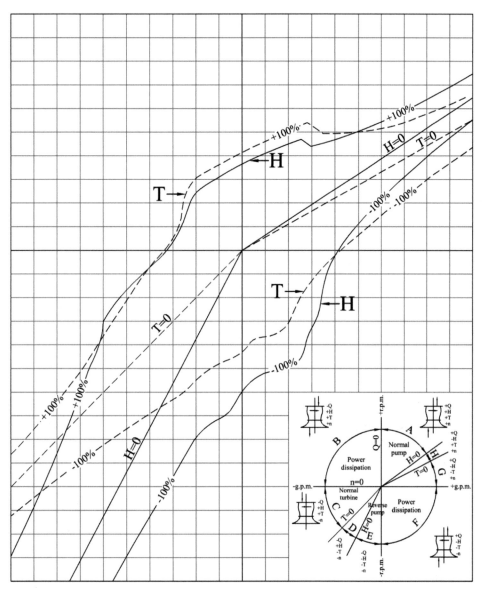

資料來源：Stepanoff (7)。

圖7.24　泵浦特性曲線，混流式泵浦N_s = 7,500（英制）

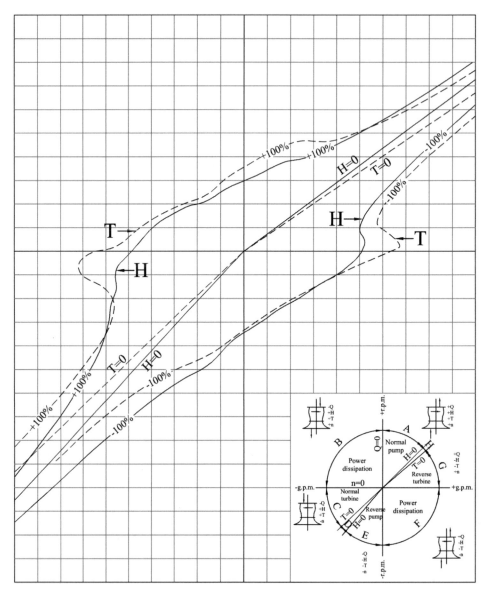

資料來源：Stepanoff (7)。

圖7.25　泵浦特性曲線，軸流式泵浦N_s = 13,500（英制）

(二) 無維曲線

為應用第3.1.2節所述轉動機械相似律的特性，水鎚分析採用的特性曲線皆將Q、H、N及T各參數除以相應額定值，而形成無維參數，即：

$$h = H/H_R$$

$$v = Q/Q_R$$

$$\alpha = N/N_R$$

$$\beta = T/T_R \tag{7.64}$$

如此Eq.(3.3)至Eq.(3.5)可改寫爲

$$\frac{v}{\alpha}=const \tag{7.65}$$

$$\frac{h}{\alpha^2}=const \tag{7.66}$$

$$\frac{\beta}{\alpha^2}=const \tag{7.67}$$

但利用電腦計算過程轉速N或α可能趨於0，使h/α^2、v/α或β/α^2趨於無窮大而造成計算上的困難。1965年Marchal等(3)提議採用 $tan^{-1}\frac{v}{\alpha}$ 與 $\frac{h}{\alpha^2+v^2}$ 及 $tan^{-1}\frac{v}{\alpha}$ 與 $\frac{\beta}{\alpha^2+v^2}$ 的關係式取代之。圖7.26及7.27分別顯示以 $\pi+tan^{-1}\frac{v}{\alpha}$ 與 $\frac{\beta}{\alpha^2+v^2}$ 及 $\pi + tan^{-1}\frac{v}{\alpha}$ 與 $\frac{\beta}{\alpha^2+v^2}$ 表示圖7.23至圖7.25三種泵浦的無維特性曲線，圖中橫軸以π加上 $tan^{-1}\frac{v}{\alpha}$ 可使橫軸由0起算。

(三) 泵浦邊界條件的建置

泵浦是一部轉動機械，轉速的變化可用Eq.(3.11)表示，即

$$T_m - T_w = I\frac{d\omega}{dt}$$

式中，T_m：由馬達傳輸給轉動軸的力矩；T_w：由水流傳輸給葉片的力矩；I：馬達與泵浦的慣性 $\frac{WR^2}{g}$；$\omega=\frac{2\pi N}{60}$；N：轉速，在泵浦運轉方向爲正值，在水輪機運轉方向爲負值；W：馬達與泵浦之重量；R：馬達與泵浦之旋轉半徑（radius of gyration）。當泵浦斷電時$T_m = 0$，水流作用於泵浦的力矩將迫使 $\frac{d\omega}{dt}$ 爲負值，泵浦開始減速，而單位時間Δt的減速量爲：

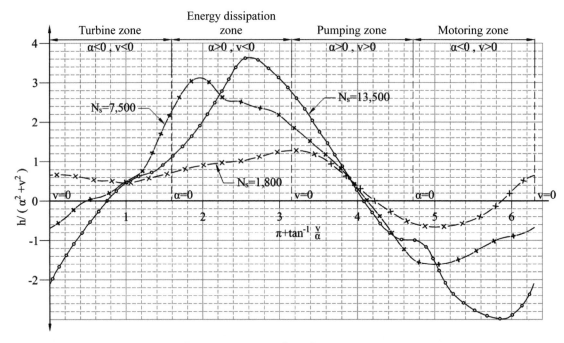

圖7.26 泵浦$h/(\alpha^2 + v^2)$的特性曲線

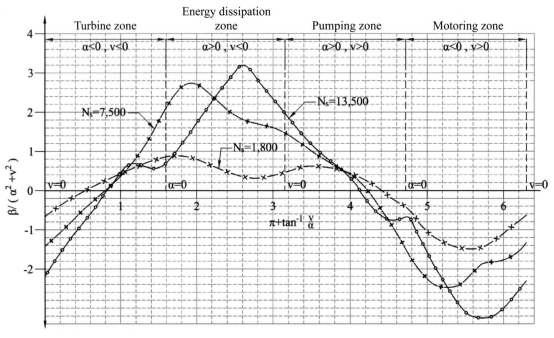

圖7.27 泵浦$\beta/(\alpha^2 + v^2)$的特性曲線

$$\Delta\alpha=\frac{\Delta N}{N_R}=-\beta\frac{30T_R\Delta tg}{WR^2N_R\pi} \tag{7.68}$$

參照圖7.28，本邊界條件共有HP_u、HP_d、QP、NP及TP等五個未知數，可由C^+、C^-、$\frac{h}{\alpha^2+v^2}$、$\frac{\beta}{\alpha^2+v^2}$及Eq.(7.68)等五個關係式求解。

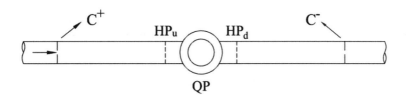

圖7.28　泵浦邊界條件示意圖

十一、水輪機

結構上水輪機與泵浦主要差異在於它有導翼（wicket gate）可用以控制水輪機的入流量及轉速，圖7.29顯示印尼Soroako Nickel Project、Larona水力電廠模型試驗水輪機的特性，該圖顯示導翼開啟度10%至100%間每隔10%測得之轉速、流量及力矩之關係曲線，並分別以N_{11}、Q_{11}及T_{11}代表模型數值，本計畫原型之$D = 2,350mm$、$H_R = 142.3m$、$N_R = 272.5rpm$，且模型數值之$D_{11} = 351.2mm$，$(H_{11})_R = 1.0m$，$(Q_{11})_R = 0.0985m^3/s$，$(T_{11})_R = 5.4kg\text{-}m$，由相似律可得：

$$(N_{11})_R=N_R\frac{D}{D_{11}}\sqrt{\frac{(H_{11})}{H_R}}=152.9rpm$$

$$Q_R=\frac{N_R}{(N_{11})_R}\left(\frac{D}{D_{11}}\right)^3(Q_{11})_R=52.6m^3/s$$

$$T_R=\left(\frac{N_R}{(N_{11})_R}\right)^2\left(\frac{D}{D_{11}}\right)^5(T_{11})_R=230,060\,kg\text{-}m$$

表7.4綜合上述模型與原型的水輪機參數。

表7.4　Larona水力電廠模型及原型水輪機參數

參數	模型	原型
D (mm)	351.2	2,350
H_R (m)	1.0	142.2
Q_R (m^3/s)	0.0985	52.6
N_R (rpm)	152.9	272.5
T_R (kg-m)	5.4	230,060

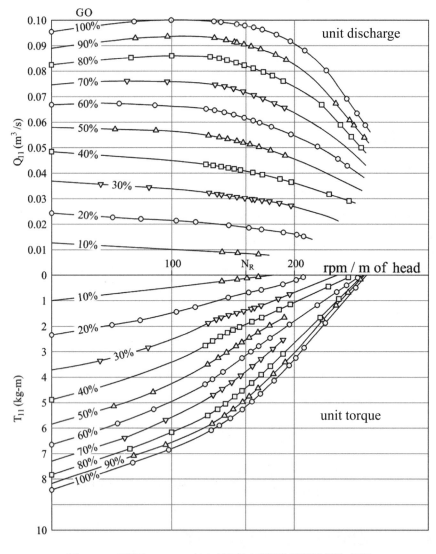

圖7.29　印尼Larona水力電廠水輪機模型試驗成果

為暫態流水鎚分析，每個導翼開度的成果可建立如圖7.26 $\frac{v}{\alpha}$ 與 $\frac{h}{\alpha^2+V^2}$ 及

圖7.27 $\frac{v}{\alpha}$ 與 $\frac{\beta}{\alpha^2+V^2}$ 之關係曲線，成果分別如圖7.30及圖7.31。在水鎚計算時導

翼的開度為已知，某一時間點之HP_u、HP_d、QP、NP及TP等五個參數亦可由

C^+、C^-、$\frac{h}{\alpha^2+V^2}$、$\frac{\beta}{\alpha^2+V^2}$ 及Eq.(7.68)等五個獨立關係式求解。

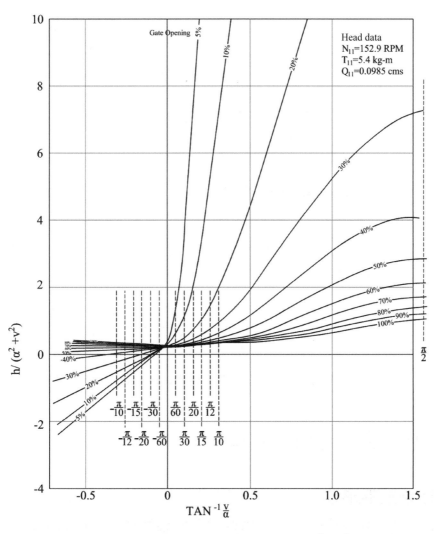

圖7.30　印尼Larona水力電廠水輪機 $v/\alpha \sim h/(\alpha^2 + v^2)$ 之關係

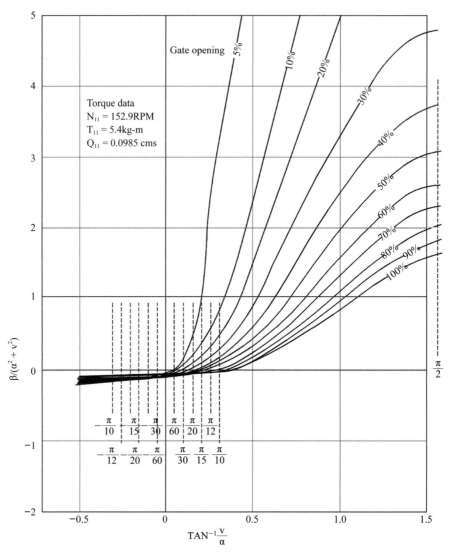

圖7.31 印尼Larona水力電廠水輪機v/α～β/(α² + v²)之關係

7.2.5 水柱分離形成的邊界條件

一、水柱分離的形成

　　第7.2.4節所建置的邊界條件係假設在暫態流過程液體的壓力皆高於蒸汽壓，但事實上並非完全如此。如圖7.32所示的管路，由於地形因素，管路縱坡的向上爬升，可能使爬升的終點「A」在暫態流過程產生負壓甚至形成蒸

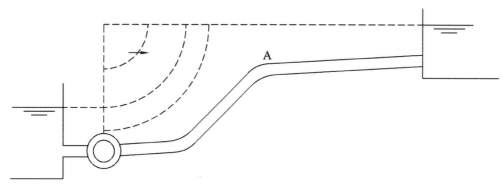

圖7.32　暫態流過程管路形成蒸汽壓示意圖

汽壓，蒸汽壓形成後液體將汽化，管中的壓力不能再降低，且蒸汽的量體將依水鎚的特性而增減，此時在水鎚分析上稱之為水柱分離（column separation），由於水柱分離位置之壓力維持在蒸汽壓，因而形成一由水鎚現象衍生的壓力邊界條件。

二、水柱復合產生的水鎚

　　水柱分離後蒸汽汽泡體積的成長或萎縮完全取決於管中流體動態的變化，在蒸汽完全消失一瞬間稱之為水柱復合，而水柱復合往往是設計者必須特別關心的水鎚事件，根據Streeter/Wylie(8)若以ΔV代表水柱復合時的相對速度則

$$\Delta H = \frac{a}{g} \Delta V \qquad (7.69)$$

　　Eq.(7.69)中，ΔH：高於蒸汽壓的水頭；a：波速，m/s；g：重力加速度，m/s^2。由該方程式可見水柱復合可產生極高的壓力，但水柱復合對管路系統安全更值得注意的是壓力上升的速率。根據Wylie及其學生在美國密西根大學利用120英寸長、3/4英寸內徑金屬管於出口端瞬間關閉所產生水柱分離與復合所測得結果綜合如表7.5，可見壓力上升速率（rate of rise）因穩定流的流速之增加而上升，在V = 1.125m/s時，上升率達52.7m/ms，即千分之一秒之間以52.7m的速率上升，此種壓力波的傳遞會造成吊掛管路在彎管處的力的不平衡及嚴重的支撐問題。

表7.5　美國密西根大學試驗水柱復合壓力上升速率

case	穩定流流速 (m/s)	水柱復合之壓升 (m)	壓升壓時Δt (s)	壓升速率（Rate of rise） (m/ms)
1	0.506	39.7	0.002	19.95
2	0.426	35.3	0.002	17.70
3	1.125	105.5	0.002	52.70

資料來源：Prof. Wylie與筆者交流信件。

三、水柱分離邊界條件的建置

水柱分離及復合涉及下列不明確的物理現象：

(一) 水柱分離為水體汽化現象，蒸汽的形成需由水中吸附能量方能達成，而此能量轉移所需時間及在轉移過程的壓力變化並無相關研究。

(二) 水體難免有非溶解氣體，另在壓力降低時因溶氣能力降低而使部分溶氣成為游離氣體，故在水柱分離後將有自由氣泡夾於水中，但其量體難以估計。

(三) 水的表面張力對形成水柱分離之影響難以推估。

(四) 水柱分離時蒸汽泡的聚合方式與管路縱斷面有關，若為水平管應均勻分布於其上部，若有折角將較集中，上述分布方式對水柱復合機制的的影響不易量化。

(五) 水柱復合時亦需將汽化能量轉入水中，其熱能交換速率如何尚無定論。

(六) 水溫對水柱分離與復合之影響並無相關研究。

水柱分離現象的形成與否必須經暫態流計算方能得知，因之，第7.2.3節所述之壓力波傳遞的演算必須於每個節點檢視瞬間壓力是否已觸及蒸汽壓，若已降至蒸汽壓則該節點將成為一邊界條件，但目前此計算僅限於追蹤由連續方程式所造成的蒸汽泡量體的變化，並不涉及上述能量交換或表面張力的影響。

圖7.33為模擬水柱分離示意圖，位於節點i在一般情況下，並無蒸汽壓產生，故蒸汽泡體積$\overline{V}_v = 0$，水柱分離／復合之計算即在追蹤$\overline{V}_v$的變化，當$\overline{V}_v$由水柱復合突然間降為零時則需估算左、右二側復合的相對水流速度ΔV，並利用Eq.(7.69)估計所衍生的水鎚壓力。

由圖7.33可見，節點i共有三個未知數，即QP_u、QP_d及$\overline{V}P_v$，此三個未知數可由C^+、C^-及蒸汽泡的體積$\overline{V}P_v$求得，而$\overline{V}P_v$可以下式表示：

$$\overline{V}P_V = \overline{V}_v + (QP_d + QP_u)\Delta t \qquad （7.69）$$

可見蒸汽泡的體積$\overline{V}P_v$是以一虛擬的體積處理，該汽泡理論上不占據管路的空間，但依管中流體的變化，可如氣球似地成長、萎縮或消失。

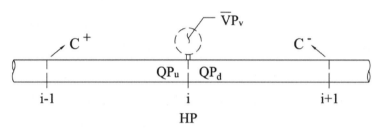

圖7.33　水柱分離模擬示意圖

有關實體工程管路中發生水柱分離／復合的水鎚案例等參閱9.4節。

7.2.6 水鎚分析軟體

由於軟體的普及化及皆可用PC為之，現今管路水鎚分析已相對簡易，使用者可採購適合自己需求的商用軟體進行設計分析而不必自行開發，軟體之可以商用化在於使用者可將已建構的邊界條件組合成適合於要分析的系統，這些邊界條件應至少包括管路、水池、閥門、泵浦、水輪機、控制閥、逆止閥、吸氣閥、平壓塔、儲氣槽、解壓閥、封閉管等。使用者可將管路二端的節點賦予以數位代號，以該數位代號將管路連結成系統的平面布置，在縱向可設定管路高程或管路的蒸汽壓高程，其他邊界條件亦可指其節點之數位代號與管路做連結。因之系統之組成有如軟體中樂高（Lego）玩具的八寶箱，使用者依需求取出各零件、組合所要模擬的管路系統。

分析的成果可做不同展示，包括某一點壓力或流量的變化，或整個系統各點最高與最低水力高程的包絡線（envelopes of maximum and minimum hydraulic grade line elevation）。

現今較為通用的軟體包括Bentley HAMMER、Hytran、SURGES、Ariete Water Hammer、AFT Impulse及EPA-Surge等。

參考文獻

1. Chaudhry, M. H., *Applied Hydraulic Transients*, Van Nostrand Reinhold Company, 1979.

2. Epp, R., and Fowler, A. G., "Efficient Code for Steady-State Flows in Networks," Journal of the Hydraulics Division, ASCE, Vol.96, No.HY1, Proc. Paper 7002, Jan., 1970, pp. 43-56.

3. Marchal, M., Felsch, G., and Suter, P., "The Calculation of Water Hammer Problems by Means of Digital Computer," Paper Presented at International Symposium on Water Hammer in Pumped Storage Projects, Sponsored by Amer. Society of Mech, Engrs,. 1965, pp. 168-188.

4. Papadakis, C. N., and Hsu, S. T., "Transient Analysis of Air Vessels and Air Inlet Valves," Journal of Fluid Engineering, American Society of Mechanical Engineers, 1977.

5. Parmakian, J., *Waterhammer Analysis*, Dover Publications, Inc., 1963.

6. Shapiro, A. H., *The Dynamics of Thermodynamics of Compressible Fluid Flow*, The Ronald Press Company, 1958.

7. Stepanoff, A. J., *Centrifugal and Axial Flow Pumps, Theory, Design and Application*, John Wiley & Sons, 1957.

8. Streeter, V. L. and Wylie E. B., *Hydraulic Transients*, McGraw-Hill, 1967.

9. Tullis, J. P., Streeter, V. L., and Wylie, E. B., "Water Hammer Analysis with Air Release," Proceedings of the 2nd International conference on Pressure Surges, London, September 22-24, 1976.

10. Tullis, J. P., *Hydraulics of Pipelines*, John Wiley & Sons, 1989.

第 8 章

水鎚控制

　　水鎚是管路系統無法避免的現象，設計者的目標應是如何降低其尺度，盡可能使其不致於成為結構的設計條件。本章以工程實務的經驗介紹可採納的水鎚控制及初步估算水鎚效應的方法。

8.1 降低閥門關閉速率

　　除閥門的水力特性外，閥門啟閉衍生的水鎚主要取決於閥門的操作速率。圖8.1顯示一無摩擦阻力的理想輸水管路，若定義a：波速；L：管長；H_0：靜水壓；V_0：穩定流流速；$T_r = 2L/a$，即壓力波傳遞L來回所需時間（round-trip travel time）；T_g：閥門以均勻速度關閉的時間；ΔH_{max}：高於H_0的最大水鎚壓力。根據Parmakian(6)的資料，在$\rho^* = aV_0/2gH_0 = 2$的情況下，$\Delta H_{max}/H_0$與 $\dfrac{T_g}{T_r}$ 的關係可繪製如圖8.1。該圖顯示在$T_g \leq T_r$時$\Delta H_{max}/H_0 = 4$，但$\Delta H_{max}/H_0$之值隨T_g/T_r增加而急速下降，$T_g/T_r = 5$時$\Delta H_{max}/H_0 = 0.5$，$T_g/T_r = 20$時$\Delta H_{max}/H_0 = 0.1$，此後T_g/T_r的持續增加對降低水鎚的效應並不明顯，因之，T_g/T_r介於10至20之間是控制水鎚壓力合理的設計值。

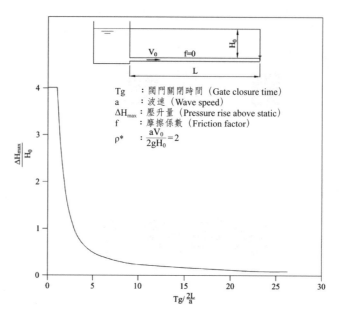

資料來源：Parmakian (6)。

圖8.1　閥門關閉時間對壓升的影響

在一個長系統，欲達$T_g \geq 20T_r$可能會使閥門的馬達因操作過久而過熱或油壓系統的供油槽的體積過大而窒礙難行，解決方法之一是採用一般速率但以「stop-and-go」的操作方式設計來達到等同降低速率的效果，如圖8.2所示。

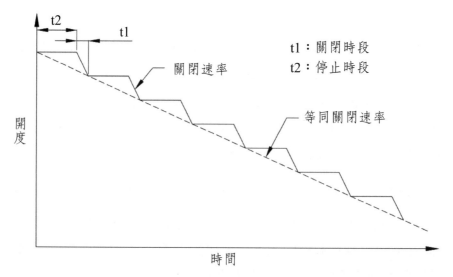

圖8.2　以「stop-and-go」的操作方式降低有效關閉速率之閥門操作示意圖

8.2 裝置水鎚緩衝設施

　　嚴重水鎚現象之所以發生，是因管路某一位置產生流量變化時由於密閉的空間無法彌補流量的缺口，必須藉由壓力的變化及傳遞方得以紓解。因之，若能於接近流量可能變化的位置裝設緩衝流量變化的設施，則可有效地控制水鎚。典型的緩衝設施有平壓塔（直立管）或儲氣槽，平壓塔的水面是大氣壓力，儲氣槽則是壓縮氣體。以下分別介紹二種設施設計時應考慮的事項及其尺度的初步估算方法。

8.2.1 平壓塔（surge tank）

　　平壓塔是一個底部與管路連結的蓄水空間，其體積與頂部及底部高程必須經分析後訂之。平壓塔應有足夠的高度，確保水流在上湧（upsurge）時上升水位低於其頂部，若水流高於頂部則必須順利地引導水流至安全放流點，使之不致於影響結構的安全或造成邊坡的沖刷。平壓塔的底部亦必須夠低，避免下湧（downsurge）時放空而導致空氣進入管路，影響管路系統重新啟動或操作。

　　圖8.3及8.4取自Parmakian(6)，分別可用以估算瞬間停止或啟動管流的最大湧水高度。由二張圖可見影響湧水高度S_A及S_B的參數包括：Q_0：穩定流流量；Hf_1：水庫與平壓塔間在Q_0時的水頭損失；Hf_2：Q_0流量進出平壓塔水頭損失；A_t：平壓塔斷面積；A：管路斷面積；L＝水庫與平壓塔間之距離；g：重力加速度。圖8.3及8.4可用於規劃時初步選擇平壓塔的尺寸，爾後再以軟體分析佐證之。

　　雖然圖8.3及8.4是以瞬間停機或啟動為假設，但因平壓塔會使高頻率的水鎚轉換成低頻率的湧水壓，其成果不因關閉速率而異，故可應用於閥門啟閉、泵浦或水輪機停機或啟動的環境。設計者應了解圖中假設僅因流量大小而異，事實上水流由水管進出豎井（riser）之損失係數並非常數且可因水流方向、倒「T」管幾何形狀及各管間的流量比例而異（詳參閱第1.4.3節及第9.1節），這些因子都會影響平壓塔的湧水高度。因之，在應用圖8.3及8.4時有必

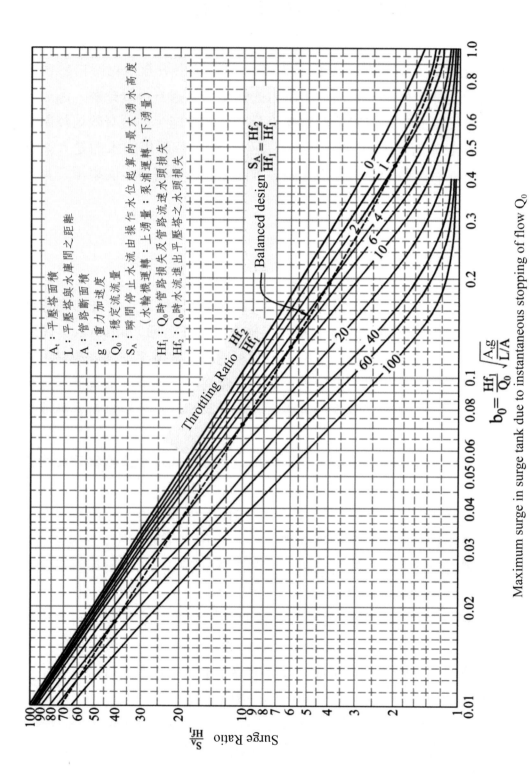

Maximum surge in surge tank due to instantaneous stopping of flow Q_0

圖8.3　瞬間停止管流形成的最大上湧或下湧高度

資料來源：Parmakian(6)。

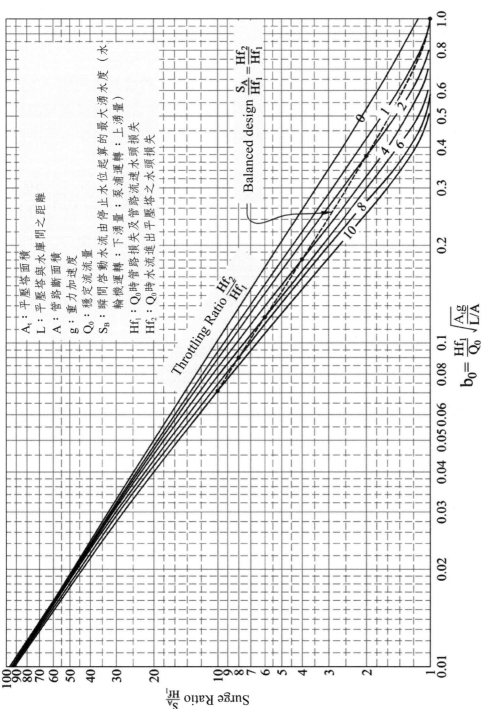

Maximum surge in surge tank due to instantaneous starting of flow Q_0

圖8.4　瞬間啟動管流形成的最大上湧或下湧高度

資料來源：Parmakian(6)。

要分析Hf_2對湧水高度的敏感度，作爲擇定平壓塔頂部與低部高程的依據。

8.2.2 儲氣槽（air vessel）

儲氣槽內因蓄存有壓縮氣體故其設置較平壓塔更具彈性。此設施一般用於抽水站的出口，當電力中斷或停機時，壓縮氣體迫使槽中的液體供應管路中部分短缺水流。如同平壓塔，儲氣槽的設計亦應避免槽中的流體洩空而流失壓縮氣體。

圖8.5爲Parmakian(6)製作的儲氣槽設計圖，該圖顯示在不同 $\dfrac{2\overline{V}_0 a}{Q_0 L}$、$\rho^* = \dfrac{aV_0}{2gH_0^*}$ 及K情況下，位於泵浦端及管中心點之最高上湧及下湧壓力（分別以 max.upsurge/H_0^*及max.downsurge/H_0^*來表示）。圖中各參數定義爲H_0^*：由眞空起算槽內氣體的壓力水頭；KH_0^*：穩定流Q_0流入儲氣槽的水頭損失；K：損失係數；$\overline{V}_0$：穩定流槽內的氣體體積；V_0：穩定流流速；a：波速。圖8.5可供估算K = 0、0.3、0.5及0.7輸水管在斷電或跳機後位於抽水站下游端或管路中間點之最大壓力升幅或降幅。可見當氣體體積$\overline{V}_0$愈大，流量Q_0愈小，管路L愈短時參數 $\dfrac{2\overline{V}_0 a}{Q_0 L}$ 愈大，則所得之壓力升幅或降幅愈小，即水鎚效應愈輕。圖8.5之使用宜符合下列條件：

一、儲氣槽靠近泵浦。

二、泵浦斷電後逆止閥立即關閉。

三、壓縮空氣符合$H^*\overline{V}^{1.2}$爲常數的假設（H^*爲氣體壓力，$\overline{V}$爲體積）。

四、水流進入與流出水頭損失比是2.5：1，圖8.6顯示Parmakian(6)建議符合此損失比例之儲氣槽與管路銜接的布置圖。

由於受壓氣體會溶於液體，故儲氣槽中的氣體會隨時間逐漸減少而必須補氣，爲確保槽中存有合適的氣體，槽裡設應有補氣及水位控制設備。如圖8.7一般設有四種水位，由上至下分別爲：

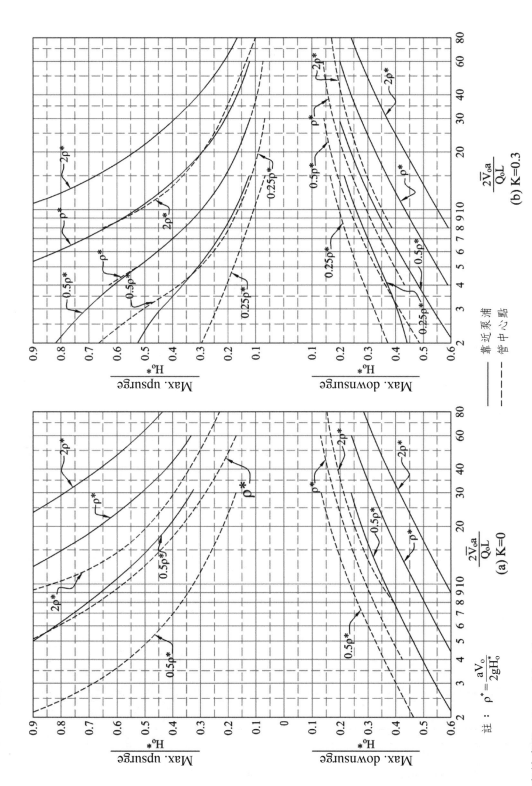

圖8.5　抽水站停機後儲氣槽水錘壓力估算圖（1/2）

資料來源：Parmakian(6)。

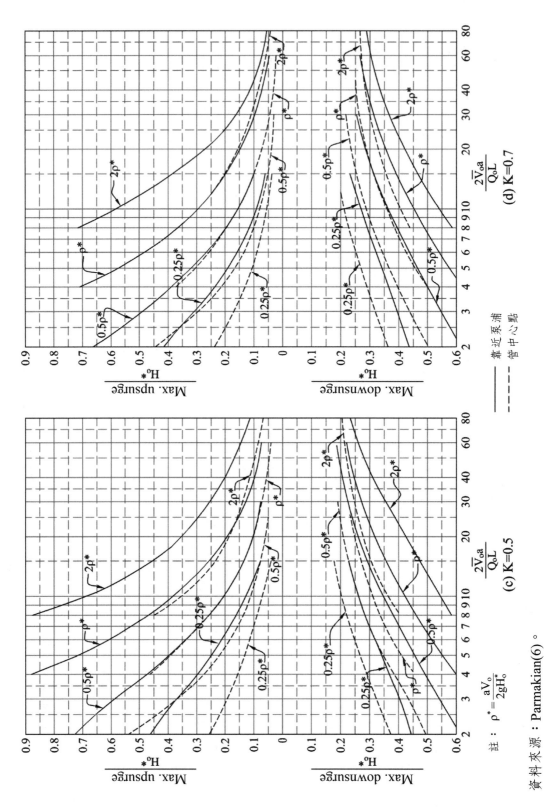

資料來源：Parmakian(6)。

圖8.5　抽水站停機後諸氣槽氣槽水錘壓力估算圖 (2/2)

一、緊急高水位

若水位達此高程則表示儲槽中氣體的含量已達低限值，可能原因為注氣設施失去功能。

二、供氣開啓水位

水位已偏高，應開啓供氣設施。

三、供氣關閉水位

水位已達正常水位的下限，停止供氣。

四、緊急低水位

水位已達低臨界值，表示注氣設備失靈未能停止供氣，若水位再往下降則斷電時儲槽中的液體有放空、壓縮氣體流入管中之虞。

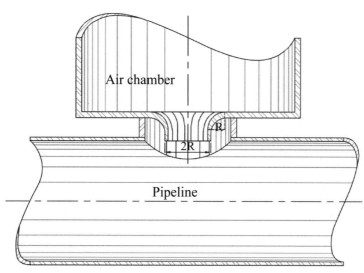

資料來源：Parmakian(6)。

圖8.6　Parmakian對儲氣槽入流與出流水流阻力達2.5 = 1之建議布置

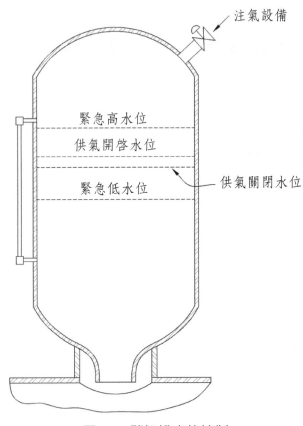

注氣設備

緊急高水位

供氣開啓水位

緊急低水位

供氣關閉水位

圖8.7　儲氣槽水位控制

　　以上四種水位中，二及三爲正常操作區間，一與四都屬緊急狀況，達到該二水位時應發出警鈴提醒操作人員檢視注氣設備。

　　在較小的系統，爲解決上述注氣問題，有廠商提供氣囊式儲氣筒，壓縮氣體注入可伸縮的「氣囊」，與液體隔離。

　　除Parmakian(6)外，Evans/Crawford(3)、Russ(10)及Fok(4)等也都有提出抽水管路利用儲氣槽控制水鎚效應的估算方法。

8.3 裝置解壓設施

　　利用解壓閥（pressure relief valve）釋放管中的壓力是一種常用的水鎚控制手段。解壓設施有三種型式：

8.3.1 連動式解壓閥

在水輪機的渦殼（spiral case）或其上游的壓力鋼管裝設一旁通管，當導翼（wicket gate）開始關閉時連動地開啓旁通管出口閥門爲一常用方案，如此可降低壓力鋼管流量的變化。旁通閥則等主要水鎚事件過後再緩慢關閉。第9.7節將介紹此一案例。

8.3.2 控壓式解壓閥

當管中某一位置的壓力超出設定值，解壓閥即開啓以控制該點的壓力。通常解壓閥門配有一控制系統，利用管中水壓即可開啓解壓閥。此種解壓閥由於操作上時間的需求，較不適合於急升的壓力波，水鎚壓力過後，閥門將回歸到關閉狀態。

8.3.3 破裂盤（rupture disc）

若管路的解壓需精準且快速的反應，則可考慮裝置破裂盤，如照片8.1。當管內壓力高於設定值時破裂盤破裂，釋放管中的壓力。與控壓式解壓閥相較，破裂盤有下列優點：

一、結構簡單，可靠。

二、無漏水之虞。

三、造價低。

四、反應快速（可在約0.002秒破裂）。

五、壓力控制精準（供應商依要求可製造多套同樣的樣本，其中一、二個樣本用於測試，經試驗合格後，其他樣本供應給買家）。

破裂盤最大的缺點在於破裂後管路可能洩空，因之重新啓動系統較爲費時，若破裂盤的上游或下游端裝有可控制閥門，則可彌補此一缺陷。

解壓閥的尺寸可經由數值模擬確認，但一般所需尺寸都不太大，尺寸過大的解壓閥有可能在管路內產生過度的負壓及相關的負面效應。

(a) 正常狀態

(b) 破裂狀態

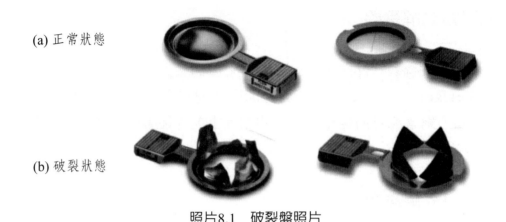

照片8.1　破裂盤照片

8.4 裝置水柱復合緩衝設施

　　管路水鎚壓力一旦降至蒸汽壓將產生水柱分離（column separation），接踵而來的很可能發生水柱復合及強大的突升水鎚壓力。如第7.2.5節所述，處理這種現象最好的策略是避免其發生，第8.2節所介紹的平壓塔或儲氣槽等水鎚緩衝設施極有可能防止水柱分離現象，但更為經濟有效的方法則是在有可能發生水柱分離的管段裝設吸氣閥（air-inlet valve），在負壓發生時由大氣注空氣入管段，如此可避免該管段的內壓接近蒸汽壓，且管中蓄存的空氣可在暫態流過程中起緩衝的氣囊作用。

8.5 防止逆止閥急速關閉

　　為避免水流反向流動，管路系統，如泵浦出口，常裝有逆止閥，一般都假設正向水流時逆止閥全開，流速接近零時關閉。由宏觀的角度來看，此假設屬合理，但在暫態流環境裡，由於閥門具有慣性，如圖2.10所示，管中流速的變化往往導致閥門在水流反流後，由反流加上閥門的重力迫使逆止閥快速關閉，而造成所謂逆止閥猛撞（check valve slam）現象，這種現象可產生嚴重水鎚，設計時必須防止。

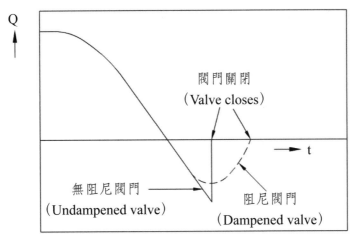

資料來源：Provoost(8)。

圖8.8　典型逆止閥在減速水流中的關閉行為

　　Provoost(7,8,9)曾研究逆止閥在暫態流過程的關閉行為，圖8.8顯示若逆止閥裝置有阻尼設備（damper），如圖2.12，則可拉長閥門在反流時關閉的速率，有助於降低上述逆止閥猛撞的效應。圖8.9至圖8.12顯示下列現象：

一、最大反流流速V_{Rmax}與泵浦跳機後管路流速的衰減率$\dfrac{dv}{dt}$有密切關係，V_{Rmax}隨$\dfrac{dv}{dt}$的減少而降低，如圖8.9。

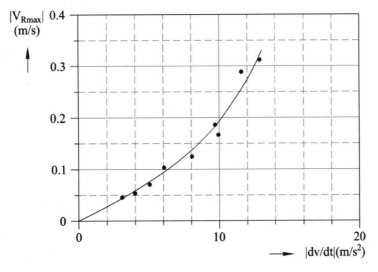

資料來源：Provoost(8)。

圖8.9　某30cm逆止閥V_{Rmax}與$\dfrac{dv}{dt}$之關係

二、若閥體裝有助關設施，可降低V_{Rmax}，如圖8.10。

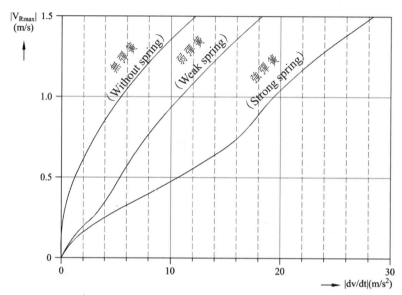

資料來源：Provoost(9)。

圖8.10 計算所得某彈簧助關逆止閥V_{Rmax}與彈簧強度之關係

三、閥體愈大V_{Rmax}愈高，如圖8.11。

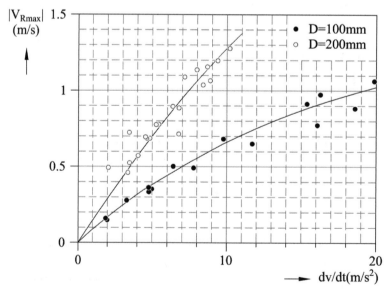

資料來源：Provoost(8)。

圖8.11 V_{Rmax}與閥門尺寸之關係

四、V_{Rmax}因閥型而異，如圖8.12。

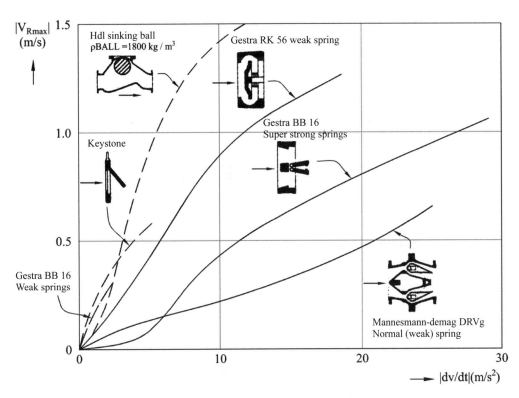

資料來源：Provoost(9)。

圖8.12　不同型式逆止閥V_{Rmax}與$\dfrac{dv}{dt}$之關係（閥門尺寸20cm）

　　由以上成果可見，要降低逆止閥產生的水鎚效應，除要考慮閥門型式外，裝置阻尼器或外加配重或裝設彈簧，促使其加速關閉都可列入考慮，唯配重或彈簧等設施都將增加穩定流的水流阻力及輸水能量的需求。

8.6 提升轉動機械慣性

　　無論是泵浦或水輪機，跳機之後的管路系統將導致Eq.(3.12)或Eq.(3.21)所示之轉動機械之力矩等於0，且隨著轉速N的變化，流量Q將隨之降低。而某一時間間距Δt的速度變化量$\Delta \alpha$與WR^2成反比；換言之，轉動機械的慣性越高，速度的變化量愈小。也因此，於泵浦中增設飛輪（fly wheel）以提升泵浦的慣性是早期用以降低水鎚效應的手段之一。同理，在水輪／發電機組設備規範中規定最小WR^2以利調控發電頻率或降低水鎚亦是該等規範的要項之一。

　　以目前水鎚分析及控制技術，抽水泵增設飛輪（fly wheel）的方案已不被採用，但設計者若有選擇供應採用慣性較大的機組，至於水輪機／發電機組的WR^2至少不低於某一數據的要求依然有其必要。

8.7 消除共振現象

8.7.1 共振現象說明

　　任何一結構體都有其自然頻率（natural frequency），以圖8.13所示水庫銜接單一管路的供水系統而言，其基本壓力振型（fundamental mode）為水庫端是節點（node point），而出口端為波點（anti-node）。但除基本振型外，圖8.13亦顯示此一系統另有符合於水庫端為節點、閘門端為波點，頻率較高的振型（vibration mode），稱之為諧波（harmonic wave）。因之該管路除基本振型外，尚有第二（2nd）、第三（3rd）、第四（4th）等振動型態，若以f_n為自然頻率的代號，則圖8.12中的系統其自然頻率有f_{n1}、f_{n2}、f_{n3}等。

　　若圖8.13中之管路存在一個擾動振源（forcing function）對該管路產生一週期性的壓力波（pressure wave），其頻率為f_f，根據結構振動的原理在不同f_f/f_n的條件下將產生不同的反應。圖8.14顯示一般結構體遭到不同外部振動所產生傳遞比TR（transmissibility ratio）或擴大係數（magnification factor），圖中f_f/f_n為擾動頻率與自然頻率的比值，可見當f_f/f_n接近於0時，TR＝1即輸出量（output）將等同於輸入量，但當f_f/f_n接近於1時，TR幾乎無限大，即輸出量遠大於輸入量，在$f_f/f_n > 1$之後TR則急速下降。在振動事件上，f_f/f_n接近於1的現象稱之為共振（resonance）。共振現象雖然不經常發生，但發生時問題卻相當嚴重。

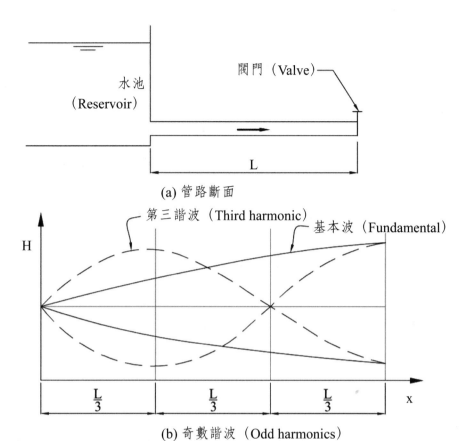

(a) 管路斷面

(b) 奇數諧波（Odd harmonics）

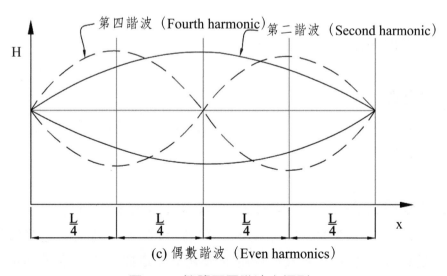

(c) 偶數諧波（Even harmonics）

圖8.13 管路不同諧波之振型

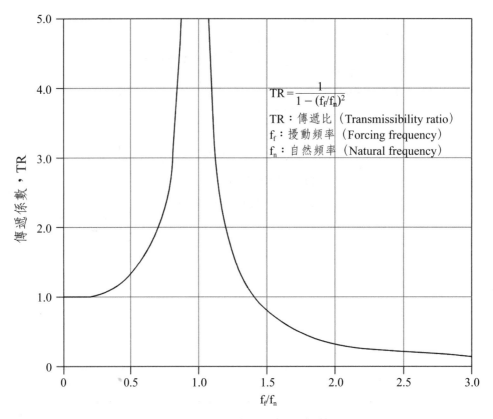

圖8.14　振動現象傳遞係數

　　產生振動的振源可來自於二種：

一、外部擾動

　　振源來自於外部系統，如週期性的出口閥門操作或活塞式泵浦的運轉等，這些振源將帶給管路週期性的壓力或流量擾動。

二、自行激發的振源（self-excited oscillation）

　　根據Abbot等(1)及McCaig/Gibson(5)的報導，這種現象通常發生於閥門洩放小水量或水封漏水，當放水時產生水流不穩定擴張或止水帶漏水的特性是水量因壓力上升而降低，致使累積的能量無法釋放且持續增加。此種現象的特徵是水流停止後振源亦隨之消失，難以查覺其來源。

8.7.2 管路自然頻率分析

　　自然頻率可依時間領域（time domain）以特性法（method of character-istics）或頻率領域（frequency domain）以水力阻抗法（hydraulic imped-ance method）或轉移矩陣法（transfer matrix method）求解。前者是利用第7.2.3節已建立的特性法，外加一週期性的擾動邊界條件傳播至欲求解的管路系統，由管路系統對該邊界條件擾動後的反應，便可得知該邊界條件的振動頻率是否是管路系統的自然頻率；而頻率領域法是假設已存有正弦式（sinusoi-dal）流量與壓力的變化，將動力與流量的控制方程式改變為頻率領域，利用Fourier分析，分析每一頻率的系統反應。以上細節詳可參閱Chaudhry(2)。

　　在管路設計上，從事於此種分析的實例並不多見，主因在於頻率分析的成果與管中波力傳遞的速度密不可分，而波速大都為概估值與實際會有差距，所得的結果不一定實用。此外，共振的形成需有振源與自然頻率吻合的情況才會發生，發生的機率相對不高。

8.7.3 共振問題解決方法

　　管路共振問題之所以發生，在於其存有外部擾動振源或自行激發的振動源，通常的做法是解除此等振源的存在。當抽水站採用活塞式泵浦（piston pump）為動力時，每台泵浦是由多數活塞組成，其反覆運動自然造形有規律性的壓力波轉至管路，而有潛在形成共振的可能。一般解決辦法是於抽水站出口裝設儲氣槽，利用該設施「過濾」壓力的頻率及幅度。

　　在有些特殊情況下，振源是管路系統中某一設施自發的，這種現象在設計時無法察覺，必須在試運轉期間才有可能被發現。解決方法則得事件產生後再追溯產生振源的設備，藉由修改此種設備，而達到消除振源的目的。第9.7節將說明此類問題的案例。

8.8 建置防止人爲疏失的操作邏輯

有些管路系統的水鎚問題源自於設計情境以外的操作，如系統未飽水的啓動或運轉中隔離閥的關閉等。由於操作人員的更迭，完全依照標準作業程序的操作構想往往不如人願。比較妥善的做法是將閥門操作間的相互關係或連鎖裝置（interlock）建置於可程式邏輯控制器（programmable logic controller, PLC），避免人爲疏失。

參考文獻

1. Abbot, H. F., Gibson, W. L., and McCaig, I. W., "Measurements of Auto-Oscillations in a Hydroelectric Supply Tunnel and Penstock System," Transaction, American Society of Mech. Engineers, Vol.85, Dec., 1963.

2. Chaudhry, M. H., *Applied Hydraulic Transients*, Van Nostrand Reinhold Co., New York, 1979.

3. Evans, W, E. and Crawford, C. C., "Design Charts for Air Chambers on Pump Lines," Journal of the Hydro. Division, ASCE Transactions, Paper No.2710, Sept., 1953.

4. Fok, A. T. K., "Design Chart for Air Chamber on Pump Pipe Lines," Journal of The Hydraulics Division, ASCE HY9, No. Sept., 1978.

5. McCaig, I. W. and Gibson, W. L., "Some Measurements of Auto-Oscillations Initiated by Valve Characteristics," Proceedings 10th General Assembly, International Association for Hydraulic Research, London, 1963.

6. Parmakian, J., *Water Hammer Analysis*, Dover Publication ,Inc.,1963.

7. Provoost, G. A., "The Dynamic Behavior of Non-Return Valves," Delft Hydraulic Laboratory, paper presented at the Third International Conference on Pressure Surges, Canterbury, England, March 25-27, 1980.

8. Provoost, G. A., "The Dynamic Characteristic of Non-Return Valves," Delft Hydraulics Laboratory, paper presented at the 11th symposium of the Section of Hydraulic Machinery, Equipment and Cavitation of the IAHR "Operating Problems of Pump Stations and Power Plants," Amsterdam, the Netherlands, Sept., 13-17,1982.

9. Provoost, G. A., "A Critical Analysis to Determine Dynamic Characteristics of Non-Return Valves," Delft Hydraulics Laboratory, paper presented at the 4th International Conference on Pressure Surges, Bath, England, Sept.21-23, 1983.

10. Russ E., "Charts for Water Hammer in Pipeline with Air Chambers," Canadian Journal of Civil Engineering, Vol.4, No.3, Sept., 1977.

第 9 章

水鎚防制工程案例

　　筆者曾負責或參與數以百計的管路系統水鎚分析、現場測試及水鎚問題的處理，本章介紹較具代表性的水鎚分析及防制的工程案例。

9.1 抽蓄電廠水鎚分析

9.1.1 系統概述

　　美國田納西流域管理局（Tennessee Valley Authority）於1970年代興建的Raccoon Mountain抽蓄電廠是當年全世界裝置容量最大的抽蓄水力發電設施。該電廠共有四部機組，額定發電量153萬瓩（1,530MW），最大發電水頭1,000ft（305m），最大發電流量22,500ft³/s（638m/s），最大抽水量18,000ft³/s（510m³/s）。圖9.1顯示該電廠的平面與立面布置，圖9.2則顯示水路尺寸，可見水路全長約4,000ft（1,200m），其中約2,350ft（716m）位於上池端，1,650ft（503m）位於下池端。上池為一新建人造水庫，其運轉水位介於EL.1,530～EL.1,672ft（EL.466.5m～EL.509.7m），下池是田納西河（Tennessee River）之Nickajack水庫，其運轉水位介於EL.632～EL.634ft

（EL.192.7m～EL.193.3m）。為控制水鎚，於下池端設置有平壓塔，如圖9.2，該平壓塔區分為二部分，在EL.645ft（EL.196.6m）以下，各自獨立，每塔斷面積1,200ft²（111.5 m²），EL.645ft（196.6m）以上則互連通，總斷面積12,000ft²（1,115.4m²）。

9.1.2 分析軟體及基本資料

本抽蓄電廠的水力設計由田納西流域管理局工程實驗室（TVA Engineering Laboratory）負責，該實驗室委請密西根大學教授V.L. Streeter 及E.B. Wylie以特性法開發電腦程式，分析採用之基本資料如下：

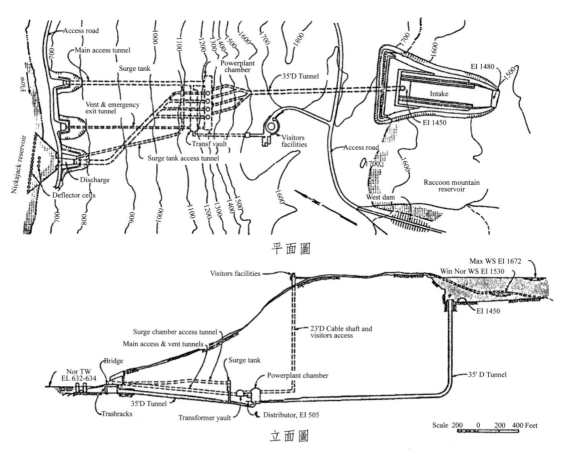

平面圖

立面圖

資料來源：Hsu/Elder (2)。

圖9.1　Raccoon Mountain抽蓄電廠平面與立面圖

一、管路系統

　　幾何形狀如圖9.1、9.2及9.3，圖9.4顯示之水流進出平壓塔各流量組合之損失係數，該成果係由水工模型試驗求得，可見水流進出平壓塔共有A、B、C、D及E等五種流況，水流進出平壓塔的損失係數不但因流況而異，且亦因各管的流量比值而有相當變化，此試驗成果佐證第一章圖1.16至1.27所示「T」型管水流損失的特性。

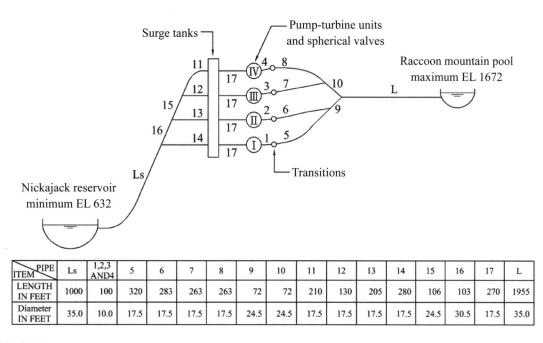

PIPE ITEM	Ls	1,2,3 AND4	5	6	7	8	9	10	11	12	13	14	15	16	17	L
LENGTH IN FEET	1000	100	320	283	263	263	72	72	210	130	205	280	106	103	270	1955
Diameter IN FEET	35.0	10.0	17.5	17.5	17.5	17.5	24.5	24.5	17.5	17.5	17.5	24.5	30.5	17.5	35.0

資料來源：Hsu/Elder (2)。

圖9.2　Raccoon Mountain抽蓄電廠水路長度及尺寸

二、泵浦／水輪機特性

　　動力設備由美國Allis-Chalmers公司提供，部分設備參數為：
(一) 轉子直徑：130英寸（3.302m）。
(二) 最大發電流量：$5,600\,\text{ft}^3/\text{s}$（$158.7\,\text{m}^3/\text{s}$）。
(三) 最大抽水流量：$5,000\,\text{ft}^3/\text{s}$（$141.7\,\text{m}^3/\text{s}$）。
(四) 同步轉速：±300rpm。
(五) WR^2：每部機組66×10^6磅$-\text{ft}^2$（$2.788\times10^6\,\text{kg-m}^2$）。

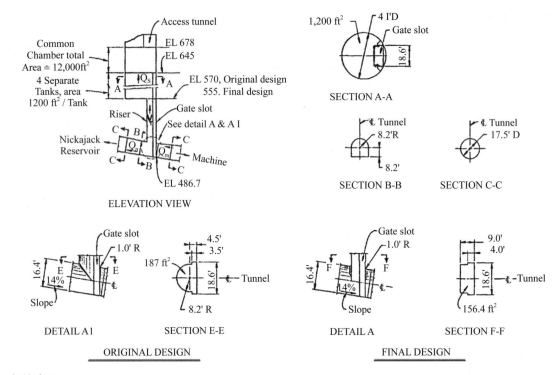

資料來源：Hsu/Elder (2)。

圖9.3　Raccoon Mountain抽蓄電廠平壓塔幾何形狀

三、水輪機進口閥特性

圖9.5顯示開啓度與損失係數K_v之關係，全開時$K_v = 0.0183$。

四、壓力波波速

估計介於4,000ft/s至4,400ft/s（1,220m/s至1,341m/s）之間。

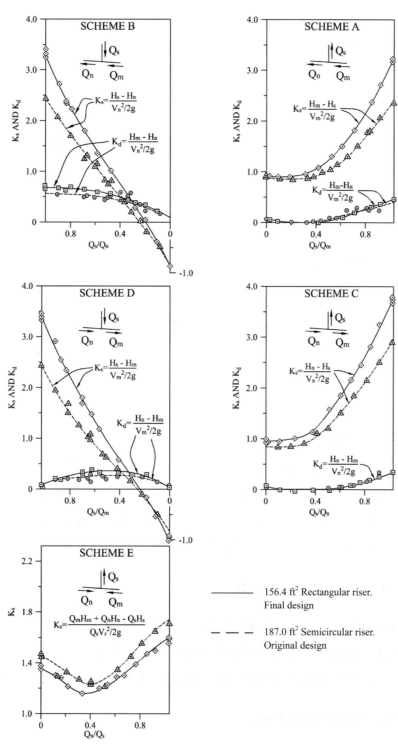

資料來源：Hsu/Elder (2)。

圖9.4 水流進出平壓塔各流量組合損失係數

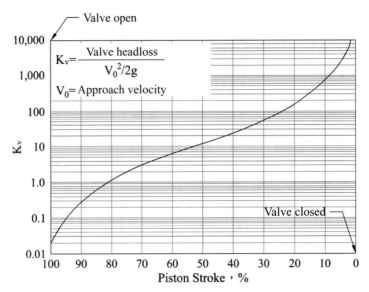

資料來源：Hsu/Elder (2)。

圖9.5　Raccoon Mountain抽蓄電廠球閥水流損失

9.1.3 分析成果

一、一般暫態流特性

根據泵浦／水輪機廠商提供的資料，機組在同步轉速無負荷（speed-no-load）的導翼開度約7.6%。導翼的啓閉速率皆採3.33%/s，圖9.6顯示在該操作情況下機組承載（load acceptance）、機組跳機（load rejection）或機組喪失電源（power loss）等三種情境下的水鎚效應：

(一) 機組承載（load acceptance）

機組由speed-no-load至承載100%時，隨著導翼開啓，在機組流量逐步增加過程中，機組上池端及下池端的壓力變化有限，下池端的平壓塔水位隨著流量的增加開始上湧，並以低頻率擺盪。整體而言，水鎚效應相對溫和。

(二) 機組跳機（load rejection）

當外部負載已不復存在後，機組失去阻力，轉速增加，導致通過機組的流量降低，上池端壓力上升，下池端壓力及平壓塔水位都下降。

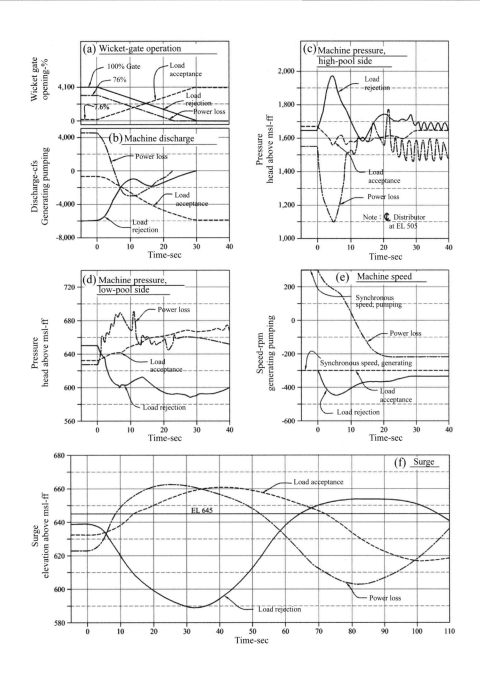

資料來源：Hsu/Elder (2)。

圖9.6　導翼以3.33%/s速率操作時管路系統的暫態流特性

(三) 機組喪失電源（power loss）

在水由下池送往上池的過程失去外部電源，機組轉速及流量急速下降，且分別於斷電後5秒及11秒降至0而反轉進入水輪機區（turbine zone），同時上池端的壓力下降，下池端的壓力及平壓塔水位上升。

二、導翼啓閉速率敏感度分析

圖9.7顯示，導翼啓閉速率在0至10%情況下水壓及平壓塔湧水高度的敏感

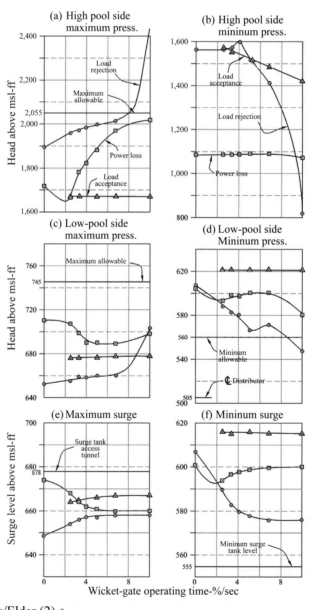

資料來源：Hsu/Elder (2)。

圖9.7　導翼操作速率對水鎚的影響

度分析成果，可見速率的改變對上池端的水鎚壓力在機組跳機情況下有重大影響，下池端因有平壓塔，敏感度較低，由此成果確認選擇的導翼啓閉速率3.33%/s。

三、平壓塔最低水位

　　一般下池端平壓塔最低水位發生於機組跳機（load rejection）時，由圖9.6f可見本工程模擬所得之水位約EL.590ft，但經考慮平壓塔水位振盪的特性發現最低水位發生在機組承載後接著跳機的情況（load rejection followed by load acceptance），雖此事件發生的機率不高，但百年大計的工程宜列入考慮。

　　圖9.8中T_o及T_d分別爲承載與跳機時導翼啓閉時間，T_c則爲承載後導翼維持全開的時間，由分析得知T_c約40秒時，水位最低且約爲EL.569ft。可見此水位約低於純機組跳機時約20ft，本設計即以EL.569ft爲設計條件。

　　有關本工程水鎚分析細節請參閱Hsu/Elder(2)。

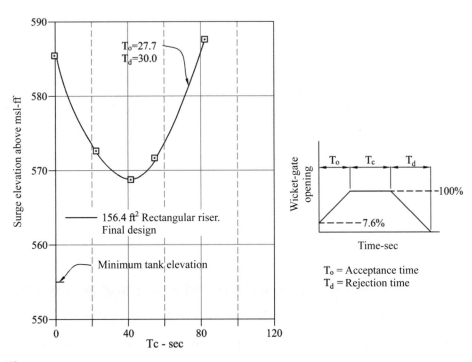

資料來源：Hsu/Elder (2)。

圖9.8　機組承載與跳機時間差對平壓塔最低水位的影響

9.2 孤立水力電廠設計

本計畫之詳情可參閱(1)。

9.2.1 計畫簡介

1970年代末加拿大採礦公司Inco Limited為開發位於印尼Sulawesi島的鎳礦決定進行Soroako Nickel Project，該工程最重要的子計畫之一是興建Larona水力電廠，以供應煉鎳廠及駐地人員生活所需之電力。島上並無其他主要電源，因之，此電廠為一孤立電廠，在負載發生變化過程，發電頻率無法得到電網的牽制，將隨水錘現象而波動。

本水力發電工程包括三部各55MW的水輪／發電機組，每部機組的壓力鋼管長度約1,330m，其管徑由上游段3.65m減至下游段2.74m。機組額定條件分別為額定流量43.4m^3/s，額定水頭142m，採用的水輪／發電機組之轉速為272.5rpm，WR^2 = 17.79×10^{6}1b-ft^2。唯由於地形因素無法在靠近機組處興建平壓塔以降低壓力鋼管的有效長度。

本煉鎳廠係以浸沒式電弧爐（arc furnace）融化原料為製程，三個單元中，每單元電弧爐最大需電量為36MW，因之電弧入浸熔爐時會因負載增量而導致機組轉速及頻率下降，反之，抽離負載時亦因負載降低或消失而使轉速及頻率同步上升。故本系統除考慮斷電時的水錘壓力外，正常運轉時更應控制電弧浸沒或抽離過程造成電的頻率變化，使之不超過某一限制，以維持其他電器設備長期使用。

9.2.2 系統控制條件評估

如第3.3.5節所述，Krueger(9)建議一個水力發電系統的轉動機械起動時間t_m及水流起動時間t_w之比值應達t_m/t_w = 5.0以上方利於運轉頻率的調控。本工程之H_R = 142.0m，N_R = 272.5rpm，WR^2 = 17.79×10^{6}1b-ft^2，HP = 73.8×10^3，壓力鋼管長度及平均流速如表9.1。依Eq.(3.19)及Eq.(3.20)，計

算得t_m = 11.20秒及t_w = 4.80秒（詳表9.1），故本工程的t_m/t_w僅11.20/4.80 = 2.33，遠低於5.0的準則，又是孤立電廠，如何設計本工程使之符合操控上的需求為一挑戰。

表9.1　印尼Soroako水力發電工程壓力鋼管水力特性

管段	內徑（m）	厚度（mm）	長度（m）	A(m^2)	V(m/s)	$\dfrac{LV}{gH_R}$
1	3.657	12.0	330.7	10.50	4.13	0.980
2	3.657	16.0	380.0	10.50	4.13	1.126
3	3.353	16.0	305.0	8.83	4.92	1.077
4	3.048	16.0	100.0	7.29	5.95	0.427
5	2.743	16.0	212.4	5.91	7.35	1.121
6	2.591	16.0	11.8	5.26	8.23	0.069
合計	-	-	1,339.9	-	-	4.80

9.2.3 頻率調控及水鎚控制方案

本工程採用的設計準則為瞬間降載36MW或瞬間增載14MW時頻率不得超過某一限制，若超過此一限制則機組自動跳機。經多方研究，決定採用下列頻率調控及水鎚控制方案：

一、於機組上游端設置同步旁通管（synchronous bypass line）

利用旁通管的閥門及導翼一關一開的同步運作降低壓力鋼管流量的變化幅度及變化率，使產生的水鎚有限而不致使機組的轉速有過多的變化。

二、設定頻率變化容許範圍為±15%

限制頻率變化幅度避免嚴重影響電器設備的生命期。

為定量分析本設計，承辦本工程的美國貝泰公司（Bechtel）開發適合於模擬孤立電廠水輪機調速器（governor）的軟體，調速器是用以指引導翼開度以控制水輪機轉速及發電頻率的設備。該調速器含有比例（proportional）、積分（integral）及微分（derivative）等三種放大係數（gain）。

　　本工程在負載變化、調控頻率及降低水鎚效應上最關鍵的設施是同步旁通管（synchronous bypass line）的設置，此旁通管必須有一個出口控制閥，閥門與導翼以連動方式運轉。若以Q_t及Q_v分別為水輪機及旁通閥的流量，則Q_p = Q_t + Q_v為壓力鋼管流量。在負載變化過程若Q_p能維持不變則壓力鋼管無水鎚現象，水輪機的轉速不會因水鎚而有變化。但事實上Q_t及Q_v之增減量不可能相互完全抵消而使Q_p將因時間而異，因之在模擬過程水輪機及旁通閥在不同開啟度的流量必須與上述調速器結合在一起，方能反應機組轉速及發電頻率的波動。

　　旁通閥有浪費水型（water wasting mode）及節水型（water saving mode）二種，前者不論發電量多少，壓力鋼管維持全額流量，但事實上水資源有限，大都採節水型，因之當運轉需求開啟旁通閥後必須以緩慢速度，力求在不明顯產生影響壓力鋼管水鎚條件下予以關閉。本工程設定此速度為全程60秒。

　　圖9.9顯示本工程機組與旁通閥運作流程，圖9.10則顯示本計畫旁通閥布置圖。本計畫採用51英寸（1.3m）何本閥（Howell-Bunger valve）為旁通閥。

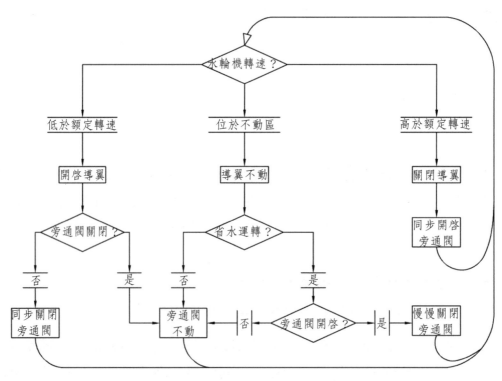

圖9.9　機組與旁通閥運作流程

影響水力電廠安定之一的參數是與水輪機額定轉速相鄰的「不調整區間」（dead band），較大的「不調整區間」有助於系統的穩定。本工程採用的「不調整區間」為0.02% N_R。

9.2.4 全額卸載水鎚壓力

圖9.11顯示55MW全額卸載情況下，有旁通閥與無旁通管方案所造成的水鎚效應，可見旁通管的設置可有效的降低水鎚壓力。另圖9.12則顯示只要有旁通閥的設置，跳機時導翼全關時間由8至16秒對水鎚壓力的影響有限。

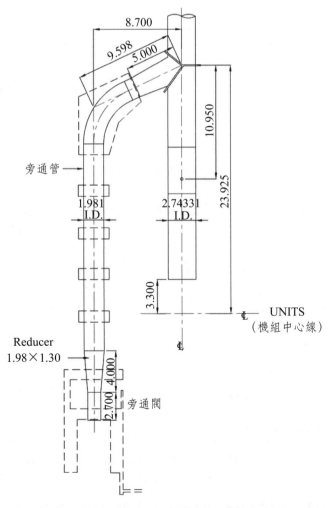

圖9.10　印尼Soroako水力電廠同步旁通閥平面布置圖

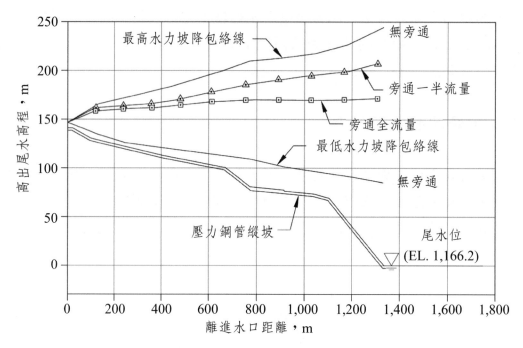

圖9.11   同步旁通閥對全負載跳脫情況壓力包絡線的影響

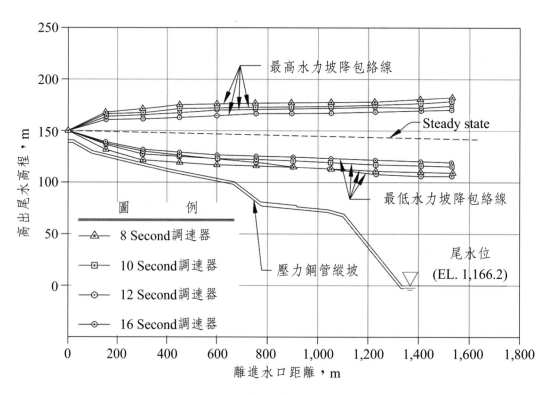

圖9.12   同步旁通閥設置後跳機時導翼關閉時間對水鎚壓力的影響

9.3 大型逆止閥誘發之水錘

　　Limerick核電廠位於美國東部賓西法尼亞州境內，該廠共同二部機組，本節介紹廠內主冷凝器冷卻水系統（main condenser cooling water system）逆止閥誘發水錘之測試、分析及改善作為，相關細節請參閱Hsu/Ramey(3)。

9.3.1 系統描述

　　圖9.13及9.14分別顯示電廠第一部機組主冷卻水系統之平面示意及縱剖面圖，可見廠區低於冷卻塔的基座約50ft（15.2m）；本系統管路全長約1,600ft（488m），主管管徑96英寸（2.44m）。本工程在布置上有二個特色，其一，冷凝器（condenser）位於泵浦上游端，其二，泵浦出口裝置有直徑60英寸（1.52m）的逆止閥，而非一般常用的電動蝶閥。逆止閥由美國W.J. Wooley公司供應，如圖9.15閥門含有二瓣半圓葉片，每葉片之上、下皆固定於管中

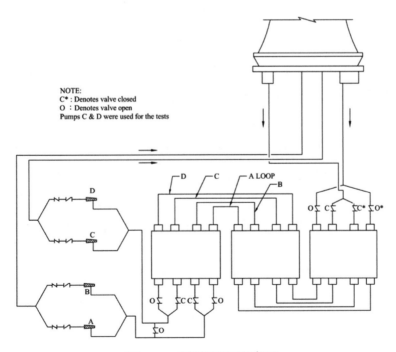

圖9.13　系統平面示意圖

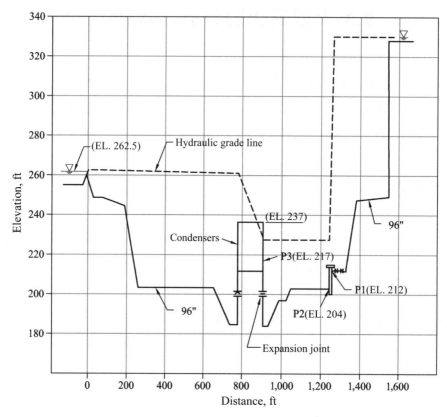

圖9.14　系統縱剖面及穩定流壓坡線圖

心垂直的扭力棒（torsion bar），該扭力棒與閥體外部的齒輪箱相連，使得傳遞裝置於齒輪箱內偏心彈簧的力量於半圓葉片，促使其關閉。每只逆止閥的重量為5,240磅（2,382公斤）。本系統共有四台泵浦並聯，有三階冷凝器串聯，分別為高壓（HP）、中游中壓（MP）及下游低壓（LP）冷凝器。圖9.14亦顯示在設計流量450,000gpm（28.42m³/s）情況下的水力壓坡線。圖9.16為廠商提供的泵浦特性曲線，除冷凝器上、下管的伸縮接頭之設計暫態壓力為68 psig（47.8m水柱）外，其餘皆可承受100psig（70.4m水柱）。

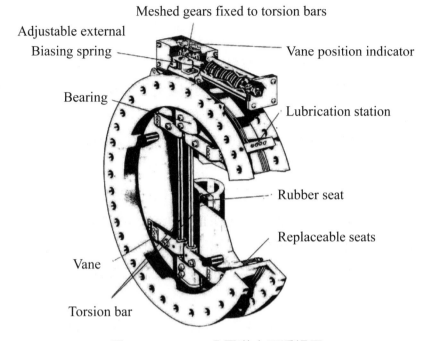

Meshed gears fixed to torsion bars

Adjustable external
Biasing spring

Vane position indicator

Bearing

Lubrication station

Rubber seat

Replaceable seats

Vane

Torsion bar

圖9.15　Wooley公司逆止閥透視圖

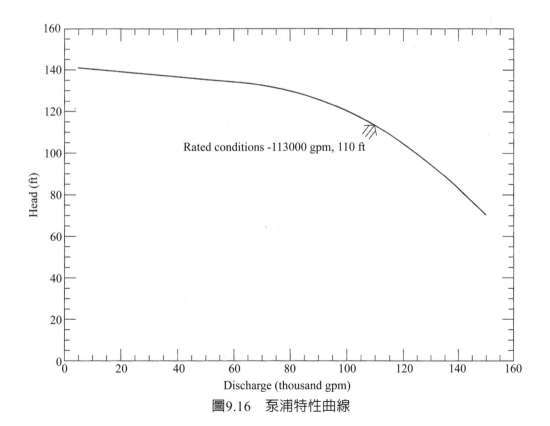

Rated conditions -113000 gpm, 110 ft

圖9.16　泵浦特性曲線

9.3.2 現場測試

在工業上，採用如Limerick電廠這樣大尺寸的逆止閥實屬少見，基於主冷卻水系統是發電運轉的必要設施，且逆止閥延遲關閉可能引發水鎚是業界關心的議題，為確保系統的安全，負責設計施工的貝泰電力公司（Bechtel Power Corp）決定辦理現場測試，測試時採用冷凝器的A與D環路，測試前分別裝設三個壓力傳感器，如下：

一、P1：位於泵浦C及其逆止閥之間，高程EL.212ft（64.6m）。

二、P2：位於泵浦C入水端，高程EL.204 ft（62.2m）。

三、P3：位於HP冷凝器出口、管路、高程EL.217 ft（66.2m）。

此外，亦利用率定過的傳統壓力計量測泵浦C與D的揚程，確定運轉流量。

表9.2綜合五個測試條件及成果，包括泵浦斷電前穩定流的流量及斷電後位於冷凝器伸縮接頭之最高壓力及位於冷凝器出口水箱（condenser water box）頂部的最低壓力，圖9.17顯示Test 2在泵浦C斷電後，P1、P2及P3的壓力紀錄。可見整個暫態流可分為二個階段；第一階段是泵浦斷電後系統壓力的變化，可明顯地看出由於流量降低，P2及P3的壓力上升，但因系統管路不長，此暫態流現象於斷電後1.5～2.0秒即趨於穩定。但圖9.17亦顯示斷電後約7至8秒間三個壓力傳感器都有30～40psi之壓降，爾後產生高於第一階段的壓升。現場亦感到逆止閥的猛撞及振動且所產生的壓力波以約3秒的週期盪漾。表9.2所列第二階段的伸縮接頭最高壓力及冷凝器水箱頂部最低壓力係以P3紀錄值調整相關高程差而得，可見在Test 3，第二階段的最大壓力62.5psig，高於第一階段最大值42.5psig達20psig。此外，在冷凝器頂部的負壓達14.5psig，此值已與真空狀態-14.7psig相當接近。上述第二階段的水鎚壓力顯然與逆止閥猛衝關閉有關，而所產生的已遠大於設計值。Test 1至3都是單一泵浦運轉，Test 4與5則採用二部泵浦運轉，其中一部斷電，由表9.2可見所產生的水鎚較不嚴重。

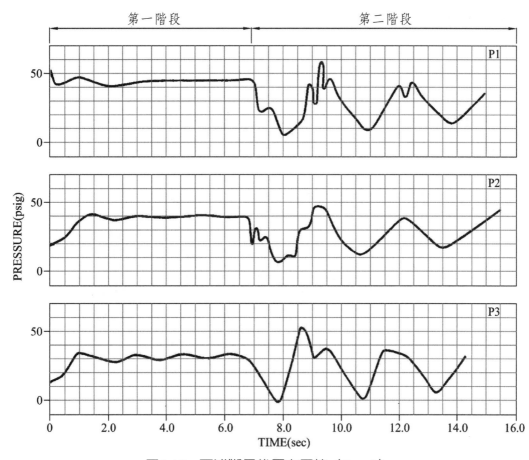

圖9.17　泵浦斷電後壓力歷線（Test 2）

表9.2　現場測試條件及成果

Test No.	泵浦運轉(1)		系統流量 (gpm)	冷凝器伸縮接頭 最大水錘壓力(2)(psig)		第二階段水箱 頂部最低壓力(3)(psig)
	泵浦C	泵浦D		第一階段	第二階段	
1	1/0	0/0	136,000	43.5	57.5	−12.5
2	1/0	0/0	148,000	42.5	60.0	−12.5
3	0/0	1/0	151,000	42.5	62.5	−14.5
4	1/0	1/0	220,000	37.5	32.5	1.5
5	1/0	1/0	268,000	32.5	32.5	−2.0

註：(1)「1」指運轉中；「0」指停機；1/0指泵浦運轉後關閉；1/1指泵浦持續操作。

　　(2)指位於EL.200 ft的伸縮接頭。

　　(3)指位於EL.237的水箱頂部。

9.3.3 測試成果模擬

　　為求逆止閥因迴流關閉誘發嚴重水鎚的解決方案，本工程採以特性法建置的模式調整該模擬的參數，使成果儘可能符合Test 3的測試現象。圖9.18比較調整後模擬的成果與測試歷線，其中逆止閥採水迴流後開始關閉且關閉歷時1.5秒最適合。依據「率定」的水力參數，圖9.19顯示，逆止閥在水流為0關閉

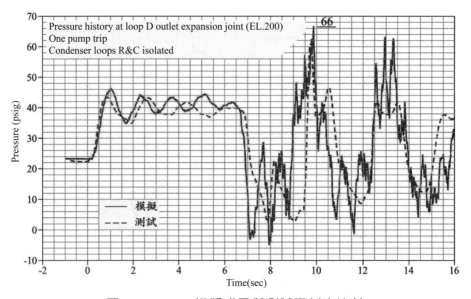

圖9.18　Test 3模擬成果與測試資料之比較

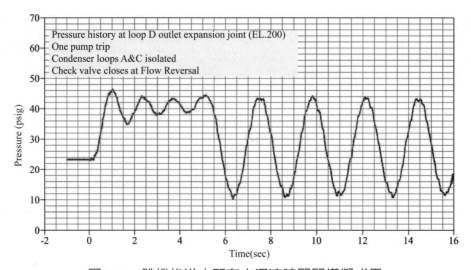

圖9.19　跳機後逆止閥在水迴流時關閉模擬成果

時的系統暫態壓力。所得的伸縮接頭最大暫態壓力爲46psig，遠低於圖9.18所示的66psig，突顯出逆止閥動態行爲對管路水鎚可能造成的衝擊。

9.3.4 設計條件模擬

本冷卻水系統的正常運轉是四部泵浦同時開啓，除依模擬所得一台泵浦跳機流速隨時間之變化外，圖9.20亦顯示四台泵浦因供電中止流速隨時間的變化，可見單一泵浦與四台泵浦之 $\dfrac{dv}{dt}$ 分別爲 $-3.3\,\text{ft/sec}^2$ 及 $-1.8\,\text{ft/sec}^2$，而相應 V_{Rmax} 值分別爲爲 $3.5\,\text{ft/s}$（1.07m/s）及 $1.5\,\text{ft/sec}$（0.46m/s）。換言之，在多台泵浦運轉情況下，水流經由逆止閥的減速率及相應於 V_{Rmax} 都較單台小，逆止閥因迴流而產生的水鎚亦較不嚴重。

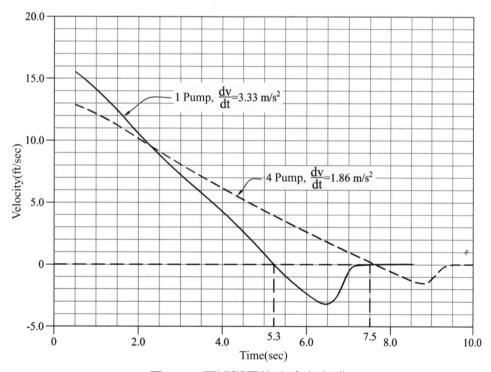

圖9.20　泵浦斷電後流速之衰減

9.3.5 結論

　　圖9.21展示Limerick第一部機逆止閥V_{Rmax}的成果與Provoost(7)的研究成果做比較，可見其V_{Rmax}的數值較其他閥體為高，除閥體的設計外，閥門尺寸大亦應是關鍵因素。Limerick第二部機的布置設備同第一部機，該系統亦執行相似的測試與分析，詳可參閱Lee等(5)。

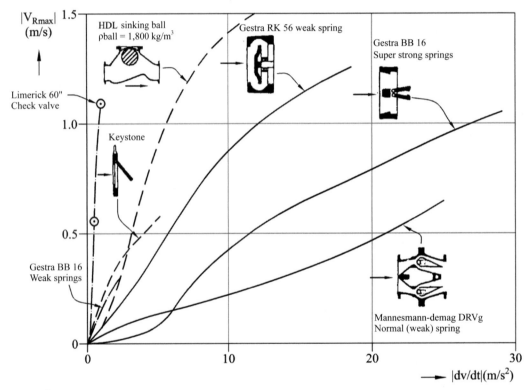

資料來源：Hsu/Ramey (3)。

圖9.21　Limerick逆止閥與各種逆止閥的動力特性之比較

9.4 水柱分離／復合之水鎚及解決方案

9.4.1 系統描述

Diablo Canyon核能電廠位於美國加州中南部，該電廠有二部機組，每部機組有二條管徑24英寸（0.61m）長度約1,700ft（520m）的用水系統（service water system），其功能爲將海水引入廠內經熱交換器（heat exchanger）後再排入海域。圖9.22顯示本系統的縱坡及水力坡度線，可見在離抽水站約150ft（46m）處管路由−10ft（3m）突升至約65ft（20m），爾後沿長約1,000ft（305m）的平台至熱交換器，熱交換器出口端存有約15～20ft（4.6～6.1m）的負壓。本系統用以提供電廠安全設施所需的冷卻水，隸屬與核能安全相關的系統，圖9.23爲廠商提供的泵浦曲線。

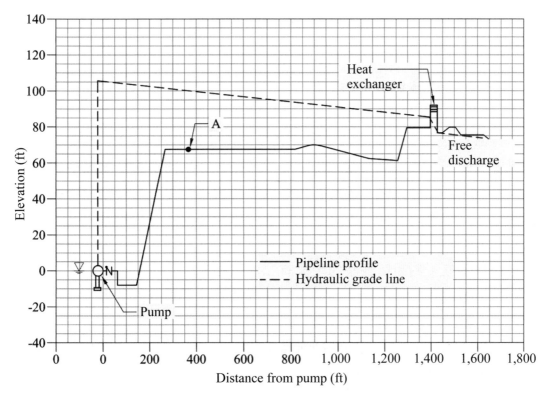

資料來源：Ramey/Hsu (8)。

圖9.22　系統縱坡面

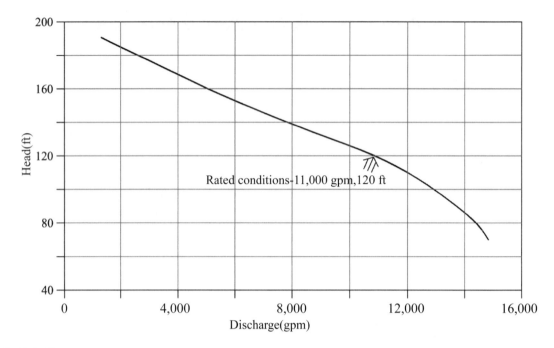

資料來源：Ramey/Hsu(8)。

圖9.23　廠商提供的泵浦曲線

9.4.2 試俥運轉時顯示的問題

　　依據設計的要求，本系統必須能在泵浦斷電或跳脫後20秒內安全啟動，依此要求現場人員在系統建置完成後進行試俥，結果顯示斷電後幾秒內管中發生巨大聲響，同時位於熱交換器的觀察員感到接近管路終端的整台交換器有被「抬離」基座的現象，現場人員無法了解系統發生強大水鎚的原因，停止測試並請求專業的協助。

　　經初步審核，判斷所觀察的現象有二個可能成因：

一、上游段管路縱向彎曲的幾何形狀導致水柱分離及爾後水柱復合而產生尖銳的高壓及不平衡力量。

二、逆止閥在迴流中急速關閉所產生的壓力。

　　有鑑於水鎚壓力的尖銳度，判斷二者中以水柱分離／復合的現象較為可能，但需裝設精密的壓力傳感器經測試後方可確認。

9.4.3 問題定義及解決方案

　　基於問題發生於已建置的系統，了解問題最有效的方法是進行控制性的現場測試，而水鎚分析為現場測試的前期工作。本水鎚分析採用貝泰土木公司（Bechtel Civil, Inc.）開發的水鎚分析模式。結果顯示在管路「垂直轉折段」附近裝置2英寸（5.4cm）口徑的吸氣閥則可降低水鎚壓力。

　　由於既有管路在垂直轉折段下游約100ft（30.5m）處（位置A，圖9.22）已有一以法蘭相接的短管（spool piece），為利於測試，決定將原短管更換為一裝有高頻率壓力傳感器（high frequency pressure transducer）及二支2英寸（5.4cm）吸氣閥的短管，如圖9.24。此外，於泵浦出口、逆止閥下游端及交換器上游端亦各裝置壓力傳感器。三支傳感器的信號同步拉至位於短管的測站做紀錄。另於泵浦、短管及熱交換器位置安排專人觀察測試情況。

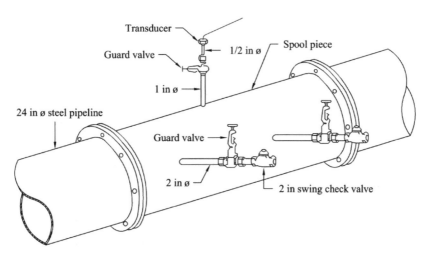

資料來源：Ramey/Hsu(8)。

圖9.24　測試短管裝備

　　第一次測試以降低泵浦出口蝶閥之開啟度使出水量僅約60%的額定流量，同時短管上的二支2英寸逆止閥呈關閉狀態。在水流穩定後使泵浦跳脫，觀測的資料顯示：

　　一、泵浦出口逆止閥在泵浦斷電後3.5秒關閉，但並無猛衝關閉現象。

　　二、管路約於泵浦斷電後10秒發出猛撞聲音，此聲音以5秒的週期重複發生，唯強度遞減。

三、泵浦出口所錄得最大壓力為170psig（120m水柱），位於短管約
100psig（70m水柱），位於交換器約50psig（35m水柱）。圖9.25
顯示泵浦出口壓力隨時間的變化。

本測試確認現場人員在試俥時所觀察到之水鎚現象，亦證實水鎚現象並非
源自逆止閥，而是由於水柱分離後復合所造成。

往後的測試即將短管上的二支吸氣閥打開，所得結果如圖9.26，可見在泵
浦出口逆止閥下游端的最大水鎚壓力降為75psig，且第一次測試所觀察的猛撞
擊聲音已消失，取而代之的是由大氣注入管中的吸氣聲。

另亦測試將二支吸氣閥僅開啓一支的情況，所得水鎚壓力與開啓二支吸氣
閥並無明顯差異。此外，亦測試泵浦斷電後20～30秒再啓動備用泵浦，水鎚
現象並不明顯。

本系統水鎚問題更詳細的說明，請參閱Ramey/Hsu(8)。

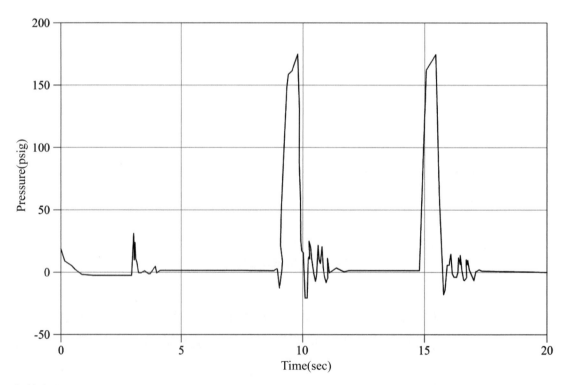

資料來源：Ramey/Hsu(8)。

圖9.25　未裝置吸氣閥泵浦斷電後於泵浦出口之水鎚壓力

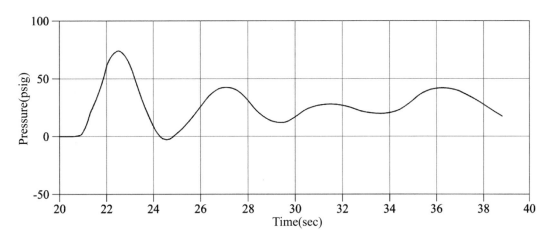

資料來源：Ramey/Hsu(8)。

圖9.26　裝置吸氣閥泵浦斷電後於泵浦出口之水錘壓力

9.5 裝置儲氣槽削減斷管水錘案例

9.5.1 緣由

　　Hope Creek核能電廠位於美國東部新澤西州（New Jersey State）境內，如圖9.27，該廠的零件冷卻系統（component cooling system）採用一組泵浦循環供水至核安相關（safety related）與非核安相關（non-safety related）的系統。二種不同安全等級的系統在設計上有不同要求，即核安相關系統必須考慮特殊地震條件，非核安相關系統則不必。根據核能安全證照申請的要求，此二者合一的系統在設計上必須假設非核安系統有瞬間斷管區（guillotine pipe break）的可能，且此事件不得影響安全系統運轉。在本工程這等同於要求明管支撐（pipe support）必須經得起斷電後高達135psi（95m）的瞬間壓降在系統中傳遞而不致於產生支撐系統的破壞，這將迫使更換安全系統已裝置的管路支撐，否則有必要大幅度降低此瞬間斷管所產生的衝擊波（shock wave）。

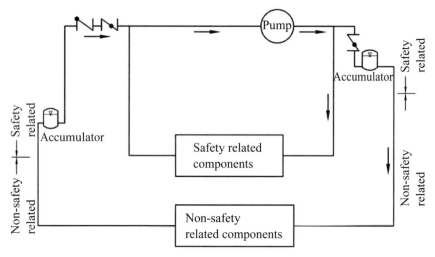

資料來源：Hsu等(4)。

圖9.27   核電廠零件冷卻水系統示意圖

9.5.2 降低斷管誘發之水鎚方案

採用的方案是於核安與非核安系統的交界點各設置一座直徑10ft（3.05m），高度15ft（4.57m）的大型儲氣槽，如圖9.28，作為衝擊波的緩衝設施。由一維水流觀點，非核安相關系統管路斷管所產生的瞬間壓降ΔH_0應以 $\dfrac{A}{A+A_t}$ 的比例傳至核安相關系統，其中A為儲氣槽進、出端管路的斷面積，A_t為直立式儲氣槽的橫斷面積。唯由於壓降很大，以一維做法及假設儲氣槽中之液體為不可壓縮恐無法反映事實，而在執照申請中受阻，因之決定執行模型試驗，作為執照申請論述及設計的基礎。

9.5.3 衝擊波傳遞模型試驗

圖9.28顯示1：3.75比尺的儲氣槽模型尺寸，圖9.29則顯示整體試驗布置。儲氣槽一側為長60ft（18.3m）直徑8英寸（20.3cm）的管路，其終點E為一固定台。在試驗之前設備中充滿已脫氣的水，同時將水壓及儲氣槽中之水位調整至設計值。雙層破裂盤裝置於A點，可在二層間隙中加壓縮空氣使外側及內側破裂盤先後破裂達到產生衝擊波的現象。

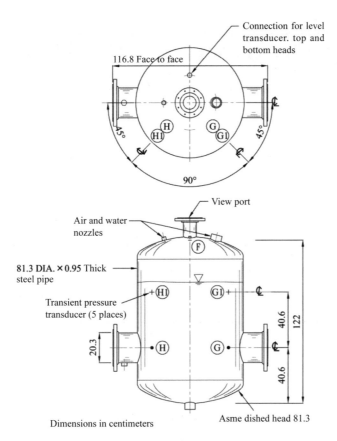

資料來源：Hsu等(4)。

圖9.28　1：3.75儲氣槽模型尺寸

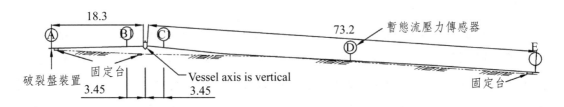

資料來源：Hsu等(4)。

圖9.29　儲氣槽試驗設備

本試驗設備共裝置有十個高敏感度壓力傳感器，如下：

一、管路：共五個，分別代號A、B1、C1、D及E，如圖9.29。

二、儲氣槽：共五個，分別代號F、G、G1、H及H1，如圖9.28。

表9.3綜合共9次測試的條件，以下簡要說明測試成果：

表9.3   儲氣槽試驗條件

試驗代號	管路配置	水位高出管中心線 cm(in)	破裂盤直徑 cm(in)	破裂盤率定壓力 上游／下游 psi	固定台	說明
1	Straight pipe	45.7 (18)	20.3 (8)	100/100	no	
2	Accumulator	45.7 (18)	20.3 (8)	100/100	no	
3	Accumulator	45.7 (18)	20.3 (8)	100/100	no	Repeat of #2
4	Accumulator	45.7 (18)	20.3 (8)	50/100	no	
5	Accumulator	45.7 (18)	20.3 (8)	50/100	yes	
6	Accumulator	45.7 (18)	07.6 (3)	100/100	yes	
7	Accumulator	45.7 (18)	07.6 (3)	100/100	yes	Repeat of #6
8	Accumulator	68.6 (27)	07.6 (3)	100/100	yes	
9	Accumulator	68.6 (27)	07.6 (3)	100/100	yes	Repeat of #8

資料來源：Hsu等(4)。

一、Test 1

將儲氣槽段以直管取代，主要在檢視試驗設備，所得結果顯示管路中的波速約為1,370m/s(4,500ft/sec)，此值與預期相當。

二、Test 2及Test 3

圖9.30顯示Test 2破裂盤破裂後位於A、B1、C1、D與E的壓力變化。由A點的壓力波資料可得此破裂盤解壓行動約於0.006秒內完成。比較A、B1與C1的壓力紀錄可見位於A的瞬間壓降約140psi，位於B1約125psi，位於C1則約僅4 psi左右，且以高頻率居多，充分展現儲氣槽削減上游瞬間壓降的功能。

圖9.30亦顯示在16.496秒，即破裂盤破裂後約0.018秒測站E測有一約20psi的壓降，推估此壓降源自於張力在鋼管中傳遞的波（距離91.5m，時間0.018秒，相當於波速5,080m/s）到達E後使鋼管與靜止的流體造成瞬間錯動所致，這壓力波亦於16.526秒由E點傳至D點，再於16.554秒傳至C1點。Test 3重複Test 2，所得結果同Test 2。

三、Test 4及Test 5

採用50psi的上游破裂盤，以降低其破裂時間，所得結果將壓降時間由0.006秒降為0.005秒。Test 4與Test 5的情況相同，唯Test 5將位於A點破裂盤的基座改為固定台，以降低破裂後在E點的負壓，試驗結果顯示此負壓可由20psi降至4psi，如圖9.31。

四、Test 6及Test 7

以上試驗皆採用直徑8英寸的破裂盤，為再度降低破盤破裂時間，測試採用3英寸破裂盤。圖9.32為Test 6的成果，顯示140psi的壓降0.002秒內完成，然而儲氣槽緩衝壓降的功能依然很高。Test 7則驗證試驗的可重複性。

五、Test 8及Test 9

以上測試皆在儲氣槽正常操作下進行，Test 8及Test 9則測試在高水位。圖9.33顯示測試的壓力紀錄，圖9.34則顯示儲氣槽內壓力傳感器在減壓過程的變化，壓力並無跳動而是呈現平穩下降的現象。

9.5.4 結論

本試驗結果驗證利用儲氣槽如圖9.28的配置是一種有效舒緩大量瞬間壓降傳遞至另一側的設備的「壓力過濾器」，以約140psi的壓降入儲氣槽，在正常水位（圖9.32）的情況初始傳遞至儲氣槽另一側的壓力僅約4psi，約為2.8%，在高水位（圖9.33）則傳遞量增至約6psi，約4.3%。一般若採用一維觀念則傳遞係數TR可以下式估算，即

$$TR = \frac{A}{(A+A_t)}$$

式中，A：出入口管斷面積；A_t：儲氣槽斷面積。本案例 $A = (0.76)^2 \times 0.785 = 0.453 m^2$；$A_t = (3.05)^2 \times 0.785 = 7.302 m^2$；$TR = \frac{0.453}{(0.453+7.302)} = 5.8\%$

故實測瞬間壓力舒緩效率較一維分析成果略優。

針對本案例之細節請參閱Hsu等(4)。

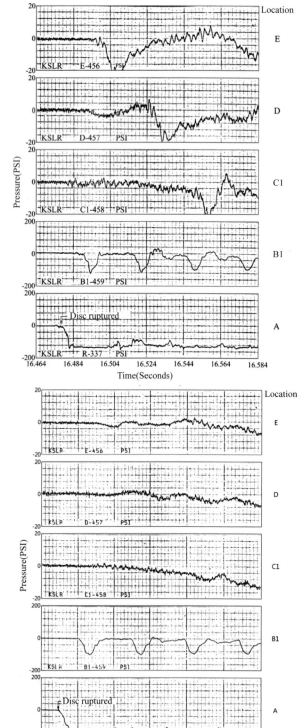

資料來源：Hsu等(4)。

圖9.30　Test 2管路的壓力變化

資料來源：Hsu等(4)。

圖9.31　Test 5管路的壓力變化

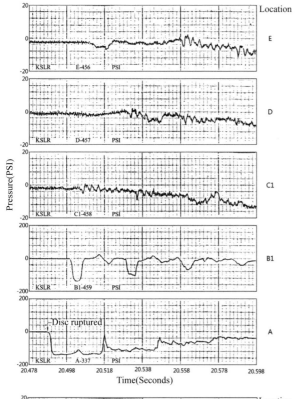

資料來源：Hsu等(4)。

圖9.32 Test 6管路的壓力變化

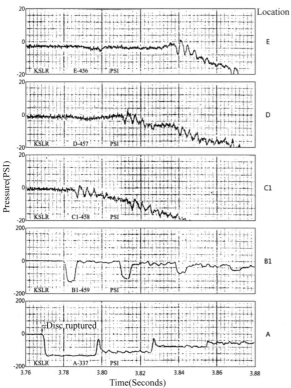

資料來源：Hsu等(4)。

圖9.33 Test 7管路的壓力變化

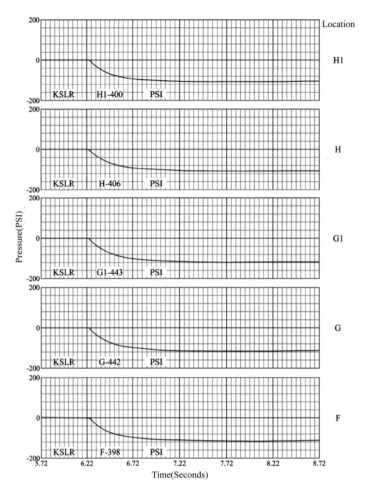

資料來源：Hsu等(4)。

圖9.34　Test 8儲氣槽內的壓力變化

9.6 直流式冷卻水系統水鎚控制

9.6.1 冷卻水系統簡介

　　冷卻水系統是火力或核能電廠最重要的管路系統之一，是電廠運轉的必要設施。圖9.35顯示電廠內蒸汽與冷卻水系統的相互關係，蒸汽及相關發電設備是靠冷卻水系統將其廢熱帶走方可以有效的發揮電廠功能。圖9.36則顯示

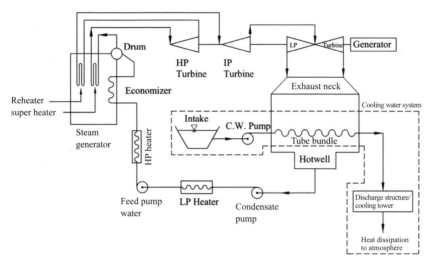

圖9.35　火力電廠蒸汽與冷卻水系統示意圖

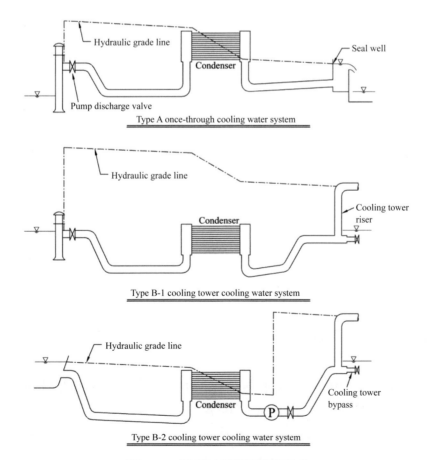

圖9.36　冷卻水系統布置方式

冷卻水系統之三種可能的布置形式，其中Type A是俗稱的直流式冷卻水系統
（once-through cooling water system），Type B-1與B-2皆爲冷卻塔冷卻水
系統（cooling tower cooling water system），二者差異在於前者的泵浦位
於系統的上游端，後者則位於出口端。由圖9.36可見，不同系統其縱斷面的水
力坡降線有相當差異，也因之影響泵浦斷電後可能產生的水鎚。

臺灣因四面環海，火力或核能電廠都以海水爲冷卻水源，因之都採用
Type A。本節介紹此冷卻水系統可能面臨的水鎚問題及控制方案。

9.6.2 直流式冷卻水系統面臨的水鎚問題

直流式系統在穩定流情況下的水力坡降線通常有二個控制點，主要控制
點位於冷凝器出口水箱頂部應保持的壓力，次要控制點則位於出口封井（seal
well）的水位高程。因冷凝器出口水箱頂部都處於負壓狀態，負壓值越高則所
需之泵浦揚程及動力成本越低，唯因溶氣量接近飽和的水源，經冷凝器升溫又
降至負壓後空氣將由水中釋出，導致水箱頂部難以維持在接近該水溫的蒸汽壓
狀態，一般較爲可行的設計負壓值約爲-25ft（-7.6m）。封井（seal well）
出口通常設有一堰，用於確保在潮差比較大海域，上述負壓值亦可維持。

在以上穩定流的設計條件下，泵浦斷電後系統首當其衝的是冷凝器水箱發
生水柱分離的現象，此時冷凝器的壓力坡降很可能低於出口的seal well而導致
回流，甚至於冷凝器產生水柱復合及破壞性的高壓。雖然一些實務經驗顯示水
箱中都匯集了氣體，水柱復合的現象不一定嚴重，但面對電廠巨大投資，將一
個系統曝露於風險的環境中是不可容許的做法，故設計者都採用防止水鎚的理
念，確保系統的安全。

9.6.3 採用平壓塔控制水鎚

在臺灣直流式C.W.系統的水鎚防制設計大都於泵浦與冷凝器之間設置一
個平壓塔，泵浦斷電後可急速由該塔供水至管路降低水鎚效應，因之縱使冷凝
器水箱產生水柱分離，但不致於過度嚴重。平壓塔上部則有溢流設施，若萬一
有水溢流，可將該水流引導至抽水站左、右側排放，此平壓塔高度與冷凝器高

程密切相關，但一般皆在10～20公尺之間。

9.6.4 採用吸氣閥控制水鎚

　　有別於平壓塔的建置，一種較為簡易且經濟的水鎚控制方案為於適當位置裝設吸氣閥。選擇的位置在穩定流運轉時必須是正壓，但水鎚現象發生時應快速呈現負壓使吸氣閥有充分的時間吸入空氣，產生氣囊效應。

　　為闡述此水鎚控制理念，本小節以一實際案例做說明，圖9.37為某一火力電廠冷卻水系統（C.W. system）的立體圖（isometric drawing），該系統共有三個平行冷凝器單元。海水由泵站供至各冷凝器經熱交換後，再匯集至排放口排至海域。圖9.38顯示三個單元全部運轉情況下，第三單元流經的穩定流水力坡降線，整體系統的水頭損失約10.7m，而其中冷凝器約占7.5m，且冷凝器下游水箱的負壓約−6m。

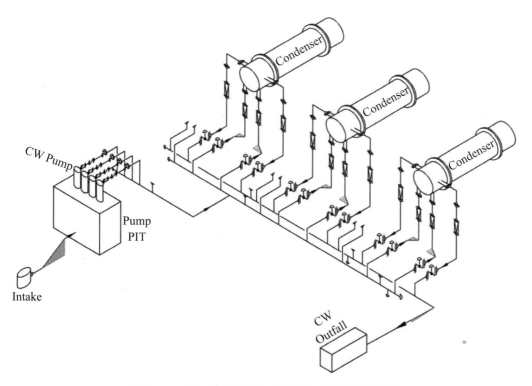

圖9.37　某一電廠直流式冷卻水系統透視圖

　　圖9.38亦顯示在無水鎚防制措施的情況下，泵浦斷電後，計算所得第三單元管路最高水力高程包絡線（envelope of maximum hydraulic grade line elevation），可見此系統若無水鎚防制則斷電後有產生高壓的潛勢。為解決此一問題在模擬時將一個4英寸（10.2cm）的吸氣閥（air-inletvalve或俗稱 vacuum breaker）裝置於高程EL.3.50冷凝器直立進水管上，分析所得最低與最高水柱壓力包絡線如圖9.39，系統最低水鎚壓力位於冷凝器出口水箱頂但並無水鎚分離的現象發生。最高壓力則幾乎與穩定流狀態無異，顯示利用吸氣閥控制水鎚的效果。

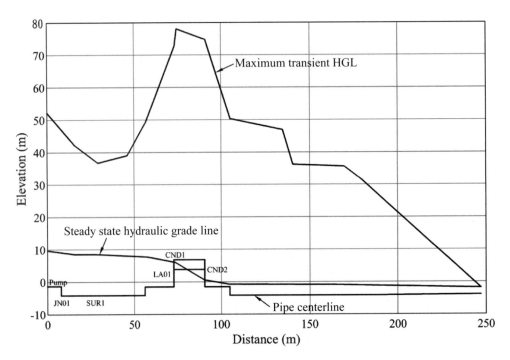

圖9.38　三台泵浦運轉斷電後第三單元管路最高壓力包括絡線，無水鎚控制設施

　　圖9.40則顯示將4英寸吸氣閥改為10英寸吸氣閥的模擬成果，與圖9.39相較增加吸氣閥尺寸只提升管路系統部分管段的負壓但並不影響正壓。

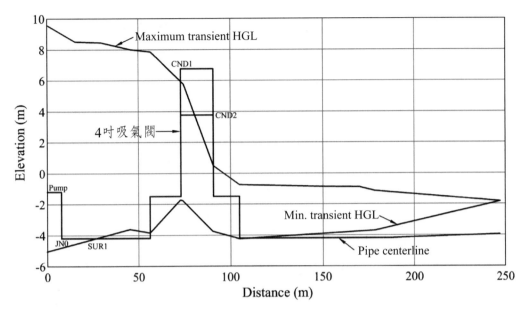

圖9.39　三台泵浦斷電後第三單元最高與最低壓力包絡線，安裝4吋吸氣閥

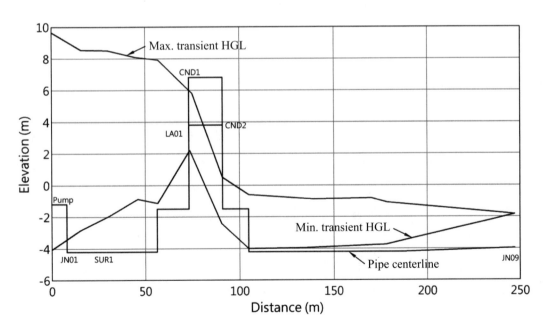

圖9.40　三台泵浦運轉斷電後第三單元管路最高與最低壓力包絡線，安裝10吋吸氣閥

9.7 系統共振問題之調查與解決作為

9.7.1 引言

　　美國德州南部核能電廠（South Texas Nuclear Power Plant）第一部機組的輔助供水系統（auxiliary feed water system）共有四條平行單元，位於泵浦的下游端設有一集水管（header）可匯集各單元上游來水並經由閥門的操作送水至其他單元。在狀態4（mode 4，蒸汽溫度約350°F）的機組試俥階段，當該系統進行一台泵浦供應多部蒸汽鍋爐之運轉時重複發生排氣管、排水管、管路支撐及管路吊架剪力栓遭破壞的現象。由於本系統為電廠運轉所需的安全系統，在問題沒解決之前，本廠無法進行進階的測試或取得商業運轉執照，因之發生問題原因的確認及提出解決方案成為試俥及後續商轉的要徑。

　　有關本工程共振問題及解決方案細節的描述請參閱Moreton等(6)及Wylie等(9)。

9.7.2 系統描述

　　圖9.41為本輔助供水系統示意圖，可見本系統共有A、B、C及D四個單元，水皆取自於輔助供水儲槽，每單元包括一臺泵浦、一只逆止／旁通閥、一只流量控制閥、一個流量計、一只停止／逆止閥（stop-check valve）、一只逆止閥及一個蒸汽鍋爐。此四供水水源經由一集水管連在一起，但集水管中亦有隔離閥任由各單元各自運轉。所有管材為不鏽鋼，泵浦進口直徑6英寸（15.2cm），出口4英寸（10.2cm）。每單元的設計流量為540gpm（0.0341m³/s），在此測試階段總流量100～150gpm（6.31～9.47×10⁻³m³/s），泵浦的壓力約1,600psi。

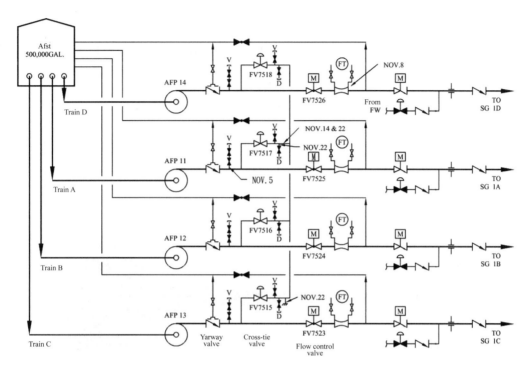

資料來源：Moreton等(6)。

圖9.41　輔助供水系統及設施受損位置示意圖

9.7.3 問題說明及振動成因調查

一、問題之呈現

本系統於1987年11月間發現下列破壞事件：

(一) 11月5日：A單元泵浦出水管的排氣管破裂。

(二) 11月8日：D單元儀器接頭龜裂。

(三) 11月14日：A單元橫向連結隔離閥的固定錨龜裂。

(四) 11月22日：集流管附近排水閥連接管龜裂，固定錨龜裂及一栓釘斷裂。

以上受損結構位置如圖9.41。經金屬檢驗確定龜裂或斷裂材料並非源自於材質或施工品質不良，而是由於高強度週期性的應力而導致的金屬疲勞。因之，破壞的發生並非單一而是重複事件。

由於本系統為一遙控系統，發生時的操作條件難以確定，加上廠內紀錄的流量或壓力等資料僅10秒一筆，亦無法得知產生破壞的可能成因或特性。

二、原因探索

基於以上資料，探索成因的重點在於確切地尋找發生壓力振動的條件及振動值。直到在12月9日一次偶然的機會，工程人員在現場感受到管路強烈且高頻率振動，而該振動源自於小幅開啓A單元的流量控制閥。圖9.42顯示振動壓力發展的紀錄，其規律性振動的頻率爲24Hz（即振動週期1/24秒）。

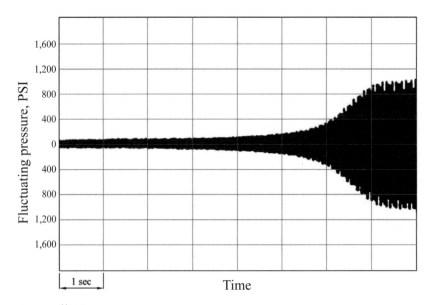

資料來源：Moreton等(6)。

圖9.42　共振現象的發展

爲有系統地量測各單元流量控制閥是否具有誘發共振的可能性，決定於各控制閥上游端裝置壓力傳感器進行測試，並將所得信號進行頻譜分析，測試結果可綜合如下：

(一) 單元B及C由小流量至160gpm（0.010m³/s）並未呈現24Hz的主振頻率。

(二) 單元A在閥門微開至離閥至0.08英寸時呈現24Hz的主振頻率。

頻譜分析成果如圖9.43，振動壓力的平方根（RMS）略小於4psi，其強度因閥門開啓度微量的改變而變化。當閥門開度增加使其流量達30gpm（0.002m³/s）時振動壓力的平方根急速下降，圖9.44顯示該情況下所得到的頻譜分析成果。

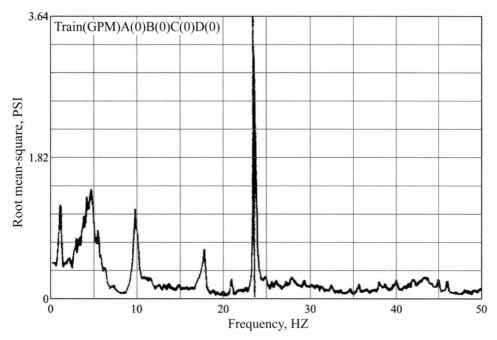

資料來源：Moreton等(6)。

圖9.43　單元A流量控制閥振動壓力的頻譜，閥門微開情況

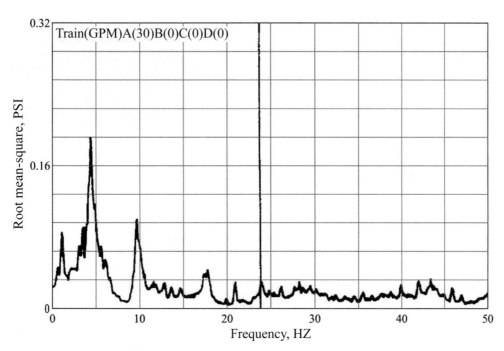

資料來源：Moreton等(6)。

圖9.44　單元A流量控制閥振動壓力的頻譜，流量30gpm

(三) 單元D的閥門在接近全關時亦呈現24Hz的頻譜，唯其振壓的平方根小於1psi，流量較大時則此頻率的信號失去主導性。

　　以上測試的結果所得到的結論是單元A及D流量控制閥維持微開是系統共振的主要原因，共振現象的發展如圖9.45，在幾秒鐘內即可達穩定值，其壓波形狀如圖9.46，其他測試亦證明共震強度與所用的泵浦及單元B與C的流量無關。此外，亦測試將單元A的控制閥微開，但將單元D的控制閥開度加大，所得共振壓力變化如圖9.47。因單元D閥門開度加大後，該閥門已不再產生24Hz共振的加持作用，故整體系統的共振效應已被削減。圖9.48更顯示此時若再將單元A的流量控制閥門打開則共振現象快速消失。

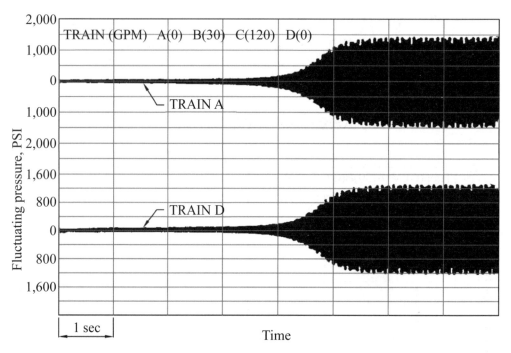

資料來源：Moreton等(6)。

圖9.45　單元A與D共振現象的發展A＝Q_A≒0，D＝Q_B≒30gpm

三、結論

　　現場測試結果顯示主要振源為單元A流量控制閥，該閥門在小開度（crack open）時會產生24Hz，RMS 4psi的振幅，另單元D的流量控制閥在小開度時亦有24Hz，RMS的1psi的振源，此振源恰為系統一個24Hz的自然頻率吻合而引起共振。共振所產生的快速振動導致相關設施因金屬疲勞而遭破壞。

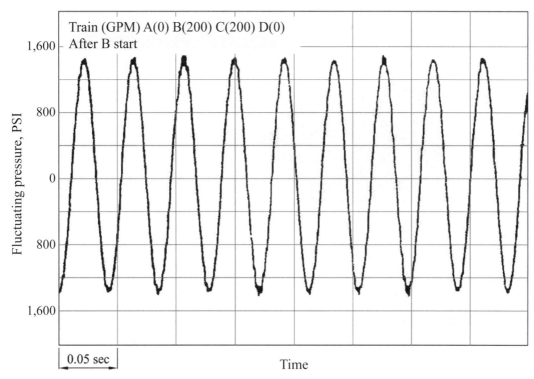

資料來源：Moreton等(6)。

圖9.46 共振發生時±1,400psi壓力的振動

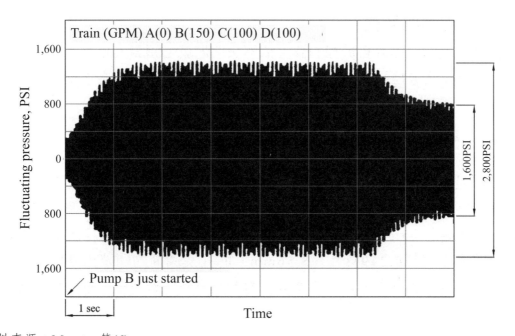

資料來源：Moreton等(6)。

圖9.47 單元A與D共振現象的變化單元A＝$Q_A ≒ 0$，Q_D由30增為100gpm

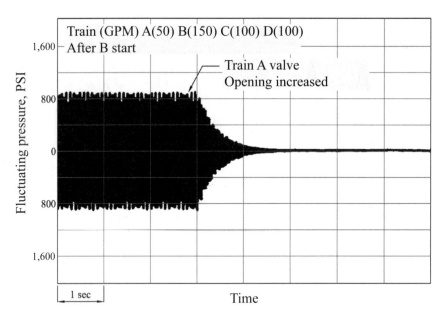

資料來源：Moreton等(6)。

圖9.48　單元A流量由$Q_A \fallingdotseq 0$增至$Q_A = 50$gpm共振現象的消失

9.7.4 解決振動方案

一、流量控制閥結構

　　既然問題的主因源自於控制閥，欲解決問題就必須對其結構有所了解，圖9.49為Veltek流量控制閥剖面圖，此閥門可消耗達1,600psi之水壓，其構造分為三部分，如下：

(一) 蓋座（cage）

　　蓋座是由四層厚0.1875英寸（4.763mm）同心的不鏽鋼圓筒組成，每個筒的淨間距介於0.003至0.009英寸（0.0762至0.2286mm），每個筒有等間距直徑0.219英寸（5.56mm）的孔，四個圓筒的上部由數根鋼栓將其結合成一體。水流可由直徑0.219英寸（5.56mm）的孔及圓筒的間隙由外筒流至內三筒，最後流至閥體下方，經由「迷宮」的流動達到多階消耗大量水壓的功能。

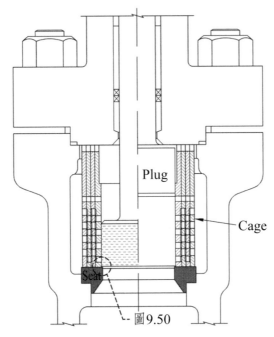

資料來源：Moreton等(6)。

圖9.49　Veltek 流量控制閥剖面圖

(二) 控制塞（plug）

在內圓筒內部，為一可上下移動的圓體控制塞，控制塞與內筒的間距介於 0.004（0.101mm）至0.009英寸（0.229mm）之間，控制塞下方削邊成與垂直線36°的斜角而成倒稜形體，削邊的高度為0.094英寸（2.38mm）。

(三) 閥座（seatring）

閥座是用以與控制塞接觸關閉水流的結構，其設計是與垂直面成33°的斜角。

為明確了解四個單元控制閥的結構，現場人員針對各閥門做量測，結果如圖9.50，可見四個閥體在蓋座，控制閥底部與閥座的交接面略有不同，沒有振源傾向的B與C單元控制閥的閥座，傾斜面起點與閥蓋底部相較往分別內縮 0.0135英寸（0.3mm）及0.0068（0.173mm）英寸，而單元A閥門則僅0.001英寸（0.025mm），單元D 0.002（0.050mm）英寸，但各閥體的製造皆符合廠家的規範。另檢視造成共振最強烈的單元A控制閥，顯示發生時尚未達閥門開啓的程度，而是由於漏水所造成。

在調查過程中主辦單位與廠家連繫，廠家告知此型閥門裝置於其他工程並未發生過類似問題，可能是其他系統的自然頻率不同，沒有形成共振現象。

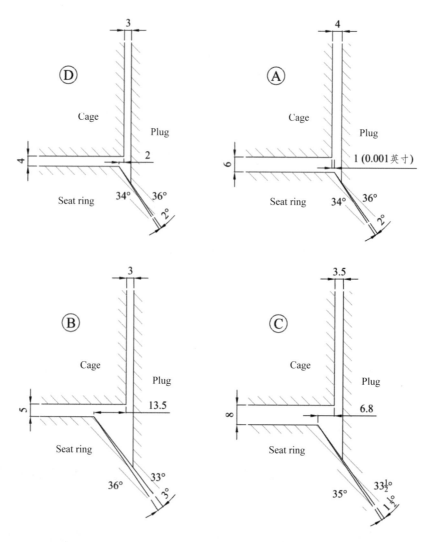

資料來源：Moreton等(6)。

圖9.50　Veltek流量控制閥閥座、蓋座及控制塞細節

二、改善作為

考慮的系統改善作為包括重新開發新閥體、安裝儲氣槽以抑制振源等，但這些方案都因時間因素而被擱置，最後採用的方法包括：

(一) 操作上的限制

限制閥門操作流量不低於50gpm，使發生共振的振源不復存在。

(二) 修改閥座

修改單元A、C及D的閥座使之與B相同。

(三) 增加管線支撐

加強管路支撐以增加系統剛度，降低流體與結構產生相互作用的可能性。

參考文獻

1. Bechtel Hydraulic/Hydrology Group, "Soroako Nickel Project, Larona Hydroelectric Development, Turbine and Penstock Hydraulic Transient Analysis" Hydro and Community Facilities Division, San Francisco, CA, June 1978.

2. Hsu, S. T., and Elder, R. A., "Raccoon Mountain Pumped-Storage Plant Hydraulic Transient Studies," IAHR Symposium on Hydraulic Machinery for Pumped-Storage Plant, Rome, September, 1972.

3. Hsu, S. T., and Ramey, M. P., "Transients Induced by Large Check Valves", ASME Winter Annual Meeting, Chicago, December, 1988.

4. Hsu, S. T., Rothe P. and Chao, S. P.," Damping of Rapid Transients by Accumulator", Proceeding, Sixth BHRA Pressure Surge Conference, Cambridge, England, October, 1989.

5. Lee, C. L., Jackson, A. T. and Hsu, S. T., "On the Dynamic Behavior of Large Check Valves", Proceedings of the International Conference on Unsteady Flow and Fluid Transient, Durham, U. K., September, 1992.

6. Moreton, B. D., and Hsu, S. T., Kalsi, M. S., and McIntyre, C., "Flow Induced Resonant Vibration in An Auxiliary Feed water System", International Symposium on Pressure Vessel Technology and Nuclear Codes & Standards, Seoul, Korea, April, 1989.

7. Provoost, G. A., "A Critical Analysis to Determine Dynamic Characteristics of Non-Return Valves, " Delft Hydraulic Laboratory, paper presented at the 4th International Conference on Pressure Surges, Bath, England, Sept. 21-23, 1983.

8. Ramey, M. P. and Hsu, S. T., "Elimination of Water hammer in A Low Head Make-up System", ASME Winter Annual Meeting, Chicago, December, 1988.

9. Wylie, E. B., Suo L. S., and Hsu, S. T., "Noise and Vibration Problem in Feed water System", Proceeding at International Congress on Cases and Accidents in Fluid System, Sao Paulo, Brazil, March, 1989.

符號定義

a：波速、挑流鼻坎高度或與渠底之距離

A：管路、閥門或進水口斷面積

A_j：射流斷面積

A_0：孔口面積或吸氣閥斷面積

A_t：平壓塔或直立式儲氣槽斷面積

b：消能井之寬度

$B = a/gA$或擋板跌水工的溼井最大寬度

BHP：制動馬力（brake horsepower）

BHP_R：額定制動馬力

C：系統總損失係數、進水口流量係數、某
　點泥砂濃度、何本閥參數或泵浦進水口
　地板與直立管喇叭口間距

C_1：以閥門調整之系統總損失係數或常數

C_a：距渠底a之泥砂濃度

C_c：束縮係數

C_d：流量係數（Eq.(2.1)）

C_D：泥砂沉降之阻力係數

C_h：Hazen-Williams阻力係數

C_m：以ppm表示之渾水泥砂濃度

C_0：流量係數（Eq.(2.2)）、管中心泥砂濃
　度或常數

C_v：流量係數（Eq.(2.3)）

d：泥砂粒徑、突出物寬度、成型吸式進水
　口泵浦喇叭口直徑或消能井深度

d_0：孔板或噴嘴直徑（突擴前）

d_s：由水面量得的最大沖刷深度

D：管內徑、水工機械直徑、突擴管內徑或

擋板跌水工直徑

D_0：直立式取水管喇叭口直徑

D_1：平壓塔豎井直徑

D_2：平壓塔直徑

E：管材彈性模數或擋板跌水工乾井最大寬
　度

E_c：混凝土彈性模數

E_i：鑄鐵彈性模數

E_s：鋼彈性模數

EGL：能量坡降線（energy grade line）

f：Darcy-Weisbach 摩擦係數或頻率

$F_r：\dfrac{V}{\sqrt{gD}}$

f_n：管路自然頻率

g：重力加速度

h：消能井出口波浪高、擋板跌水工擋板間
　的垂直間距、水深或H/H_R

h_1：擋板跌水工每層高度

h_f：摩擦損失（以水柱高計）、水源至泵浦
　之水頭損失

h_ℓ：局部損失（以水柱高計）

H：以水柱高表達之壓力水頭或泵浦壓升

H_1：噴嘴突擴後沿線各點之壓力水頭

H_a：已知氣囊壓力

H_b：以水柱表示之大氣壓力

H_d：消能設施下游5D之水柱壓力

H_o：泵浦操作水頭

H_0：上、下游水頭差或噴嘴之壓力水頭

H_R：水工機械額定水頭

H_s：水輪機吸出高度

H_u：消能設施上游1D之水柱壓力

H_{va}：以真空起算之水蒸汽壓

H_{abs}：以水柱計之絕對壓力

H^*：任一時間儲氣槽壓縮氣體壓力

H_0^*：穩定流由真空起算之儲氣槽氣體壓力水頭

Hf_1：水庫與平壓塔間在Q_0時的水頭損失

Hf_2：Q_0流量進出平壓塔的水頭損失

HP：求解之暫態流水柱高程或水工機械額定馬力

HP_a：求解之儲氣槽或管中氣囊壓力

HP_d：求解之暫態流節點下游水柱高程

HP_u：求解之暫態流節點上游水柱高程

HR：以水柱計之水庫水面高

HGL：水力坡降線（hydraulic grade line）

i：電流

i_R：額定電流

I：轉動設備慣性$\left(\dfrac{WR^2}{g}\right)$

J_m：渾水能量坡降

J_s：泥砂存在增加之能量坡降

J_w：清水能量坡降

k：von Karman常數或空氣比熱

K：液體之體積彈性模數或水流Q_0流入儲氣槽或平壓塔之水頭損失係數

K_d：調速器之微分放大係數（derivative gain）

K_i：調速器之積分放大係數（integral gain）

K_ℓ：以流速水頭計之單管局部損失係數

K_n：突擴消能係數

K_0：孔板消能係數

K_p：調速器之比例放大係數（proportional gain）

K_v：以流速水頭計之閥門損失係數

KP_a：1,000P_a

K_{ij}：管i至管j之損失係數

KH_0^*：穩定流Q_0流入儲氣槽的水頭損失

KVA：發電機功率千伏特—安培

L：管路長度或孔板間距

L_1：豎井（riser）高度或實際挑流之水平投射距離

L_2：已知之平壓塔水位高度

L_0：理論之挑流水平投射距離

LP_2：求解之平壓塔水位高度

m：$\varepsilon/(r_0 u_r)$

m_a：溶於水中之空氣質量

m_w：水體質量

m'：粗糙物幾何形狀

M：Mercer之何本閥參數或管中空氣質量

n：Manning阻力係數、旋流器轉速或節點代號

n_0：流速分布係數

N：轉速、rpm或何本閥vane的數目

N_r：環流指數

N_s：比速，Eq.(3.8)

N_R：額定轉速

N_{R1}：無承載時之額定轉速

N_{11}：水輪機模型轉速

NPSH：淨正吸水頭（net positive suction head）

NPSHA：供給的淨正吸水頭（net positive suction head available）

NPSHR：需求的淨正吸水頭（net positive suction head required）

P：壓力、極數或功率

P_a：Pascal, 1Pascal=1 N/m^2

P_b：大氣壓

P_d：原型閥門或孔板下游的壓力

P_u：原型閥門或孔板上游的壓力

P_{uo}：閥門或孔板穴蝕指數試驗上游的壓力

P_{va}：由真空起算之蒸汽壓

P_{vg}：由大氣壓起算之蒸汽壓

P_{vgo}：閥門或孔板穴蝕指數試驗設備的下游蒸汽壓

PSE：壓力比尺效應

q：挑流工單寬流量

q_i：起跳時之挑流工鼻坎單寬流量

q_s：終跳時之挑流工鼻坎單寬流量

Q：水流量

Q_a：已知空氣流量

Q_d：已知之節點下游端流量

Q_o：水力發電系統穩定流流量

Q_p：鋼管流量

Q_R：水工機械額定流量

Q_t：水輪機流量

Q_u：已知節點上游端流量

Q_v：旁通閥流量

Q_{11}：水輪機模型流量

Q_a^*：扼流狀態（choking condition）之空氣流量

QP：求解之暫態流量

QP_a：求解之空氣流量

QP_d：求解之節點下游端流量

QP_u：求解之節點上游端流量

r：與管壁之距離或量測點與環流中心之距離

r_0：管路或轉子半徑

R：水力半徑、旋轉半徑、彎管曲率半徑或特性法之管中阻力係數（Eq.7.41b）

R_e：管流雷諾數，VD/v或$\dfrac{VD\rho}{\mu}$

R_e'：泥砂雷諾數，$\dfrac{\omega d}{\nu}$

R_g：氣體常數

S：管壁應力、坡度或浸沒水深

S_a：水在大氣壓環境下之可溶氣率

S_A：瞬間停止水流平壓塔最大湧水高度

S_B：瞬間啟動水流平壓塔最大湧水高度

S_{ap}：水在任何壓力下之可溶氣率

S_c：臨界浸沒水深

S_g：液體比重

S_m：泥砂重量／渾水體積

S_v：泥砂體積／渾水體積

S_w：泥砂重量／渾水重量

SSE：尺度比尺效應

t：時間、管壁厚度或擋板跌水工擋板厚度

t_m：水輪機組啟動時間

t_w：水流啟動時間

T：水溫或管壁張力

T_g：閥門以均勻速度關閉的時間

T_m：馬達或發電機對轉軸產生之力矩

T_r：2L/a

T_R：轉動機械之額定力矩

T_s：何本閥內管壁厚

T_w：水流對水工機械產生之力矩

T_v：何本閥vane厚度

T_{11}：水輪機模型力矩

TR：傳遞比

u：進水口徑向流速、管中任一點流速或葉片切線速度

u_τ：剪力速度（shear velocity）

v：任一點流速或Q/Q_R

V：管平均流速

V_1：突擴後管之平均流速

V_c：管中泥砂懸浮之臨界流速

V_d：已知之暫態流節點下游端流速

V_0：孔板平均流速、突擴前平均流速或水流離挑流工流速

V_u：已知之暫態流節點上游端流速

V_{max}：管中心流速

V_{min}：水流經逆止閥最低平均流速

V_{Rmax}：裝置有逆止閥時之最大回流流速

V_θ：環流切線流速

VP：求解之暫態流管中流速

VP_d：求解之暫態流節點下游端管中流速

VP_u：求解之暫態流節點上游端管中流速

W：轉動輪重量或衝擊式消能工寬度

W_e：韋伯數（Weber number）

W_v：閥瓣重量

x：距離

y_c：臨界水深

y_o：水深

Z：離平均海水面或基準面高度或ω/ku_τ

Z_o：泵浦中心高程之真空水柱高

Z_l：挑流工上游水位到反弧底之落差

ZP：求解之儲氣槽水面高程

$\overline{V}$：水體體積

$\overline{V_a}$：管中或儲氣槽中氣體體積

$\overline{V_0}$：穩定流狀態儲氣槽氣體體積

$\overline{VP_a}$：求解之空氣體積

$\overline{VP_v}$：求解之汽泡體積

ϕ：逆止閥全開與全關的夾角

θ：挑流工出口與水平的交角、管路傾角（向上正、向下負）或圖6.5極座標的角度

α：逆止閥關閉時閥瓣與垂直線交角、N/N_R、進水口底板角度或管中突擴角

β：T/T_R、逆止閥全開時閥瓣與水平線交角、進水口側牆角度或管面積／孔口面積（A/A_0）

β'：管面積／噴嘴面積（A/A_j）

β_b：Q_a（空氣流量）／Q_w（水流量）

ρ：清水密度

ρ_m：渾水密度

ρ_s：泥砂或鋼密度

$\rho^* = \dfrac{aV_o}{2gH_o}$

γ：水或流體單位重

γ_m：渾水單位重

γ_a：空氣單位重

γ_s：泥砂單位重

μ：動力黏滯度（dynamic viscosity）

ν：運動黏滯度（kinematic viscosity）

ε：粗糙物突出高度或擴散係數

ε_s：有效粗糙度

ε'：粗糙物排列間距

η：鋼度係數

η_p：泵浦效率

λ：粗糙物密度或特性法參數（$\pm g/a$）

σ：以上下游水頭差為基準的穴蝕指數（Eq.5.9）或表面張力

σ'：以流速水頭為基準的穴蝕指數（Eq.5.8）

σ_c：臨界穴蝕指數

σ_{ch}：扼流穴蝕指數

σ_e：水環境穴蝕指數

σ_i：啓始穴蝕指數

σ_{id}：啓始破壞穴蝕指數

τ：剪切力

τ_0：管壁剪切力

τ_B：賓漢極限應力

ω：轉動機械角速度或泥砂沉降速度

Γ：環流強度，$V_\theta r$

δ：應變量

δ_i：進水口尺寸參數

φ：管路固定係數

ΔA：面積變化量

ΔD：管徑變化量

Δh：管內二點間之水頭差

ΔH：管路、突擴、孔板或閥門產生之水頭損失或水鎚壓力水頭

ΔH_0：管路總損失水頭

ΔHP：求解之水頭損失

ΔH_{max}：最大水鎚壓力

Δh：水力高程差

ΔP：閥門產生之壓損或水鎚壓力變化量

ΔX：自由體或二節點間的長度

Δt：時間間距

ΔV：流速變化量

$\Delta \bar{V}$：水體積變化量

$\Delta \rho$：水密度變化量

$\Delta \alpha$：Δt時間內轉速的變化量

單位換算表

長度	1m	100cm 1,000mm 1.094yd (yard) 3.28ft (feet) 39.36in (inch)
	1km	1,000m
面積	$1m^2$	$1 \times 10^6 mm^2$ $1 \times 10^4 cm^2$ $10.76ft^2$ $1,549.20in^2$
	1hectare	$1 \times 10^4 m^2$
體積	$1m^3$	$1 \times 10^6 cm^3$ $1,000\ell$ (liter) $35.28\ ft^3$
質量	1kg	1,000gm (gram) 2.20pound mass (1bm)
	1ton	1,000kg
密度（單位體積質量）	$1kg/m^3$	$1 \times 10^{-3} gm/cm^3$ $0.062\ 1b/ft^3$
速度	1m/s	100cm/s 3.60km/hr 3.28ft/s
力量	1dyne （每秒加速1gm物質所需力量）	$1\ gm\ cm/s^2$ $10^{-5} N$
	1N (Newton) （每秒加速1kg物質所需力量）	$1kg\ m/s^2$
	1kgf	9.8N 2.20 1bf
	1gmf	980dyne

壓力	1Pascal (Pa)	$1N/m^2$
	$1dyne/cm^2$	$0.10Pa$
	$1\ kgf/m^2$	$9.81N/m^2$ $0.00142psi\ (1bf/in^2)$ $0.001m$ 水柱
	1kpa	0.145psi 0.102m
	1MPa	$1 \times 10^6\,Pa$ $10.2\ kgf/cm^2$ $102.0m$水柱
	1bar（大氣壓）	101kPa $101kN/m^2$ 14.7psi 10.3m
流量	$1m^3/s$	$1,000\ell/s$ $35.28ft^3/s$ 15,834gpm (gallon/min)
馬力	1kilowatt (KW)	1.341horsepower (HP)

國家圖書館出版品預行編目資料

管路及進出口水力設計／ 許勝田著. -- 初
版. -- 臺北市：五南，2020.09
　　面；　公分
ISBN 978-986-522-237-6（平裝）

1.水利工程

443.14　　　　　　　　　　109012991

5T49

管路及進出口水力設計

作　　者 ― 許勝田（234.7）

發 行 人 ― 楊榮川

總 經 理 ― 楊士清

總 編 輯 ― 楊秀麗

主　　編 ― 王正華

責任編輯 ― 金明芬

封面設計 ― 王麗娟

出 版 者 ― 五南圖書出版股份有限公司

地　　址：106台北市大安區和平東路二段339號4樓

電　　話：(02)2705-5066　　傳　真：(02)2706-6100

網　　址：http://www.wunan.com.tw

電子郵件：wunan@wunan.com.tw

劃撥帳號：01068953

戶　　名：五南圖書出版股份有限公司

法律顧問　林勝安律師事務所　林勝安律師

出版日期　2020年9月初版一刷

定　　價　新臺幣500元

經典永恆・名著常在

五十週年的獻禮 —— 經典名著文庫

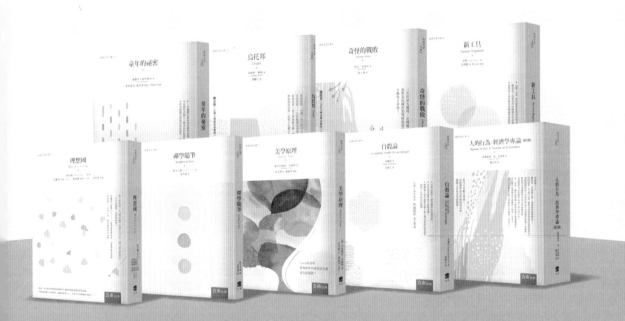

五南，五十年了，半個世紀，人生旅程的一大半，走過來了。

思索著，邁向百年的未來歷程，能為知識界、文化學術界作些什麼？

在速食文化的生態下，有什麼值得讓人雋永品味的？

歷代經典・當今名著，經過時間的洗禮，千錘百鍊，流傳至今，光芒耀人；

不僅使我們能領悟前人的智慧，同時也增深加廣我們思考的深度與視野。

我們決心投入巨資，有計畫的系統梳選，成立「經典名著文庫」，

希望收入古今中外思想性的、充滿睿智與獨見的經典、名著。

這是一項理想性的、永續性的巨大出版工程。

不在意讀者的眾寡，只考慮它的學術價值，力求完整展現先哲思想的軌跡；

為知識界開啟一片智慧之窗，營造一座百花綻放的世界文明公園，

任君遨遊、取菁吸蜜、嘉惠學子！